过程控制及其 MATLAB 仿真

主　编　刘丽桑　徐哲壮
副主编　何栋炜　马　莹
　　　　黄　靖　李建兴

北京理工大学出版社
BEIJING INSTITUTE OF TECHNOLOGY PRESS

内 容 简 介

本书是根据普通高等学校"过程控制与自动化仪表"课程教学大纲的要求，在《过程控制及其 MATLAB 实现》第 2 版（2013 年电子工业出版社出版，武汉科技大学方康玲主编）和《过程控制与自动化仪表》第 3 版（2017 年机械工业出版社出版，西安理工大学杨延西主编）两书的基础上编写而成的。

本书系统地介绍了生产过程控制系统与自动化仪表的理论和工作原理，被控过程建模方法，简单控制系统及串级、复杂控制系统的分析与设计，先进控制系统等内容。

本书从基本概念出发，在每章开始部分扼要提出了本章学习要点和学完本章后应达到的基本要求，辅以每章末的习题及最后一章的仿真实例，循序渐进、深入浅出地阐明过程控制系统的特点，使学生掌握过程控制系统分析、设计、优化的方法和技能。

本书既可作为高等学校电气信息类、自动化类专业的教材，也可作为相关领域工程技术人员的参考书。

图书在版编目（CIP）数据

过程控制及其 MATLAB 仿真 / 刘丽桑，徐哲壮主编.

北京：北京理工大学出版社，2025.3.

ISBN 978-7-5763-5228-3

Ⅰ. TP278；TP391.9

中国国家版本馆 CIP 数据核字第 2025RT8629 号

责任编辑：陆世立　　文案编辑：李　硕
责任校对：刘亚男　　责任印制：李志强

出版发行 / 北京理工大学出版社有限责任公司

社　　　址 / 北京市丰台区四合庄路 6 号

邮　　　编 / 100070

电　　　话 / （010）68914026（教材售后服务热线）
　　　　　　 （010）63726648（课件资源服务热线）

网　　　址 / http://www.bitpress.com.cn

版 印 次 / 2025 年 3 月第 1 版第 1 次印刷

印　　　刷 / 三河市天利华印刷装订有限公司

开　　　本 / 787 mm×1092 mm　1/16

印　　　张 / 16

字　　　数 / 373 千字

定　　　价 / 95.00 元

　　本书是根据普通高等学校"过程控制与自动化仪表"课程教学大纲的要求，在《过程控制及其 MATLAB 实现》第 2 版（2013 年电子工业出版社出版，武汉科技大学方康玲主编）和《过程控制与自动化仪表》第 3 版（2017 年机械工业出版社出版，西安理工大学杨延西主编）两书的基础上编写而成的。

　　本书系统地介绍了生产过程控制系统与自动化仪表的理论和工作原理，被控过程建模方法，简单控制系统及串级、复杂控制系统的分析与设计，先进控制系统等内容。

　　本书的主要特点如下。

　　（1）保持过程控制理论的系统性、完整性、先进性。在本科专业的培养目标和教学大纲要求的基础上，本书在内容上采用模块化结构编写，既有仪表的基础知识、过程控制系统的基本概念和原理、建模方法，也有简单控制系统、串级控制系统的分析与设计；根据教学课时的需求可深入复杂控制系统、先进控制系统的设计与优化。

　　（2）注重理论和实践相结合。除基本理论和方法外，本书引进了新的成果与工程应用实例，涵盖化工、冶金、电力等不同领域和行业，有利于学生了解过程控制理论的具体应用，增强其工程意识。

　　（3）引入过程控制 MATLAB 仿真实例。本书涵盖被控过程建模、基础 PID 控制、串级控制、各种复杂控制等仿真内容，可加深学生对过程控制相关理论的理解，提高其动手实践能力，也可作为学生进行试验及课程设计的素材。

　　本书共分为 8 章，第 1~4 章为基础部分，第 5~7 章为提高部分，第 8 章为仿真实例。各章具体内容为：第 1 章阐述过程控制的基本特点，确立过程控制的概念体系；第 2 章叙述仪表的基础知识，包括检测类仪表和控制类仪表的选型、接线与使用、工作原理、功能特点；第 3 章介绍被控过程的特性、数学模型的建立方法；第 4 章介绍简单控制系统的设计原理与 PID 控制器的参数整定方法；第 5 章介绍串级控制系统的原理、设计与控制器的参数整定；第 6 章介绍前馈、比值、均匀、分程、选择性等复杂控制系统的基本原理和设计方法；第 7 章介绍先进控制系统的控制策略和方法；第 8 章为前 7 章相关内容的 MATLAB 仿真。

　　本书由福建理工大学刘丽桑副教授负责统稿、定稿，何栋炜副教授、马莹副教授、黄靖教授、李建兴教授参与编写，福州大学徐哲壮教授仔细审阅了书稿并对本书提出了许多

宝贵的修改意见和建议，在此表示衷心的感谢。

编者在编写本书的过程中得到了许多同专业师生的支持和帮助，同时参考了大量文献资料，在此对徐辉、王斌、郭江峰、张荣升、梁景润、柯程扬、郭凯琪、陈炯辉、陈家煜、纪茂源、张友渊和相关文献作者一并表示衷心的感谢。此外，还要感谢北京理工大学出版社有限责任公司编辑的悉心策划和指导。

本书既可作为高等学校电气信息类、自动化类专业的教材，参考教学时数为 32～48 学时（其中包括 6～8 试验学时），也可供相关专业的师生和工程技术人员阅读参考。

由于编者水平有限，书中的缺点和不足之处在所难免，恳请广大读者指正与建议，以便再版时做进一步修订与完善。

编 者

2025 年 5 月

目　录

第1章
绪　论

 本章学习要点

　　本章介绍过程控制系统的基本概念，重点介绍过程控制系统的组成、分类和性能指标。学完本章后，应能达到以下要求。

　　(1)掌握过程控制的定义、特点、要求和任务，明白过程控制的目的。

　　(2)掌握过程控制系统的组成、分类和性能指标。

　　(3)了解过程控制技术的发展历程和发展方向。

　　(4)了解本课程的性质特点与学习要求，初步建立本课程内容主体框架。

 1.1　过程控制概述

　　过程控制是指生产过程的自动化控制，即根据生产需求及其特点，利用智能仪器仪表采集相关数据发送至计算机终端进行处理并通过执行器完成相关动作，实现连续或按一定周期程序进行的自动化生产过程。过程控制是自动化技术的重要组成，在化工、石油、冶金、电力、造纸、水处理和核能等工业生产领域具有广泛的应用前景，在实现工业生产的最优控制、提高我国社会效益和经济效益、保护生态环境等方面占据着越来越重要的地位。

▶▶▏1.1.1　过程控制的任务及要求 ▶▶▶

　　一般来说，工业生产过程主要是指把原材料经过若干步骤转变成具有一定规模的产品的连续生产过程。其通过对温度、压力、流量、液位和成分等变量进行控制，使原材料成为预期的合格产品，并使生产效益最大化。因此，过程控制的任务是在充分了解生产过程的工艺流程和动、静态特性的基础上，应用控制理论对系统进行分析与综合，并利用如自动化仪表、计算机等合适的自动化工具对生产过程的控制目标加以实现。

　　过程控制的要求具体表现为3个方面：安全性、稳定性和经济性。

　　(1)安全性是指在整个生产过程中，最重要和最基本的要求是要确保人身和设备的安全。通常采用参数越限报警、联锁保护等措施来实现生产过程的安全性。此外，对于生产规模较大的工业生产过程，还必须设计在线故障诊断系统和容错控制系统等来进一步提高生产过程的安全性。

（2）稳定性是指系统具有抑制外部干扰、保持生产过程长期稳定运行的能力。也就是说，即使是在恶劣的工业运行环境下，也能消除外部干扰造成的不良影响，保证过程控制的正常运行。

（3）经济性是指在满足前两个基本要求的基础上，实现生产过程的低成本和高效益，这也是现代工业生产所追求的目标。为达到这一目标，除了优化过程控制系统的设计，还需要以经济效益为目标对一体化系统进行优化。

▶▶▶ 1.1.2　过程控制的特点 ▶▶▶ ▶

过程控制往往伴随着物理反应、化学反应、生化反应、物质能量的转换与传递，具有非线性、不确定性、时变性和复杂性等特点，具体可归纳为以下 4 个方面。

（1）被控过程的多样性。

由于生产规模和生产工艺各不相同，加工的产品多种多样，所以过程控制中被控过程的形式也是多样的，如石油化工过程、工业水处理过程、冶金工业中的冶炼过程等。正是这些过程的作用机理和执行机构等各不相同，使被控过程具有多样性。

（2）控制方案的多样性。

由于被控过程具有多样性等特点，并且控制要求各不相同，所以过程控制系统的控制方案也必然是多种多样的。常见的控制方案有单回路控制、串级控制、前馈控制、PID（Proportional-Integral-Derivative，比例积分微分）控制等。此外，也有一些复杂的多变量过程控制系统采用先进的人工智能控制算法作为控制方案。

（3）被控过程多数缓慢且为参数控制形式。

在一些工业连续生产过程中，一些设备由于体积较大，工艺反应较为缓慢，具体表现为大惯性和大滞后的特点，从而导致了被控过程大多属于慢过程。在这些过程控制系统中，通常以温度、压力、流量、液位、物位或成分等参数作为系统的被控变量并加以控制，从而进一步表征其连续生产过程是否正常，因此被控过程大多属于参数控制形式。

（4）过程控制的主要形式为定值控制。

在大部分的工业生产过程中，一般将被控参数设定为一个定值。定值控制的主要目的在于克服或消除外界干扰对被控过程的影响，使生产指标或被控参数保持在设定值不变，或者尽量接近设定值，只允许小范围内的波动，保持连续生产过程的稳定。

1.2　过程控制系统的组成及分类

▶▶▶ 1.2.1　过程控制系统的组成 ▶▶▶ ▶

过程控制系统一般由控制器、执行器、被控过程和测量变送仪表等环节组成，如图 1-1 所示。

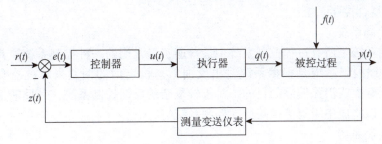

图1-1　过程控制系统方框图

由图1-1可看出，该系统是一个单回路闭环控制系统，其核心是基于反馈值$z(t)$构成的闭环控制，这也是自动控制的本质。控制器根据系统输出反馈值$z(t)$与设定值$r(t)$的偏差$e(t)$，按照一定的控制算法输出控制量$u(t)$并传送至执行器，由执行器根据控制器的控制指令来调节被控变量并生成控制参数$q(t)$。此外，在实际的应用过程中，过程控制系统往往存在扰动量$f(t)$。因此，控制参数$q(t)$和扰动量$f(t)$同时对被控过程进行控制，从而得到系统的输出值$y(t)$，实现预期的控制目标。至此，过程控制系统的输出值$y(t)$通过测量变送仪表反馈至控制器的输入端，共同构成一个闭环控制系统。

图1-1中的名词术语说明如下。

（1）被控参数（变量）$y(t)$：被控过程内要求保持设定值的工艺参数。

（2）控制（操纵）参数（变量）$q(t)$：受控制器操纵，用以克服扰动量的影响，使被控参数保持设定值的物料量或能量，一般用MV（Manipulated Variable）表示。

（3）扰动量$f(t)$：除控制参数外，作用于被控过程并引起被控参数变化的各种因素。

（4）设定值$r(t)$：被控参数的设定值，一般用SP（Set Point）或SV（Setpoint Variable）表示。

（5）反馈值$z(t)$：被控参数经测量变送仪表测量的值，一般用PV（Process Variable）表示。

（6）偏差$e(t)$：被控参数的设定值与当前实际值之差。

（7）控制作用$u(t)$：控制器的输出量。

过程控制系统中，有时将控制器、执行器和测量变送仪表统称为自动化仪表，则过程控制系统由被控过程和自动化仪表两部分组成。

在工艺流程图中，常用字母或图形来表示过程控制系统中的仪表，如控制器（Controller）用C表示，执行器（Valve）用V表示，变送环节（Transmitter）用T表示；温度变送器用TT表示，第一个字母T表示被测变量是温度（Temperature）、第二个字母T表示变送器（Transmitter）；类似地，压力控制器用PC表示，第一个字母P表示被测变量是压力（Pressure）、第二个字母C表示控制器（Controller）等；具体可参阅附录C。

▶▶▶ 1.2.2　过程控制系统的分类 ▶▶▶

由于过程控制系统在不同的工业生产领域，其系统结构和系统设定值大多各不相同，所以过程控制系统有以下两种分类方法。

1. 按照过程控制系统结构的不同分类

按照过程控制系统结构的不同，可将过程控制系统分为反馈控制系统、前馈控制系统和前馈-反馈复合控制系统。

1）反馈控制系统

反馈控制系统是所有过程控制系统中最普遍、最常用的一种控制系统，其方框图如图1-1所示。反馈控制系统是根据系统输出反馈值与设定值的偏差来对被控变量进行控制的，最终达到减少或消除偏差的目的。对于较复杂的反馈控制系统，其反馈信号可能会有多个，从而可以构成串级等多回路反馈控制系统。

2）前馈控制系统

大多数的前馈控制系统属于开环控制系统，其控制依据一般是扰动量的大小，可提高系统的抗干扰能力。然而，由于扰动量的大小不同，前馈控制系统的控制效果差异很大，具有一定的局限性，所以其很少单独应用于实际的工业生产过程中。前馈控制系统方框图如图1-2所示。

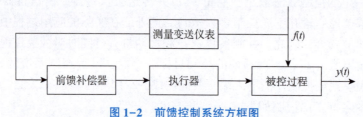

图1-2　前馈控制系统方框图

3）前馈-反馈复合控制系统

为了综合反馈控制系统的控制精度和前馈控制系统的抗干扰能力，充分发挥它们各自的优势，可将两者结合起来，构成前馈-反馈复合控制系统，其方框图如图1-3所示。前馈-反馈复合控制系统不仅在动态性能上比原来的系统有所提升，而且在控制精度上迈上了一个新的台阶。

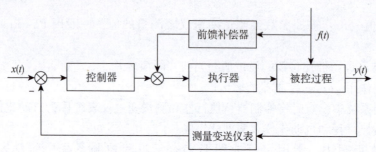

图1-3　前馈-反馈复合控制系统方框图

2. 按照过程控制系统设定值的不同分类

按照过程控制系统设定值的不同，可将过程控制系统分为定值控制系统和随动控制系统两大类。

1）定值控制系统

定值控制系统在工业生产过程中较为常见，是应用最多的一种过程控制系统。定值控制系统在运行时通常将被控参数（如温度、压力、流量、液位、物位或成分等）的设定值保持不变，或者在存在系统外部干扰时只允许被控参数在规定的设定值上下小范围内波动。

2）随动控制系统

随动控制系统的"随动"广义上是指位置的随动，如机枪的自动瞄准装置、导弹的拦截等。对于过程控制而言，只要被控参数的设定值随时间任意变化，并且能够克服系统的外部干扰使被控参数随时跟随设定值，该系统就是一个随动控制系统。例如，在锅炉液位控制系统中，要求进水量随着液位的变化而变化，使锅炉的液位保持在设定值。

1.3 过程控制系统的性能指标

影响过程控制系统的性能的因素有很多，其中最主要的影响因素是组成该系统的控制器、被控过程和测量变送仪表等的特性。对于一个性能良好的定值控制系统而言，当设定值发生变化或系统在受到外部干扰后，应能平稳、准确、迅速地接近或等于设定值，其控制要求具体可概括为准确性、稳定性和快速性。因此，过程控制系统的性能指标可在准确性、稳定性和快速性 3 个方面划分为衰减比和衰减率、最大动态偏差和超调量、稳态误差、调节时间和振荡频率等时域性能指标。过程控制系统的阶跃响应曲线如图 1-4 所示。

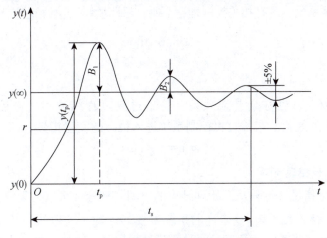

图 1-4 过程控制系统的阶跃响应曲线

1. 衰减比和衰减率

衰减比 n 是衡量振荡过程衰减程度的指标，它是两个相邻的同向波峰值之比，即

$$n = \frac{B_1}{B_2} \tag{1-1}$$

衡量振荡过程衰减程度的另一种指标是衰减率 φ，它定义为每经过一个周期后波动幅度衰减的程度，即

$$\varphi = \frac{B_1 - B_2}{B_1} \tag{1-2}$$

衰减比与衰减率一般是单值对应的关系，习惯上用 $n:1$ 来表示衰减比，如衰减比为 $5:1$，则对应衰减率为 0.8。在实际生产过程中，为了让过程控制系统保留一定的稳定裕度，一般希望过程控制系统的衰减比为 $4:1 \sim 10:1$，则对应衰减率为 $0.75 \sim 0.9$。若过程控制系统具有这种衰减过程，则当衰减率 $\varphi = 0.75$ 时，大约经过两个周期后，其过渡过程即被认为进入了稳态。所谓过渡过程，是指系统从一个稳定状态过渡到另一个稳定状态所经历的过程。在控制系统中，当系统受到外部输入信号（如给定值的改变、干扰信号等）的

作用时，系统的输出不会立即达到新的稳定值，而是会经历一段随时间变化的过程，这个过程就是过渡过程。当系统输出达到并保持在给定设定值的一定允许误差范围内（通常为±2%或±5%）时，可认为过渡过程结束进入稳态。

2. 最大动态偏差和超调量

最大动态偏差是指在阶跃响应中，被控参数偏离其最终稳态值的最大偏差量，具体表现为系统第一个峰值超出稳态值的幅度，如图1-4中的 B_1。最大动态偏差可在生产记录曲线上得到直接反映。随着计算机过程控制系统越来越先进，人们可在监视器屏幕上更为方便、直观地观察到被控参数的实时响应波形。因此，最大动态偏差是过程控制系统动态准确性的衡量指标。

最大动态偏差占被控变量稳态值的百分比称为超调量，即

$$\sigma = \frac{y(t_p) - y(\infty)}{y(\infty)} \times 100\% \tag{1-3}$$

对于二阶振荡系统，已有相关控制理论证明，超调量 σ 与衰减比 n 有单值对应关系，即

$$\sigma = \frac{1}{\sqrt{n}} \times 100\% \tag{1-4}$$

3. 稳态误差

稳态误差 $e(\infty)$，也称余差或残差，是指过渡过程结束后，被控变量新的稳态值 $y(\infty)$ 与设定值 r 的差值。它是过程控制系统进入稳态的衡量指标，即

$$e(\infty) = r - y(\infty) \tag{1-5}$$

4. 调节时间和振荡频率

调节时间 t_s 是指过渡过程从开始到结束的时间，理论上可以为无限长，但当被控变量进入其稳态值的 ±5% 范围内（要求高的系统为 ±2%）时，一般认为其过渡过程已经结束，此时这段时间就是调节时间。调节时间是衡量过程控制系统快速性的重要指标，通常要求调节时间越短越好。

在衰减比相同的情况下，振荡频率越高，则调节时间越短。因此，振荡频率在一定程度上也是衡量系统快速性的重要指标之一。振荡频率 f 是振荡周期 T 的倒数，即

$$f = \frac{1}{T} \tag{1-6}$$

调节时间 t_s 与振荡周期 T 有近似关系。当阻尼比 ζ 一定时，调节时间 t_s 与振荡周期 T 成正比关系，通常可以表示为 $t_s = kT$，其中 k 是与系统阻尼比和允许误差范围有关的常数。

在过程控制系统的阶跃响应曲线中，获得振荡周期 T 通常有以下两种方法。

1）直接测量法

若阶跃响应曲线呈现出较为明显和规则的振荡形态，可直接从曲线中测量相邻两个同向极值点（如相邻的两个波峰或波谷）之间的时间间隔，这个时间间隔就是振荡周期 T。

例如，在响应曲线的上升阶段，找到第一个波峰对应的时间 t_1，再找到下一个波峰对应的时间 t_2，那么振荡周期 $T = t_2 - t_1$。

2）频谱分析法

对于一些振荡不太规则或者存在噪声干扰的阶跃响应曲线，直接测量法可能不准确，

此时可采用频谱分析法。

首先，对阶跃响应曲线进行离散化处理，将其转化为离散的时间序列数据。然后，利用快速傅里叶变换等频谱分析方法，将时域的响应数据转换到频域，得到频谱图。在频谱图中，找到幅值最大的频率成分，该频率对应的周期就是振荡周期 T，因为幅值最大的频率成分通常对应着系统的主要振荡频率。

需要注意的是，在实际测量中，应尽量排除噪声和其他干扰因素的影响，以获得准确的振荡周期。同时，对于复杂的控制系统，可能存在多个振荡频率，此时需要根据具体情况分析主要的振荡成分，并确定相应的振荡周期。

1.4 过程控制技术的发展

▶▶▶ 1.4.1 过程控制装置智能化 ▶▶▶

20 世纪 40 年代以前，我国的工业自动化技术与同期其他发达国家相比较为落后，大多数的工业生产需要手工操作，并根据人工经验来手动调整连续生产过程。随着工业自动化技术和计算机技术的快速发展，一些单元组合控制仪表开始出现并取代部分手工操作。单元组合控制仪表是根据控制系统各组成环节的不同功能和使用要求，而设计成的能实现一定功能的独立仪表或单元，各个仪表或单元之间用统一的标准信号进行联系。通过将各种单元进行不同的组合，可以构成各种适合不同应用场合的自动检测或控制系统。根据工作原理的不同，单元组合控制仪表又可划分为气动单元组合仪表（QDZ）和电动单元组合仪表（DDZ）两大类。

气动单元组合仪表的动力源为 0.14 MPa 的气源，并采用 0.02~0.1 MPa 的气压信号作为各个单元之间的传输信号，具有安全防爆、结构简单和易于维护等特点，在 20 世纪 40 年代的工业生产过程中得到了广泛的应用。

然而到了 20 世纪 60 年代初期，随着电子技术的迅速发展，由于气动单元组合仪表在长期使用过程中存在信号传输距离短、故障率高和难以应用于复杂控制系统等缺点，因此逐步被电动单元组合仪表取代。为了适应比较复杂的模拟和逻辑规律相结合的控制系统的需要，电动单元组合仪表经历了 I 型、II 型和 III 型的不断改进，性能已日趋完善，形成了以 4~20 mA 和 0~10 mA 电动模拟信号为统一标准信号的电动模拟控制系统。

与此同时，计算机开始在过程控制领域得到了广泛的应用。例如，在一些化肥厂和炼油厂的生产过程中，开始使用过程控制计算机（如 TR300 等）控制生产过程并进一步衡量系统是否到达稳态。20 世纪 60 年代中期，开始出现了利用计算机实现的直接数字控制（Direct Digital Control，DDC）系统和计算机监控（Supervisory Computer Control，SCC）系统。DDC 系统本质上是利用一台计算机去取代模拟控制器，根据设定值和控制算法进行运算，由计算机直接输出并作用于被控对象。与采用模拟控制器的控制系统相比，DDC 系统除了能实现经典的 PID 控制，还可以分时处理多个控制回路，具有计算灵活等优点，其结构如图 1-5 所示。但当时由于计算机价格高，并且运算速度慢，难以满足过程控制的实时响应需求，所以 DDC 系统并未在工业控制中得到广泛的应用。SCC 系统也称为集中型计算机控制系统，是在 DDC 系统的基础上进一步发展得到的，仅由一台计算机便可实现先进控制、连锁控制等复杂控制功能，并且控制回路的增加和控制方案的改变可以由软件在线更改，具有集中检测、集中控制和集中管理等优点。然而，正是由于所有功能的高度集中和依赖一台计算机，SCC 系统易造成负荷过载和危险集中，一旦某一控制回路发生故障就可能导致高度集中的系统崩溃，使生产过程全面瘫痪。

20 世纪 70 年代中期，为了解决大规模复杂系统的优化与控制问题，开始出现了分布式控制系统（Distributed Control System，DCS）。DCS 又称集散控制系统，其核心思想是集中管理、分散控制，即管理与控制分离。上位机用于集中监视管理，下位机则分散到各个现场实现分布式控制，上、下位机之间通过控制网络实现信息传递。这种分布式的控制体系结构有力地克服了集中型数字控制系统中对控制器处理能力和可靠性要求极高的缺陷。DCS 的结构如图 1-6 所示。

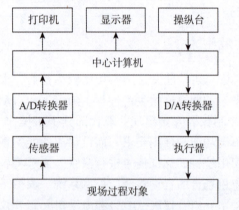

图 1-5　DDC 系统的结构　　　　　　图 1-6　DCS 的结构

20 世纪 80 年代以来，相继出现了各种以现场总线为标准的数字化智能变送器和智能化数字执行器，并构成以微处理器为基础的现场总线控制系统（Fieldbus Control System，FCS）。FCS 是一种基于工业和控制网络的控制系统，它的出现彻底改变了工业自动控制系统的面貌。由 IEC（International Electrotechnical Commission，国际电工委员会）标准可知，现场总线是指连接智能现场设备和自动化系统的数字式双向传输、多分支结构的一种通信网络。与 DCS 相比，FCS 进一步改革了原 DCS 的结构，形成了全分布式的结构，并采用了更加开放式和标准化的通信技术，突破了原 DCS 采用专用通信网络的局限性。FCS 通过把控制功能分散并进一步下放到现场，增强了灵活性和可靠性，其结构如图 1-7 所示。

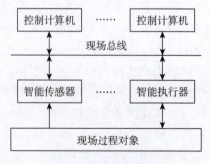

图 1-7　FCS 的结构

近年来，以太网技术在工业自动化领域逐步得到了推广，进一步形成了工业以太网技术。工业以太网又被称为现代工业控制网络，与现场总线相比，工业以太网能够解决多种标准并存和异种网络通信困难等难题。随着高速工业以太网技术的到来，一些智能以太网交换机和耐工业环境(防尘、防潮、防爆、耐腐蚀和抗电磁干扰等)以太网器件相继面世。由于工业以太网在技术上与商业以太网兼容，性能上满足工业现场需要，所以在工业自动化领域中得到了广泛的应用，使过程控制系统变得更加灵活、方便和经济。此外，一些采用新型材料的工业仪表也得到了快速发展，许多智能传感器和执行器采用了数字化、多变量和专用集成电路(Application Specific Integrated Circuit，ASIC)。这些工业仪表不仅可以检测有关过程变量，还能提供检测仪表状态、诊断过程信息和通信传输等功能，十分便于调试、运营、维护和管理。

▶▶▶ 1.4.2 过程控制策略与算法的进展 ▶▶ ▶

过程控制策略与算法是过程控制系统的核心。近几十年来，过程控制策略与算法出现了3种类型：简单控制、复杂控制与先进控制。

通常将单回路 PID 控制称为简单控制。作为过程控制的一种主要手段，PID 控制以微分方程和传递函数等经典控制理论为基础，主要采用时域法和频域法对过程控制系统进行分析设计与综合。由于 PID 控制算法简单、实施方便、控制参数整定容易，适用于没有时间延迟的单回路控制系统，所以其广泛应用于各类工业过程，如在许多 DCS 和 PLC(Programmable Logic Controller，可编程控制器)系统中，均设有 PID 控制算法软件或 PID 控制模块。然而随着生产过程的大型化、控制对象的复杂化，这种简单控制模式已不能满足过程控制系统的需求。

从 20 世纪 50 年代开始，为了满足复杂过程工业的一些特殊控制要求，有学者开始提出串级控制、比值控制、前馈控制、均匀控制和 Smith 预估控制等控制策略与算法，这类控制策略与算法统称为复杂控制。这些控制策略与算法仍然以经典控制理论为基础，但在结构与应用上各有特色，而且目前仍在继续改进与发展。而为了实现全局的最优控制，以状态空间作为分析基础的现代控制理论开始为新的复杂控制技术的发展提供理论基础，主要包括以最小二乘法为基础的系统辨识、以极小值原理和动态规划为基础的最优控制、以卡尔曼滤波理论为核心的最优估计等。

20 世纪 70 年代后，为解决大规模复杂系统的优化与控制问题，在现代控制理论和人工智能发展的理论基础上，针对工业过程本身的非线性、时变性、耦合性和不确定性等特性，以系统分解与协调、多级递阶优化与控制为核心思想的大系统理论成为研究热点，相继出现了解耦控制、推断控制、预测控制、模糊控制、自适应控制、人工神经网络控制等算法，常统称为先进控制。此时，控制理论的研究重心也逐渐从有限维系统转向无穷维系统、从确定性系统转向不确定性和随机性系统、从线性系统转向非线性系统、从可用微分方程描述的系统转向离散事件动态系统。近十年来，以专家系统、模糊逻辑、神经网络、遗传算法为主要方法的、基于知识的智能处理方法已经成为过程控制的一种重要技术。与常规的控制算法相比，先进控制方法的控制效果更好，精度更高，可应用于复杂工业过程的控制。实践证明，先进控制方法能取得更高的控制质量和更大的经济效益，具有广阔的发展前景。

1.5　过程控制系统的设计

过程控制作在工业生产过程中得到了广泛的应用。过程控制所涉及的化工、石油、冶金、发电等行业在国民经济生产中占有极其重要的地位，然而目前，我国的许多工业生产过程仍然处于手动或半自动状态，操作水平较低，稳定性有待进一步提高，经济效益不佳，还有很大的生产技术改造空间。因此，利用过程控制技术及信息技术来改造传统的工业过程生产制造业，实现生产过程的最优控制和优化管理，已成为当务之急。过程控制系统的设计及优化对确保生产安全、减少环境污染、降低原材料消耗、提高社会效益和经济效益等具有非常重要的战略意义。

由于工业生产过程的复杂多样，所以在对工业生产的过程控制系统进行自主设计时，从事过程控制的技术人员必须与生产工艺人员进行充分交流，花大量的时间和精力了解该工业生产过程的基本原理、操作过程和过程特性，对整个工业生产过程的物料流（如气体、液体、固体等）、能源流（如电、蒸汽、煤气等）和生产过程中的有关状态（如温度、压力、流量、物位、成分等）进行准确的测量和计量，并据此利用生产过程工艺和控制理论知识来管理和控制该生产过程。此外，还要充分考虑实际扰动、上层管理与调度等因素，如原材料的组成变化、产品质量与规格的变化、生产设备特性的漂移及装置与装置或工厂与工厂之间的关联等扰动，以及物料流与能量流在各装置之间或工厂之间的前后联结调度的问题等，这些因素都会影响生产过程的操作稳定性和经济效益。只有做到全方位考虑、统筹兼顾，才能设计出满足复杂工业生产过程的过程控制系统，达到安全、稳定、优质、高效和高产低耗的目的。

一个完整的过程控制系统的设计，应包括系统的控制方案设计、工程设计、工程安装与仪表调校及控制器参数整定等主要内容。系统的控制方案设计和控制器参数整定则是系统设计中的两个核心内容。系统的控制方案设计的基本原则包括合理选择被控参数和控制参数、被控参数的测量变送、控制规律的选取及执行器的选择等。如果系统的控制方案设计不正确，如需要串级控制系统而设计成单回路控制系统，仅凭控制器参数的整定，则不可能获得好的控制质量；反之，若系统的控制方案设计正确，但控制器参数整定得不合适，也不能发挥控制系统的作用，不能使其保持在最佳状态。

习题 ▶▶ ▶

1-1　什么是过程控制？它的 4 个特点分别是什么？

1-2　过程控制的要求有哪些？

1-3　过程控制系统一般由哪些环节组成？

1-4　过程控制系统有哪几种分类方法？

1-5　评价过程控制系统的过渡过程的性能指标有哪些？什么时候可认为其过渡过程已进入稳态？

1-6　什么是最大动态偏差？它与超调量有何关系？

1-7　试简述图 1-8 所示的储槽液位控制系统的工作原理，画出系统框图，并指出该系统中的被控参数、被控过程、控制参数和扰动因素各是什么。其中，LC 为液位控制器；LT 为液位变送器；A 为储槽横截面积，是一个常量；q_1、q_2 分别为流入体积流量、流出体积流量；h 为液位高度。

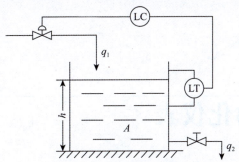

图 1-8　储槽液位控制系统

1-8　某反应器工艺规定操作温度为 (800 ± 10) ℃。为确保生产安全，其最高温度不得超过 850 ℃。若运行中的温度控制系统受到一个阶跃干扰，记录的过渡过程曲线如图 1-9 所示。试求：

(1) 稳态误差、衰减比、超调量和调节时间；

(2) 该控制系统是否满足工艺要求。

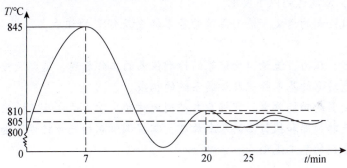

图 1-9　某反应器温度控制系统的过渡过程曲线

第 2 章

自动化仪表

 本章学习要点 ▶▶ ▶

　　自动化仪表由检测仪表和控制仪表组成，本章重点介绍检测仪表中常用的温度、压力、流量、物位和成分等参数的检测，以及控制仪表中的基本控制规律和仪表的选用原则。学完本章后，应能达到以下要求。

　　(1) 了解参数检测的意义、检测误差的基本概念及仪表的组成，掌握自动化仪表的统一信号标准。

　　(2) 熟悉温度、压力、流量、物位等的检测仪表的工作原理、选型及接线安装。

　　(3) 了解仪表防爆的基本知识及防爆系统的构成。

　　(4) 熟悉控制器的功能要求，掌握基本控制规律的数学表达式及其响应特性。

　　(5) 了解电气转换器和执行器的基本原理，掌握调节阀的流量特性及选择方法。

　　(6) 熟悉安全栅的基本类型。

2.1　概述　　　▶　　▶　▶

　　过程控制通常是对生产过程中的温度、压力、流量、物位、成分等工艺参数进行控制，使其保持为定值或按一定规律变化，以确保产品质量和生产安全，并使生产过程按最优化目标自动进行。要想对过程参数实行有效的控制，首先应对它们进行有效的检测，而实现有效的检测由自动化仪表来完成。自动化仪表是过程控制系统的重要组成部分。因此，了解过程控制系统中自动化仪表的分类与发展，分析自动化仪表的接线方式及相互之间的区别是更好地完成检测任务的重要前提。

▶▶ 2.1.1　自动化仪表的分类及组成 ▶▶ ▶

1. 自动化仪表的分类

　　自动化仪表的种类繁多，有常规仪表和基于微型计算机技术的各种智能仪表。工程上通常按照安装场地、能源形式、信号类型和结构形式对其进行分类。

1）按照安装场地分类

自动化仪表按照安装场地可分为现场类仪表（也称一次仪表）与控制室类仪表（也称二次仪表）。现场类仪表通常在抗干扰、防腐蚀、抗振动等方面具有特殊要求。

2）按照能源形式分类

自动化仪表按照能源形式可分为液动、气动和电动仪表等。而在过程控制中，一般采用气动和电动仪表。

（1）气动仪表发展较早，其特点是结构简单、性能稳定、可靠性高、价格低，并且在本质上安全防爆，因而广泛应用于石油、化工等有爆炸危险的领域。

（2）电动仪表相对气动仪表出现较晚，但由于电动仪表在信号传输、放大、变换处理及实现远距离监视、操作等方面比气动仪表优越，特别容易与计算机等现代化信息技术工具联用，所以电动仪表的发展极为迅速，应用也极为广泛。

近年来，由于电动仪表普遍采取了安全火花防爆措施，解决了安全防爆问题，所以在易燃易爆的危险场所也能使用。

3）按照信号类型分类

自动化仪表按照信号类型可分为模拟式和数字式仪表两大类。

（1）模拟式仪表的传输信号通常是连续变化的模拟量，其线路较为简单，操作方便，在过程控制中已经被广泛应用。

（2）数字式仪表的传输信号通常是断续变化的数字量，以微型计算机为核心，其功能完善、性能优越，能够解决模拟式仪表难以解决的问题。

4）按照结构形式分类

自动化仪表按照结构形式可分为基地式、单元组合式、组装式及集中/分散式仪表等。

（1）基地式仪表最初出现在过程控制的早期，它是安装在现场，集检测、指示与控制于一身的自动化仪表。早期的基地式仪表结构简单、价格低廉，但由于功能有限、通用性差，所以很快被单元组合式仪表替代。

近年来，随着计算机网络与通信技术的迅速发展和广泛应用，基地式仪表又获得了新生，正在朝着多功能、智能化方向发展。例如，带有控制功能的智能变送器、智能执行器或智能式阀门定位器等现代基地式仪表已成为现场总线控制系统的重要组成部分。

（2）单元组合式仪表是根据控制系统各组成环节的不同功能和使用要求制成的模块化仪表（称为单元）的总称。各个单元之间用统一的标准信号进行联络。

这类仪表有电动单元组合仪表和气动单元组合仪表两大类。它们都经历了Ⅰ型、Ⅱ型和Ⅲ型等发展阶段，经过不断改进，其性能已日趋完善。

单元组合式仪表可分为变送单元、给定单元、控制单元、执行单元、转换单元、运算单元、显示单元和辅助单元等。用电动单元组合仪表构成的控制系统如图2-1所示。

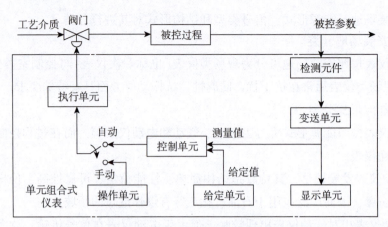

图 2-1　用电动单元组合仪表构成的控制系统

（3）组装式仪表是一种功能分离、结构组件化的成套仪表（或装置），它以模拟器件为主，兼用模拟技术和数字技术。整套仪表（或装置）在结构上由控制柜和操作台组成，控制柜内安装的是具有各种功能的组件板，其采用高密度安装，结构紧凑。这种仪表（或装置）特别适用于要求组成各种复杂控制和集中显示操作的大、中型企业的过程控制。

（4）集中/分散式仪表以计算机或微处理器为核心部件，经历了集中型计算机控制、集散型计算机控制和基于现场总线的分布式计算机控制 3 个发展阶段。在前两阶段中，测量变送单元与执行单元仍采用模拟式仪表，只是调节单元采用数字式仪表，即数字控制器、可编程控制器或工业控制机，因而属于模拟/数字混合式仪表。而在基于现场总线的分布式计算机控制中，由于采用了全数字式、双向传输、多分支结构的通信网络，数字通信一直延伸到现场，其通信协议按规范化、标准化和公开化进行设计，各种控制系统通过现场总线不但实现了互连、互换、互操作等，而且能方便地实现集中管理和信息集成，从而满足了生产过程自动化的各种功能需求。

2. 自动化仪表的组成

自动化仪表由控制仪表和检测仪表组成。其中，控制仪表通常包含控制器（含 PLC）、电气转换器、执行器、安全栅等，具体将在 2.4 节介绍；检测仪表一般包括传感器和变送器两部分，主要用于确定被控参数的当前值。变量检测的基本过程如图 2-2 所示。

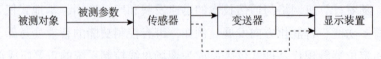

图 2-2　变量检测的基本过程

1）传感器

传感器（含敏感元件）是检测仪表中的重要部件，它直接与被控对象发生关联（但不一定直接接触），感受被控参数的变化，并传送出与之相适应的电量或非电量信号。工程上通常也把这个过程称为一次测量，所用仪表称为一次仪表。

2）变送器

将传感器传送过来的测量信号进行转换、放大、整形、滤波等处理后，调制成相应的标准信号，并输出给控制器采样或进行模拟、数字显示，这部分电路称为变送电路。标准信号是物理量的形式和数值范围都符合国际标准的信号，如直流电流 4~20 mA，空气压力

20~100 kPa 都是当前通用的标准信号。其中，直流电流 4~20 mA 可用于远距离 3~5 km 的传输。如果仅用于电气控制柜内的短距离传输，那么也可采用直流 1~5 V DC 形式。工程上习惯将传感器后面的计量显示仪表称为二次仪表，有时也将传感器和变送电路统称为变送器。

2.1.2 检测仪表的接线方式

1. 电流二线制、四线制

如图 2-3（a）所示，将电动模拟式检测仪表串入直流电源，该电源电压一般为 24 V DC。由于两根导线同时传输所需的电源和输出电流信号，所以线路简单，节省电缆。如图 2-3（b）所示，电动模拟式检测仪表的电源与检测回路相互独立，分别采用一对导线传输，仪表的工作电源可为直流，也可为交流。

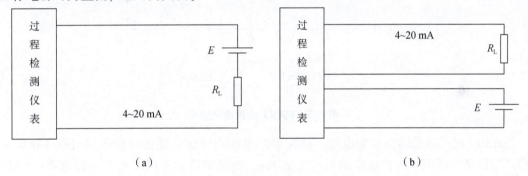

（a） （b）

图 2-3 电流二线制、四线制检测仪表的连线
（a）电流二线制；（b）电流四线制

2. 电阻三线制

对于电阻型输入，如铜、铂热电阻，常采用三线制接线，这也是目前工业生产最常用的接线方式。

（1）接 2 根电桥线和 1 根电源线，如图 2-4（a）所示。

（2）接 3 根电桥线，如图 2-4（b）所示。

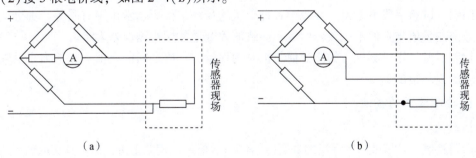

（a） （b）

图 2-4 电阻三线制检测仪表的连线
（a）接 2 根电桥线和 1 根电源线；（b）接 3 根电桥线

由图 2-4 可见，若仅采用 2 根导线将热电阻接入电桥，则会由于远距离连接导线的电阻而引入误差。

3. 现场总线方式

现场总线是最近发展起来的一种通信协议方式，这里以数字式检测仪表中使用较多的可寻址远程传感器高速通道（Highway Addressable Remote Transducer，HART）协议为例进行介绍。具有 HART 通信协议的变送器可以在一根电缆上同时传输直流 4~20 mA 的模拟信号和数字信号。

HART 信号的传输基于 Bell202 通信标准，采用频移键控（Frequency-Shift Keying，FSK）方法，在直流 4~20 mA 的基础上叠加幅值为 ±0.5 mA 的正弦调制波作为数字信号，1 200 Hz的频率代表逻辑"1"，2 200 Hz 的频率代表逻辑"0"。这种类型的数字信号通常称为 FSK 信号，如图 2-5 所示。由于 FSK 信号的相位连续，其平均值为 0，故不会影响直流 4~20 mA 的模拟信号。

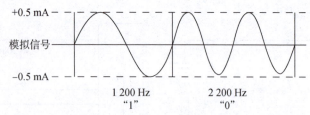

图 2-5　HART 协议通信信号

HART 通信的传输介质为电缆，通常单芯带屏蔽双绞电缆的传输距离可达 3 000 m，多芯带屏蔽双绞电缆的传输距离可达 1 500 m，短距离传输可以使用非屏蔽电缆。HART 协议一般可以有点对点模式、多点模式和阵发模式 3 种不同的通信模式。

2.2　检测误差与仪表性能

▶▶▶2.2.1　检测误差的基本概念 ▶▶▶

检测的目的是希望通过检测获取被检测量的真值。但由于种种原因，如所选用仪表的精度限制、试验手段不完善、环境中各种干扰的存在、检测技术水平有限等，都会造成被测参数的测量值与真值不一致，两者不一致的程度通常用检测误差表示。

检测误差是指检测仪表的测量值与被测物理量的真值之间的差值，它的大小反映了检测仪表的检测精度。

1. 检测误差的描述

1）真值

所谓真值，是指被测物理量的真实（或客观）取值。从理论上讲，这个真实取值是无法通过测量得到的，因为任何检测仪表都不可能是绝对精确的。既然如此，如何才能知道物理量的真值呢？在当前现行的检测体系中，许多物理量的真值是按国际公认的方式认定的，即用所谓"认定设备"的检测结果作为真值。通常，各国（或国际组织）将其法定计量机构的专用设备作为认定设备，它的检测精度在这个国家（或国际组织）内被认为是最高的。显而易见，用这种方法确定的所谓"真值"也不是真正意义上的真值，而是一种"约定真值"，记为 x_a。

2）最大绝对误差

最大绝对误差是指仪表的实测示值 x 与真值 x_a 的最大差值，记为 Δ，即

$$\Delta = \pm \max \left| x - x_a \right| \tag{2-1}$$

这是直观意义上的误差表达式，是其他误差表达式的基础。但是若用最大绝对误差表示检测误差，并不能很好地说明检测质量的好坏。例如，在检测温度时，最大绝对误差 $\Delta = \pm 1\ ℃$，这对体温测量来说是不允许的，而对测量钢水温度来说却是一个极好的测量结果。

3）相对误差

相对误差一般用百分数给出，记为 δ，即

$$\delta = \frac{\Delta}{x_a} \times 100\% \tag{2-2}$$

由于无法知道被测量的真值，实际测量时通常用测量值代替真值进行计算，这时的相对误差称为标称相对误差，记为 δ'，即

$$\delta' = \frac{\Delta}{x} \times 100\% \tag{2-3}$$

在实际工作中，仅用相对误差或标称相对误差也无法衡量仪表的检测精度。例如，某两台测温仪表的最大绝对误差均为 $\pm 5\ ℃$，它们的测量值分别为 $100\ ℃$ 和 $500\ ℃$，显然后者的相对误差小于前者，但不能说明后者的检测精度就一定比前者好。

4）引用误差

引用误差是仪表中通用的一种误差表示方法，它是相对仪表满量程的一种误差，一般也用百分数表示，记为 γ，即

$$\gamma = \frac{\Delta}{x_{\max} - x_{\min}} \times 100\% \tag{2-4}$$

式中，$x_{\max}$ 为仪表测量范围的上限值；$x_{\min}$ 为仪表测量范围的下限值。

在使用检测仪表时，常常还会涉及基本误差和附加误差两个指标。

5）基本误差

基本误差是指仪表在国家规定的使用标准条件下使用时所出现的误差。国家规定的使用标准条件通常是：电源电压为交流 $220(1\pm5\%)\,V\,AC$、电网频率为 $(50\pm2)\,Hz$、环境温度为 $(20\pm5)\,℃$、湿度为 $(65\pm5)\%$ 等。基本误差通常由仪表制造厂在国家规定的使用标准条件下确定。

6）附加误差

附加误差是指仪表的使用条件偏离了规定的标准使用条件所出现的误差，通常有温度附加误差、频率附加误差、电源电压波动附加误差等。

2. 检测误差的规律性

检测误差若按检测数据中误差呈现的规律性可分为系统误差、随机误差和粗大误差。掌握这种规律性有利于消除检测误差。

1）系统误差

系统误差是指同一条件下对同一被测参数进行多次重复测量时，大小和方向（即正、负）保持不变的误差；或者当条件变化时，按某一确定的规律变化的误差。例如，仪表的组成元件不可靠、定位标准及刻度的不准确、测量方法不当等引起的误差就属于系统误

差。克服系统误差的有效办法之一是利用负反馈结构。这是因为在负反馈结构中，只要前向通道的增益足够大，决定误差大小的关键就是反馈环节而不是前向通道。

2）随机误差

当对同一被测参数进行多次重复测量时，误差值的大小和符号不可预知地随机变化，但就总体而言具有一定的统计规律性，通常将这种误差称为随机误差或统计误差。

引起随机误差的原因有很多且难以掌握，一般无法预知，只能用概率和数理统计的方法计算它出现的可能性的大小，并设计合适的滤波器进行消除。

3）粗大误差

粗大误差又称疏忽误差，是由于测量者疏忽大意或环境条件的突然变化而引起的。对于粗大误差，首先应设法判断其是否存在，然后将其剔除。

▶▶▶ 2.2.2　仪表的基本特性 ▶▶▶ ▶

仪表的基本特性可分为固有特性和工作特性，而固有特性是确定其性能指标的依据。

1. 固有特性

仪表的固有特性是指处在规定使用条件下的输入/输出关系，主要性能指标有精度、非线性误差、变差、灵敏度和分辨力、漂移、动态误差等，它们可以用来评定该仪表性能的好坏。

1）精度

仪表的精度又称精确度，表示仪表测量结果的可靠程度，是最重要的指标。根据仪表的使用要求，规定在正常使用条件下允许的最大误差，称为允许误差。允许误差一般用相对百分误差来表示，即一台仪表的允许误差是指在规定的正常使用条件下允许的最大相对百分误差，即

$$\delta_允 = \pm \frac{\Delta x_{max}}{N} \times 100\% \tag{2-5}$$

式中，$\delta_允$为仪表的允许误差；Δx_{max}为仪表允许的最大绝对误差；N为仪表的量程。

仪表精度是按国家统一规定的允许误差划分成若干等级，根据仪表的允许误差，去掉正、负号及百分号后的数值，可以用来确定仪表的精度等级。根据国家标准，我国生产的仪表常用的精度等级为 0.005、0.02、0.05、0.1、0.2、0.4、0.5、1.0、1.5、2.5、4.0等。例如，若某台测温仪表的允许误差为 2.5%，则认为该仪表的精度等级为 2.5 级。

根据仪表的校验数据来确定仪表的精度等级和根据工艺要求来选择仪表的精度等级的情况是不一样的。根据仪表的校验数据来确定仪表的精度等级时，仪表的允许误差应该大于（至少等于）仪表校验所得的最大相对百分误差；根据工艺要求来选择仪表的精度等级时，仪表的允许误差应小于（至多等于）工艺上所允许的最大相对百分误差。

仪表的精度等级是衡量仪表质量的重要指标之一，数值越小，表示仪表的精度等级越高，仪表的准确度也越高。0.05 级以上的仪表，常用来作为标准表，工业现场所用的测量仪表，其精度等级大多是 0.5 级以下的。

仪表的精度等级一般可用不同的符号形式标志在仪表的面板上。

2）非线性误差

对于理论上具有线性刻度的测量仪表，往往由于各种因素的影响，仪表的实际特性偏

离其理论上的线性特性。非线性误差是衡量偏离线性程度的指标,它用实际值与理论值之间的最大绝对误差和仪表量程之比的百分数表示,即

$$非线性误差 = \frac{\Delta x'_{max}}{N} \times 100\% \qquad (2-6)$$

式中,$\Delta x'_{max}$ 为实际特性曲线与理论直线之间的最大偏差。仪表的非线性误差如图 2-6 所示。

3)变差

在相同条件下,用同一仪表对被测参数在测量范围内进行正、反行程(即逐渐由小变大和逐渐由大变小)测量时所产生的最大绝对差值 $\Delta x''_{max}$ 与仪表量程 N 之比的百分数即变差,即

$$变差 = \frac{\Delta x''_{max}}{N} \times 100\% \qquad (2-7)$$

造成仪表变差的原因有很多,如传动机械的间隙、运动部件的摩擦、弹性滞后的影响等。仪表的变差如图 2-7 所示。必须注意,仪表的变差不能超过仪表的基本允许误差,否则应及时修理。

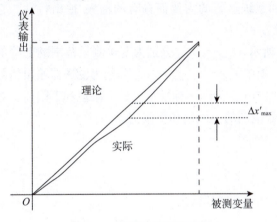

图 2-6　仪表的非线性误差

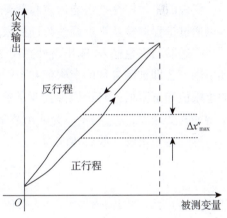

图 2-7　仪表的变差

4)灵敏度和分辨力

灵敏度是仪表对被测参数变化的灵敏程度,用仪表的输出信号 Δy 与引起此输出信号的被测参数变化量 Δx 之比的百分数表示,即

$$灵敏度 = \frac{\Delta y}{\Delta x} \times 100\% \qquad (2-8)$$

增加放大系数(机械的或电子的)可提高仪表的灵敏度,但是,仪表的性能主要取决于仪表的基本误差。如果单纯地用加大仪表的灵敏度的方法来企图获得更准确的读数,这是不合理的,反而可能出现似乎灵敏度很高,精度实际上却下降的虚假现象。为了防止出现这种虚假灵敏度,常规定仪表标尺上的分格值不能小于仪表允许误差的绝对值。

仪表的灵敏限则是指引起表示值发生可见变化的被测参数的最小变化量。一般仪表的灵敏限的数值应不大于仪表基本允许误差绝对值的一半。

值得注意的是,上述指标仅适用于指针式仪表。在数字式仪表中,往往用分辨力来表示仪表灵敏度(或灵敏限)的大小。数字式仪表的分辨力常指仪表的最末位数字间隔所代表

的被测参数的变化量。因此，同一仪表不同量程的分辨力是不同的，量程越小，分辨力越高，相应于最低量程的分辨力称为该仪表的灵敏度。

5）漂移

仪表在一定工作条件下，当输入信号保持不变时，输出信号会随时间或温度变化而出现漂移，分别称为时漂、温漂。时漂和温漂越小越好。

6）动态误差

以上介绍的仪表的精度、非线性误差、变差、灵敏度和分辨力都是仪表的静态误差。动态误差是指系统受到外部干扰时，被测变量在干扰情况下的测量值和参数实际值之间的差异。引起该误差的原因是仪表内部的惯性及能量形式转换或物质的传递时间。衡量惯性的大小和传递时间的快慢通常用时间常数 T 和纯滞后时间 τ 来表征。它们的存在会降低检测过程的动态性能，其中纯滞后时间 τ 的不利影响会远远超过时间常数 T 的影响。因此，在研制或选用仪表时，应尽量减小仪表的惯性和滞后，使之快速和准确地响应输入量的变化。

2. 工作特性

仪表的工作特性是指能适应参数测量和系统运行的需要而具有的输入/输出特性，它可以通过量程调整及零点调整与迁移来改变。

变送器的理想输入/输出特性如图 2-8 所示。x_{max} 与 x_{min} 分别为变送测量范围的上限值和下限值，即被测参数的上限值和下限值，图中 $x_{min}=0$。y_{max} 与 y_{min} 分别为变送器输出信号的上限值和下限值，对于模拟式变送器，y_{max} 与 y_{min} 为统一标准信号的上限值和下限值；对于智能式变送器，y_{max} 与 y_{min} 为输出数字信号范围的上限值和下限值。

变送器输出的一般表达式为

$$y = \frac{x}{x_{max} - x_{min}}(y_{max} - y_{min}) + y_{min} \tag{2-9}$$

式中，x 为变送器的输入信号；y 为对应于 x 时变送器的输出。

1）量程调整

量程调整又称满度调整，其作用是使变送器输出信号的上限值（满度值）y_{max} 与输入测量范围的上限值 x_{max} 相对应。量程调整相当于改变变送器的灵敏度，即输入/输出特性曲线的斜率，如图 2-9 所示。

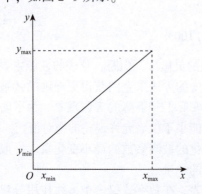

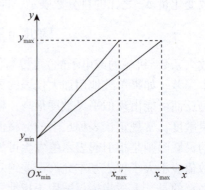

图 2-8　变送器的理想输入/输出特性　　图 2-9　量程调整前后的输入/输出特性

2）零点调整与迁移

所谓仪表的零点，是指被测参数的下限值 x_{min}，或者对应仪表输出下限值 y_{min} 的被测参数最大值。使 $x_{min} = 0$ 的过程称为"零点调整"，使 $x_{min} \neq 0$ 的过程称为"零点迁移"。也就是说，零点调整使仪表的测量下限值为 0，而零点迁移是把测量的下限值由 0 迁移到某一数值（正值或负值）。当将测量的下限值由 0 变为某一正值时，称为正迁移；反之，将测量的下限值由 0 变为某一负值时，称为负迁移。图 2-10 所示为某仪表零点迁移前后的输入/输出特性。

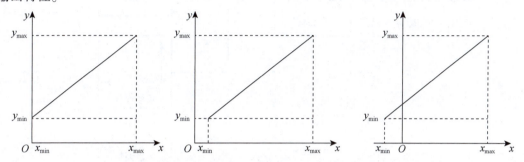

图 2-10　某仪表零点迁移前后的输入/输出特性

3）零点迁移和量程调整的应用

这里通过以下例子来说明仪表零点迁移和量程调整的实际应用。

【例 2-1】某测温仪表的测量范围为 0~500 ℃，输出信号为 4~20 mA DC，欲将该仪表用于测量 200~1 000 ℃的某信号，试问应做如何调整？

显然，该仪表不能直接用来测量 200~1 000 ℃的信号，必须对它进行必要的调整。其调整过程如图 2-11 所示，可知调整过程分为两步：首先将仪表的量程从 0~500 ℃调整到 0~800 ℃，并使其输入在 0 ℃时的输出为 4 mA，输入在 800 ℃时的输出为 20 mA；再将仪表的零点由 0 ℃迁移到 200 ℃，最后得到 200~1 000 ℃的测量范围。

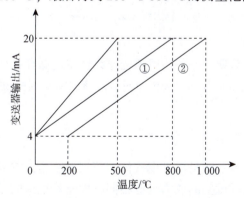

图 2-11　某测温仪表零点迁移和量程调整过程

具有零点迁移、量程调整功能的仪表的使用范围得到了扩大，增加了适用性和灵活性。但是，在什么条件下可以进行零点迁移和量程调整，迁移量和调整量有多大，这需要结合具体仪表的结构和性能而定，并不是无约束的。

4）变送器的非线性补偿

变送器在使用时，总是希望其输出信号和被测参数之间成线性关系，但由于传感器的输出与被测参数之间往往存在着非线性，所以必须进行非线性补偿。对于模拟式变送器，非线性补偿通常有两种，一种是反馈补偿，即使反馈部分与传感器具有相同的非线性特性；另一种是测量补偿，即使测量部分与传感器具有相反的非线性特性，如图 2-12 所示。

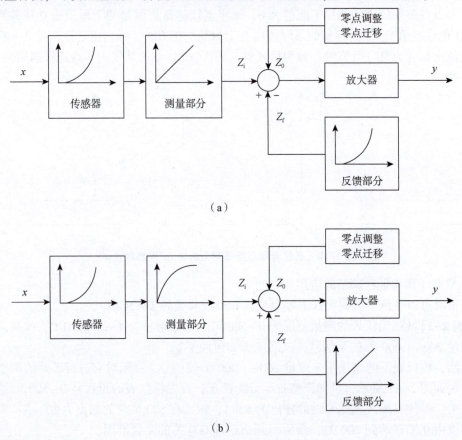

图 2-12　变送器的非线性补偿
(a)反馈补偿；(b)测量补偿

对于智能式变送器，只要预先将传感器的非线性特性储存在变送器的可擦可编程只读存储器(Erasable Programmable Read-Only Memory，EPROM)中，通过软件就可以很容易实现非线性补偿。

▶▶ 2.2.3　仪表防爆的基本知识 ▶▶ ▶

在某些生产现场存在着各种易燃易爆气体、蒸汽或粉尘，它们与空气混合即称为具有爆炸危险的混合物，而其周围空间成为具有不同程度爆炸危险的场所。安装在这种危险场所的仪表如果产生火花，那么就容易引起爆炸，因此用于这种危险场所的仪表必须具有防爆性能。

气动仪表从本质上来说具有防爆性能，而电动仪表必须采取必要的防爆措施才具有防爆性能。电动仪表所采取的防爆措施不同，防爆性能也就不同，因此适应的场合也不尽相同。

1. 防爆仪表的分类

根据 GB/T 3836.1—2021 规定，爆炸性气体环境用电设备分为三大类。Ⅰ类电气设备用于煤矿瓦斯气体环境，认证标准是 GB/T 3836 和 MT 系列标准。Ⅱ类电气设备用于除煤矿瓦斯气体环境之外的其他爆炸性气体环境，认证标准是 GB/T 3836 系列标准。Ⅱ类电气设备按照其拟使用的爆炸性气体环境的种类可进一步分类为ⅡA 类、ⅡB 类和ⅡC 类。ⅡA 类：代表性气体是丙烷。ⅡB 类：代表性气体是乙烯。ⅡC 类：代表性气体是氢气。Ⅲ类电气设备用于除煤矿以外的爆炸性粉尘环境，认证标准是 GB/T 12476 系列标准。Ⅲ类电气设备按照其拟使用的爆炸性粉尘环境的特性可进一步分类为ⅢA 类、ⅢB 类和ⅢC 类。ⅢA 类：可燃性飞絮。ⅢB 类：非导电性粉尘。ⅢC 类：导电性粉尘。

防爆电气设备的保护方法又分为 8 种，即隔爆型(d)、本质安全型(i)、油浸型(o)、无火花型(n)、增安型(e)、正压外壳型(p)、充砂型(q)和浇封型(m)。根据 GB/T 3836.1—2021 的规定，Ⅱ类隔爆型(d)和本质安全型(i)电气设备又分为ⅡA、ⅡB、ⅡC 级。

2. 防爆仪表的分级与分组

防爆仪表的分级与分组，与易燃易爆气体和蒸汽的分级与分组是对应的。易燃易爆气体和蒸汽的分级与分组如表 2-1 所示。

表 2-1 易燃易爆气体和蒸汽的分级与分组

级别	T_1 $T_1 > 450 ℃$	T_2 $300 \sim 450 ℃$	T_3 $200 \sim 300 ℃$	T_4 $135 \sim 200 ℃$	T_5 $100 \sim 135 ℃$	T_6 $85 \sim 100 ℃$
ⅡA	甲烷、氨、乙烷、丙烷、丙酮、苯、甲苯、一氧化碳、丙烯酸、甲酯、苯乙烯、醋酸、醋酸乙酯、醋酸甲酯、氯苯	乙醇、丁醇、丁烷、醋酸丁酯、环戊烷、醋酸戊酯、丙烯、乙苯、甲醇、丙醇	环乙烷、戊烷、己烷、庚烷、辛烷、汽油、煤油、柴油、戊醇、己醇、环乙烷	乙醛、三甲胺	—	亚硝酸乙酯
ⅡB	丙烯酯、二甲醚、环丙烷、市用煤气	环氧丙烷、丁二烯、乙烯	二甲醚、丙烯醛、碳化氢	乙醚、二乙醚	—	—
ⅡC	氢、水煤气	乙炔	—	—	硝酸乙酯	—

在爆炸性气体或蒸汽中使用的仪表，引起爆炸的原因主要有以下两种。

(1)仪表的表面温度过高。

(2)仪表产生能量过高的电火花或仪表内部因故障产生火焰，通过表壳的缝隙引燃仪表外的气体或蒸汽。

因此，根据上述两种原因对Ⅱ类(工厂用)防爆仪表进行了分级与分组，规定了其使用范围。表 2-2 所示为防爆仪表的分级，表 2-3 所示为防爆仪表的分组。

表 2-2 防爆仪表的分级

级别	δ_{max}[①] / mm	MICR[②]
ⅡA	$\delta_{max} \geq 0.9$	MICR > 0.8
ⅡB	$0.9 > \delta_{max} > 0.5$	$0.8 \geq MICR \geq 0.45$
ⅡC	$0.5 \geq \delta_{max}$	$0.45 > MICR$

注：①δ_{max} 为标准试验装置测得的最大试验安全间隙。

②MICR 为按 IEC 79-3 方法测得的最小点燃电流与甲烷的最小点燃电流的比值。

表 2-3 防爆仪表的分组

温度组别	T_1	T_2	T_3	T_4	T_5	T_6
最高表面温度 / ℃	450	300	200	135	100	85

注：仪表的最高表面温度＝实测时的最高表面温度−实测时的环境温度+规定的最高环境温度。

3. 仪表的防爆措施

仪表主要采用隔爆型防爆措施和本质安全型防爆措施。

隔爆型防爆措施是在结构上用隔离措施将电路和周围环境隔绝，使电路在正常工作时所产生的热量和在故障状态时形成的电火花及高温均限制在密封的壳体之内，以防止把周围的易燃易爆气体引燃。这种方法又称结构防爆，采用这种技术措施的仪表称为隔爆型防爆仪表。隔爆型防爆仪表在安装和维护正常时，能达到所规定的防爆要求，但揭开仪表表壳后就失去了防爆性能，因此不能在通电运行的情况下打开表壳进行检修或调整。另外，这种防爆结构在长期使用后，由于表壳结合面的磨损，缝隙宽度将会增大，所以防爆性能会逐渐降低。

本质安全型防爆措施主要是限制能量，从根本上排除灾害的发生，采用这种技术措施的仪表称为本质安全型防爆仪表。这种仪表在正常状态下或规定的故障状态下产生的电火花和热量均不会引起规定的易燃易爆性气体混合物爆炸。正常状态是指在设计规定条件下的工作状态，故障状态是指电路中非保护性元件损坏或产生短路、断路、接地或电源故障等情况。

本质安全型防爆仪表在其所适用的危险场合中使用，必须考虑与其配合使用的仪表及信号导线可能对危险场所产生的影响，即应使整个测量和控制系统具有安全火花防爆性能。

4. 安全火花防爆系统

需要指出的是，安全火花防爆仪表和安全火花防爆系统是两个不同的概念。若把现场安全火花防爆仪表与控制室简单地直接连接，则并不能构成安全火花防爆系统，必须按图2-13 所示结构构成的系统才是安全火花防爆系统。

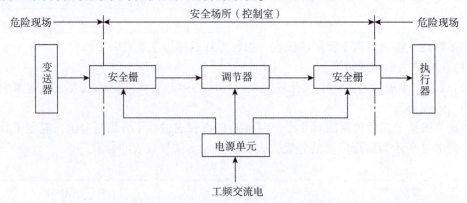

图 2-13 安全火花防爆系统的基本结构

由图 2-13 可见，安全火花防爆系统必须具备两个条件：一是现场仪表必须设计成安全火花型；二是现场仪表与安全场所（包括控制室）之间必须经过安全栅，以便对送往现场的电压、电流进行严格的限制，从而保证进入现场的电功率在安全范围之内。安全栅是构成安全火花防爆系统的关键仪表，其作用是，一方面保证信号的正常传输，另一方面控制

流入危险场所的能量在爆炸性气体或爆炸性混合物的点燃能量以下，确保过程控制系统的安全火花性能。

 ## 2.3 过程参数检测

▶▶▶ 2.3.1 温度检测 ▶▶▶

温度是表征物体冷热程度的一个物理量，反映了物体内部分子运动平均动能的大小。温度高，则分子动能大，运动剧烈；温度低，则分子动能小，运动缓慢。

温标是将温度数值化的一套规则和方法，它同时确定了温度的单位。温标有起点、单位和方向。温标有华氏、摄氏及开氏温标(热力学温标)。华氏温标与摄氏温标之间的换算公式为

$$t'(\,^\circ\!F\,) = \frac{9}{5}t(\,^\circ\!C\,) + 32 \tag{2-10}$$

1. 接触式与非接触式测温

根据敏感元件与被测介质接触与否，可将温度检测方法分为接触式与非接触式两大类。接触式测温所用仪表主要包括基于物体受热而体积膨胀的膨胀式温度检测仪表、基于导体或半导体电阻随温度变化的热电阻式温度检测仪表、基于热电效应的热电偶式温度检测仪表等。接触式测温方法简单、可靠、精度高，但测量时常伴有时间上的滞后，测温元件有时可能会破坏被测介质的温度场或与被测介质发生化学反应。另外，因受到耐高温材料的限制，其测温上限有界。

非接触式测温方法利用的是物体的热辐射特性与温度之间的对应关系。辐射式测温一是要有一个热辐射源(被测对象)；二是要有辐射能量传输通道，可以是大气、光导纤维或真空等；三是要有接收和处理辐射信号的仪器。例如，用于测定 800 ℃ 以上高温和可见光范围的辐射式仪表有单色辐射光学高温计、全辐射高温计和比色高温计等。接收低温与红外线范围辐射信号的仪器有红外测温仪、红外热像仪等。显然，这种测温方法的上限原则上不受限制，并且不会破坏被测介质的温度场，误差小，反应速度快，但会受到被测介质热辐射率及环境因素(被测介质与仪表间的距离、烟尘和水汽等)的影响。

各种温度检测方法均有自己的特点与应用场合，工业测温仪表的分类及测温范围如表2-4 所示。下面将介绍几种常用的测温方法及其工作原理。

表 2-4 工业测温仪表的分类及测温范围

方式	温度计类型	测温原理	测温范围/℃	主要特点
接触式测温	膨胀式温度计：液体膨胀式、固体膨胀式	利用液体(水银、酒精等)或固体(金属片)受热时产生热膨胀的特性测温	$-200 \sim 600$	结构简单，价格低廉，适用于就地测量

续表

方式	温度计类型	测温原理	测温范围/℃	主要特点
接触式测温	压力表式温度计：气体式、液体式、蒸汽式	利用封闭在一定容积中的气体、液体或饱和蒸汽在受热时体积或压力变化的特性测温	−120~600	结构简单，具有防爆性能，不怕振动，适宜近距离传输，时间滞后较大，准确性不高
	热电阻温度计	利用导体或半导体电阻值随温度变化的特性测温	−270~900	准确度高，能远距离传输，适用于低、中温测量
	热电偶温度计	利用金属的热电效应测温	−200~1 800	测温范围广，准确度高，能远距离传输，适用于中、高温测量
非接触式测温	辐射式温度计：光学式、比色式、红外式	利用物体辐射能量随温度变化的特性测温	700 以上	适用于不宜直接接触测温的场合，测温范围广，测量准确度受环境条件的影响

2. 热电阻及其测温原理

在工业应用中，对于 500 ℃以下的中、低温度，一般使用热电阻作为测温元件较为适宜。

1) 热电阻的测温原理

热电阻是基于电阻的热-阻效应(电阻值随温度的变化而变化)进行温度测量的。因此，只要测出感温热电阻的电阻值变化，即可测量出被测温度。目前，测温元件主要有金属热电阻和半导体热敏电阻两类，现分别加以介绍。

(1)金属热电阻的测温。理论与试验研究表明，金属热电阻的电阻值和温度的函数关系可近似为

$$R(t) = R_0[1 + \alpha(t - t_0)] \tag{2-11}$$

式中，$R(t)$ 为被测温度 t 时的电阻值；R_0 为参考温度 t_0(通常 $t_0 = 0$ ℃)时的电阻值；α 为正温度系数。

由式(2-11)可知，金属热电阻的电阻值随温度的升高而增大，这是因为当温度升高时，金属导体内的粒子的无规则运动加剧，阻碍了自由电子的定向运动。

工业上常用的热电阻有铜热电阻和铂热电阻两种，如表 2-5 所示。工业常用热电阻的分度表参见附录 A。

表 2-5　工业上常用的热电阻

热电阻名称	分度号	0 ℃时的电阻值/Ω	测温范围/℃	特点
铜热电阻	Cu50	50±0.05	−50~150	线性度好，价格低，适用于无腐蚀性介质
	Cu100	100±0.1		

热电阻名称	分度号	0 ℃时的电阻值/Ω	测温范围/℃	特点
铂热电阻	Pt50	50±0.003	−200~500	精度高，价格高，适用于中性和氧化性介质，但线性度差
	Pt100	100±0.006		

金属热电阻一般适用于−200~500 ℃范围内的温度测量，其特点是测量准确、稳定性好、性能可靠，在过程控制领域中的应用比较广泛。

（2）半导体热敏电阻的测温。理论与试验研究表明，半导体热敏电阻的电阻值和温度的函数关系近似为

$$R(T) = R(T_0)\exp\left[B\left(\frac{1}{T} - \frac{1}{T_0}\right)\right] \tag{2-12}$$

式中，T 为被测的开氏温度值；$R(T)$ 为被测温度 T 时的电阻值；$R(T_0)$ 为参考温度 T_0 时的电阻值，$T_0 = 0$ ℃（即273.15 K）；B 为与半导体热敏电阻材料有关的常数，其量纲为温度（K）。

将式（2-12）取对数，整理得

$$B = \frac{\ln R(T) - \ln R(T_0)}{\dfrac{1}{T} - \dfrac{1}{T_0}} \tag{2-13}$$

若用试验的方法分别测得 T 和 T_0 时的电阻值 $R(T)$ 和 $R(T_0)$，代入式（2-13）即可计算出 B 的数值。通常，$B = 1\,500 ~ 6\,000$ K。

半导体热敏电阻的温度系数定义为：温度变化 1 ℃ 时电阻值的相对变化量，记为 α，即

$$\alpha = \left[\frac{1}{R(T)}\right]\left[\frac{\mathrm{d}R(T)}{\mathrm{d}T}\right] = -\frac{B}{T^2} \tag{2-14}$$

由式（2-14）可知，α 的绝对值越大，半导体热敏电阻的灵敏度越高。当 B 为正值（负值）时，半导体热敏电阻的温度系数是负值（正值），并为温度 T 的函数。半导体热敏电阻按其温度系数可分为负温度系数（Negative Temperature Coefficient，NTC）型、正温度系数（Positive Temperature Coefficient，PTC）型和临界温度系数（Critical Temperature Resistor，CTR）型半导体热敏电阻，其温度特性如图2-14所示。

其中，NTC 型半导体热敏电阻常用于测量较宽范围内连续变化的温度，尤其是测量低温时，其灵敏度更高；而 PTC 型半导体热敏电阻是在某个温度段内其电阻值随温度上升而急剧上升；CTR 型半导体热敏电阻是在某个温度段内其电阻值随温度上升而急剧下降。因此，它们一般只能作为位式（开关式）温度检测元件使用。

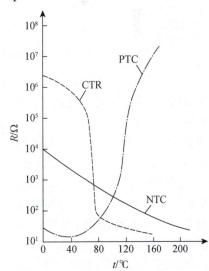

图2-14　半导体热敏电阻的温度特性

与金属热电阻相比，半导体热敏电阻的温度系数要大得多，这是它的优点。但由于其互换性较差，非线性严重，并且测温范围为−50~300 ℃，所以较多地用于家电和汽车的温

度检测和控制。

2）热电阻的接线方式

工业用热电阻需要安装在生产现场，而显示记录仪表一般安装在控制室。生产现场与控制室之间存在一定的距离，因而热电阻的接线方式对测量结果会有较大的影响。目前，热电阻的接线方式主要有 3 种，如图 2-15 所示。

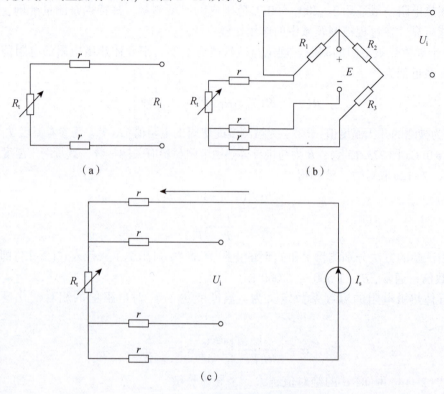

（a）　　　　　　　　　　　　（b）

（c）

图 2-15　热电阻的接线方式
（a）二线制接法；（b）三线制接法；（c）四线制接法

图 2-15（a）为热电阻的二线制接法，即在热电阻的两端各接一根导线引出电阻信号。这种接法最简单，但由于连接导线存在导线电阻 r，r 的大小与导线的材质、粗细及长度有关。很显然，图中的 $R_i = R_t + 2r$。因此，这种接线方式只适用于对测量精度要求较低的场合。图 2-15（b）为热电阻的三线制接法，即在热电阻根部的一端引出一根导线，而在另一端引出两根导线，分别与电桥中的相关元件相接。这种接法可利用电桥平衡原理较好地消除导线电阻的影响，因为当电桥平衡时有 $R_1(R_3 + r) = R_2(R_t + r)$，若 $R_1 = R_2$，则有 $R_1R_3 = R_2R_1$，可见电桥平衡与导线电阻无关。因此，这种接法是目前工业生产过程中最常用的。图 2-15（c）为热电阻的四线制接法，即在热电阻根部两端各引出两根导线，其中一对导线为热电阻提供恒定电流 I_s，将 R_t 转换为电压信号 U_i，再通过另一对导线把 U_i 信号引至内阻很高的显示仪表（如电子电位差计）。可见，这种接线方式主要用于高精度的温度测量。

对于 500 ℃ 以上的高温，已不能用热电阻进行测量，大多采用热电偶进行测量。

3. 热电偶及其测温原理

1）热电偶的测温原理

将两种材质不同的导体或半导体 A、B 连接成闭合回路就构成了热电偶。热电偶的测温原理基于热电效应，即只要热电偶两端的温度不同，在热电偶闭合回路中就产生热电动势，这种现象称为热电效应。热电偶闭合回路中的热电动势由接触电动势和温差电动势两部分组成，如图2-16所示。

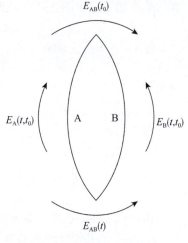

图中，接触电动势是由两种不同材质的导体A、B在接触时产生的电子扩散而形成的，其大小与两种导体的材质和接点的温度有关。温差电动势是指同一导体由于两端温度不同而导致电子具有不同的能量所产生的电势差。由此可知，热电偶闭合回路中的热电动势为接触电动势与温差电动势之和，即可表示为

$$E_{AB}(t, t_0) = E_{AB}(t) - E_{AB}(t_0) + E_B(t, t_0) - E_A(t, t_0)$$
$$(2-15)$$

图2-16　热电效应示意

式中，等式右边前两项为接触电动势，后两项为温差电动势。理论研究表明，温差电动势比接触电动势小得多，所以热电动势通常以接触电动势为主，即式(2-15)可近似为

$$E_{AB}(t, t_0) = E_{AB}(t) - E_{AB}(t_0) \qquad (2-16)$$

由式(2-16)可知，当材质一定且冷端温度t_0不变时，热端温度t与热电动势成单值对应的反函数关系，即

$$t = E_{AB}^{-1}(t, t_0)\big|_{t_0 = \text{constant}} \qquad (2-17)$$

式(2-17)表明，只要测出热电动势的大小，即可确定被测温度的高低，这就是热电偶的测温原理。

根据上述分析可得到以下3点重要结论。

(1)若组成热电偶的电极材料相同，则无论热电偶冷、热两端的温度如何，总热电动势为0。

(2)若热电偶冷、热两端的温度相同，则无论电极材料如何，总热电动势也为0。

(3)热电偶的热电动势除了与其冷、热两端的温度有关，还与电极材料有关。换句话说，由不同电极材料制成的热电偶在相同温度下产生的热电动势是不同的。

2)冷端延伸与等值替换原理

由热电偶的测温原理可知，只有在热电偶的冷端温度保持不变时，热电动势才与被测温度具有单值对应关系。由于制作热电偶的热电材料价格高，不可能将热电偶的电极做得很长，因此冷端温度受被测温度的影响较大而不断变化。为了使冷端远离热端，在工程上常用专用的"补偿导线"与热电偶的冷端相连，将冷端延伸到温度相对稳定的环境内而不影响热电偶的热电动势。这样做的理论依据被称为"等值替换"原理，该原理的分析如下。

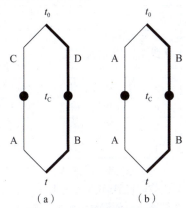

图2-17(a)为由补偿导线C、D和贵重金属材料A、B共同制成的热电偶，并且满足$E_{AB}(t_C, t_0) = E_{CD}(t_C, t_0)$，$t_C \leqslant 100\ ℃$；图2-17(b)为全部用贵重金属材料A、B制

图2-17　热电偶的等值替换
(a)冷端延伸，使用补偿导线；
(b)冷端延伸，未使用补偿导线

成的热电偶。对于图2-17(a)而言，热电偶闭合回路的总热电动势为

$$E_{ABCD}(t, t_0) = E_{AB}(t) + E_{BD}(t_C) + E_{DC}(t_0) + E_{CA}(t_C)$$

设 $t = t_0 = t_C$，则有

$$E_{AB}(t_C) + E_{BD}(t_C) + E_{DC}(t_C) + E_{CA}(t_C) = 0$$

因而有

$$E_{ABCD}(t, t_0) = E_{AB}(t) - E_{AB}(t_C) + E_{DC}(t_0) - E_{DC}(t_C) = E_{AB}(t, t_C) + E_{CD}(t_C, t_0)$$

将 $E_{AB}(t, t_C) = E_{CD}(t_C, t_0)$ 代入上式，则有

$$E_{ABCD}(t, t_0) = E_{AB}(t, t_C) + E_{CD}(t_C, t_0) = E_{AB}(t) - E_{AB}(t_C) + E_{AB}(t_C) - E_{AB}(t_0)$$
$$= E_{AB}(t, t_0)$$

$$(2-18)$$

由式(2-18)可知，将满足 $E_{AB}(t, t_C) = E_{CD}(t_C, t_0)$ 的补偿导线代替热电极，既可使冷端延伸，也不会改变热电偶的热电动势，这就是所谓的等值替换原理。

补偿导线是由两根不同性质的廉价金属线制成的，一般在 $0 \sim 100 \ ^\circ C$ 温度范围内要求它与所连接的热电偶具有几乎相同的热电性能。补偿导线的连接示意如图2-18所示。

在选择和使用补偿导线时，要注意其应和热电偶的型号相匹配，极性不能接错。

3)标准热电偶及其补偿导线

常用的热电偶可分为标准热电偶和非标准热电偶两大类。标准热电偶是指按国家标准规定了其热电动势与温度的关系、允许误差，并有统一标准型号(称为分度号)的热电偶。非标准热电偶是指用于特殊场合的热电偶，没有统一的标准。按照 IEC 国际标准，我国设计了统一标准化热电偶，其中一部分如表2-6所示。

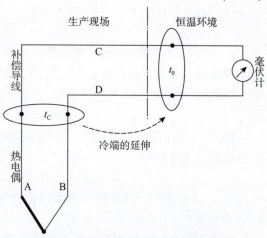

图 2-18　补偿导线的连接示意

表 2-6　我国部分标准化热电偶及其补偿导线

热电偶		测温范围/ ℃		配套的补偿导线(绝缘层着色)		
分度号	热电偶材料[1]	长期	短期	型号[2]	正极材料	负极材料
S	铂铑$_{10}$-铂[3]	$0 \sim 1\ 300$	1 600	SC	铜(红)	铜镍(绿)
B	铂铑$_{30}$-铂铑$_6$	$0 \sim 1\ 600$	1 800	BC	铜(红)	铜(灰)
K	镍铬-镍硅	$-50 \sim 1\ 000$	1 300	KX	镍铬(红)	镍硅(黑)
T	铜-康铜	$-200 \sim 300$	350	TX	铜(红)	康铜(白)

注：① 热电偶材料中"-"的前者表示正极，后者表示负极。

② 补偿导线型号的第一个字母表示配套的热电偶分度号，第二个字母"C"表示补偿型补偿导线，"X"表示延伸型补偿导线，即补偿导线的材料与热电偶的材料相同。

③ 铂铑$_{10}$表示铂占90%，铑占10%，以此类推。

4）热电偶的冷端温度校正

如前所述，只有当热电偶的冷端温度 t_0 恒定时，其热电动势才是 t 的单值函数。依据等值替换原理制成的补偿导线，虽然可以将冷端延伸到温度相对稳定的地方，但还不能保持绝对不变。另外，国家标准规定的热电偶分度表（热电动势与温度的对应关系表）通常是在冷端温度 t_0 为 0 时制定的（附录 B 中列出了几种常用的标准热电偶分度表）。因此，当 t_0 不为 0 且经常变化时，仍会产生测量误差。为了消除冷端温度不为 0 或变化时对测量精度的影响，可进行冷端温度校正。冷端温度校正的方法有很多，常用的有查表校正法和电桥补偿法。

（1）查表校正法：针对冷端温度 $t_0 = t_n \neq 0$（t_n 表示实际冷端温度，如当前室温）时采用的一种校正方法。该方法的思路是：只要 t_n 值已知，并测得热电偶闭合回路中的热电动势，即可通过查阅分度表，计算出被测温度 t。有关查表校正法的分析计算如下。

将式（2-16）重写为

$$E_{AB}(t, t_0) = E_{AB}(t) - E_{AB}(t_0)$$

则有

$$E_{AB}(t, t_n) = E_{AB}(t) - E_{AB}(t_n)$$

将上述两式相减可得

$$E_{AB}(t, t_0) - E_{AB}(t, t_n) = E_{AB}(t) - E_{AB}(t_0) - E_{AB}(t) + E_{AB}(t_n)$$
$$= E_{AB}(t_n) - E_{AB}(t_0) = E_{AB}(t_n, t_0)$$

当 $t_0 = 0$ 时，则有

$$E_{AB}(t, 0) = E_{AB}(t, t_n) + E_{AB}(t_n, 0) \qquad (2-19)$$

式中，$E_{AB}(t, t_n)$ 是实际测得的热电动势；$E_{AB}(t_n, 0)$ 可由相应分度表查得。

通过式（2-19）计算求得 $E_{AB}(t, 0)$，再由分度表反查可得被测温度 t。

【例 2-2】用一只 K 型热电偶测量温度 t，已知冷端温度 $t_0 = t_n = 30\ ℃$，测得的热电动势 $E(t, 30) = 21.995\ mV$，由分度表查得 $E(30, 0) = 1.203\ mV$，经计算有 $E(t, 0) = E(t, 30) + E(30, 0) = 23.198\ mV$。再通过分度表反查可得被测温度 $t = 560\ ℃$。

（2）电桥补偿法：当冷端温度 t_0 随环境温度变化时采用的一种校正方法。其原理是利用电桥中某桥臂电阻因环境温度变化而产生的附加电压来补偿热电偶冷端温度变化引起的热电动势的变化，如图 2-19 所示。

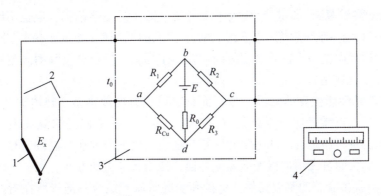

1—热电偶；2—补偿导线；3—补偿电桥；4—显示仪表

图 2-19 电桥补偿法的原理

图中，R_1、R_2、R_3为锰铜电阻，其电阻值不随温度变化；R_{Cu}为铜电阻，其电阻值随温度变化而变化；E_x为热电偶的热电动势；R_0为电源内阻；E为桥路直流电源；电桥电阻R_{Cu}与热电偶冷端感受相同的环境温度。通过选择R_{Cu}的值使电桥在$t = 0$(也可以是其他参考值)时桥路输出为$u_{ac} = 0$。当冷端温度t_0升高、R_{Cu}的值增大、其余电阻值不变时，桥路输出u_{ac}增大，此时热电偶的热电动势$E(t, t_0)$却相应减小。若u_{ac}的增加量等于$E(t, t_0)$的减少量，则显示仪表的指示值不受t_0升高的影响，从而补偿了冷端温度的变化对测量结果的影响。电桥补偿法的关键是如何确定冷端温度$t_0 = 0$时R_{Cu}的值。不同的热电偶其值是不一样的。现以铂铑-铂热电偶为例，确定R_{Cu}在$t_0 = 0$时的值。

【例2-3】已知铂铑-铂热电偶的冷端温度在$0 \sim 100\ ℃$范围内变化时的平均热电动势为$6\ \mu V/℃$，设桥臂电流$I = 0.5\ mA$，铜电阻的温度系数$\alpha = 0.004/℃$，则全补偿的条件为$IR_{Cu} \times 0.004/℃ = 6\ 000\ mV/℃$，经计算，$R_{Cu}$在$t_0 = 0$时的值为$3\ \Omega$。

为了延长热电偶的寿命，常对热电偶丝套上保护套管，以防止有害物体对热电偶丝的侵蚀或机械损伤。但加了保护套管后，会使热电偶测温的惯性滞后增大。一般热电偶的时间常数为$1.5 \sim 4\ min$，小惯性热电偶的时间常数为几秒钟，不加保护套管的快速热电偶的时间常数则为毫秒级。

由于热电偶具有测温精度高、在小范围内的线性度与稳定性好、测温范围宽($500 \sim 2\ 000\ ℃$)、响应时间快等优点，所以其在工业生产过程中应用非常广泛。

当被测温度高于$2\ 000\ ℃$时，即使最耐高温的热电偶也不能长期工作；此外，当需要对运动物体的温度进行测量时，无论被测温度高低如何，接触式测温方法已不适用，需要采用非接触式测温方法。

4. 测温仪表的选用

在过程参数检测中，应用数量最多的是温度检测仪表，即测温仪表。由于被测温度范围大而应用范围又很广，所以如何选用合适类型和规格的测温仪表就显得非常重要。为此，提出以下几点测温仪表的选用原则。

(1)仪表精度等级应符合工艺参数的误差要求。

(2)选用的仪表应操作方便、运行可靠、经济、合理，在同一工程中应尽量减少仪表的品种和规格。

(3)仪表的测温范围(即量程)应大于工艺要求的实际测温范围，但也不能太大。若仪表的测温范围过大，则会使实测温度经常处于仪表的低刻度(如低于仪表刻度的30%)状态，导致实际运行误差高于仪表精度等级误差。工程上一般要求实际测温范围为仪表测温范围的90%左右比较适宜。

(4)热电偶是性能优良的测温元件，而且可以很方便地将多个热电偶进行串、并联，构成多点测温工具以满足比较复杂的测温需要。因此，热电偶是测温仪表的首选检测元件。但在低温测量时还是选用热电阻元件较为适宜。这是因为在低温段，热电阻的线性特性要优于热电偶，而且无须进行冷端温度补偿，使用起来更加方便。

(5)对装有保护套管的测温元件，保护套管的耐压等级应不低于所在管线或设备的耐压等级，其材料应根据最高使用温度及被测介质的特性确定。

一般工业用测温仪表的选用原则如图2-20所示。

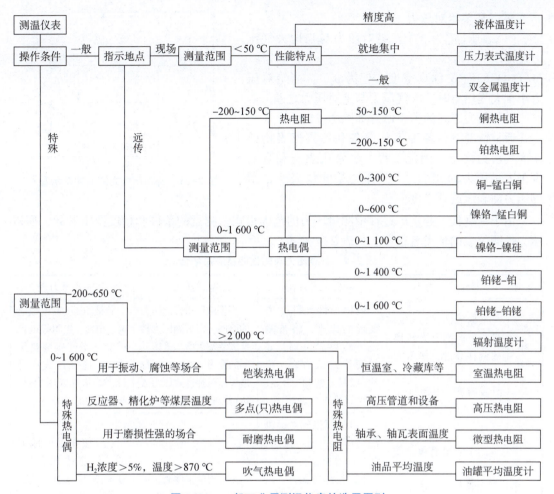

图 2-20　一般工业用测温仪表的选用原则

▶▶▶ 2.3.2　压力检测 ▶▶▶

压力是生产过程控制中的重要参数。许多生产过程(尤其是化工、炼油等生产过程)都是在一定的压力条件下进行的。例如，高压容器的压力不能超过规定值；某些减压装置则要求在低于大气压的真空下进行；在某些生产过程中，压力的大小还直接影响产品的产量与质量。此外，压力检测的意义还在于，其他一些过程参数，如温度、流量、液位等往往要通过压力来间接测量，所以压力检测在生产过程自动化中具有特殊的地位。

1. 压力的概念

所谓压力，是指垂直作用于单位面积上的力，用符号 p 表示。在国际单位制中，压力的单位是帕斯卡(简称帕，用符号 Pa 表示，$1\ Pa = 1\ N/m^2$)，它也是我国压力的法定计量单位。目前在工程上还有 kPa、MPa、bar、标准大气压、毫米汞柱、毫米水柱等压力单位。

由于参考点不同，在工程上又将压力表示为以下几种。

(1)差压(又称压差，记为 Δp)：两个压力之间的相对差值。

(2)绝对压力(记为 p_{abs})：相对于绝对真空所测得的压力，如标准大气压力(记为

p_{atm}）就是环境绝对压力。

（3）表压（记为 p_g）：绝对压力与当地大气压力之差。

（4）负压（又称真空度，记为 p_v）：当绝对压力小于大气压力时，大气压力与绝对压力之差。

各种压力之间的关系示意如图 2-21 所示。

通常情况下，各种工艺设备和检测仪表均处于大气压力之下，因此工程上经常用表压和真空度来表示压力的大小，一般压力检测仪表所指示的压力即表压或真空度。

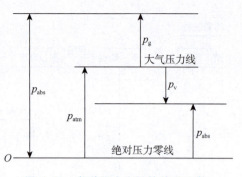

图 2-21　各种压力之间的关系示意

由于在现代工业生产过程中测量压力的范围很宽，测量的条件和精度要求各异，所以压力检测仪表的种类有很多，如表 2-7 所示。

表 2-7　各类压力表的性能及应用场合

类别	液柱式压力表	弹性式压力表	活塞式压力表	电气式压力表
测量原理	根据流体静力学原理，把被测压力转换成液柱高度，如单管压力计、U 形管压力计及斜管压力计等	根据弹性元件受力变形的原理，将被测压力转换成位移，如弹簧管式压力表、膜片（或膜盒式）压力表、波纹管式压力表等	根据液压机传递压力的原理，将被测压力转换成活塞上所加平衡砝码的重力。通常作为标准仪器对弹性式压力表进行校验与刻度	将被测压力转换成电势、电容、电阻等电量的变化来间接测量压力，如应变片式压力计、霍尔片式压力计、热电式真空计等
主要特点	（1）结构简单，使用方便； （2）测量精度要受工作液毛细管作用、密度及视差等影响； （3）测压范围较窄，只能测量低压与微压； （4）若用水银为工作液，则易造成环境污染	（1）测压范围宽，可测高压、中压、低压、微压、真空度； （2）使用范围广，若添加记录机构、控制元件或电气转换装置，则可制成压力记录仪、电接点压力表、压力控制报警器和远传压力表等，供记录、指示、报警、远传之用； （3）结构简单、使用方便、价格低廉，但有弹性滞后现象	（1）测量精度高，可以达到 0.05%~0.02%； （2）结构复杂，价格较高； （3）测量精度受温度、浮力与重力加速度的影响，故使用时应进行修正	（1）按作用原理不同，除前述种类外，还有振频式压力表、压电式压力表、压阻式压力表、电容式压力表等； （2）根据不同形式，输出信号可以是电阻、电流、电压或频率等； （3）适用范围宽
应用场合	用于测量低压与真空度，用于作为标准计量仪器	用于测量压力或真空度，可就地指示、远传、记录、报警和控制，还可测易结晶与腐蚀性介质的压力与真空度	作为标准计量仪器，用于检定低一级活塞式压力表或检验精密压力表	用于远传、发信与自动控制，与其他仪表连用可构成自动控制系统，广泛应用于生产过程自动化，可用于压力变化快、脉动压力、高真空与超高压场合的压力检测

2. 弹性式压力检测

弹性式压力表是利用各种弹性元件在被测介质压力作用下产生弹性变形（服从胡克定律）的原理来测量压力的。工业上常用的弹性元件如图 2-22 所示。

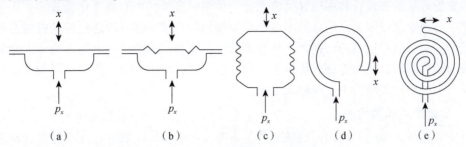

图 2-22　工业上常用的弹性元件
（a）平薄膜片；（b）波纹膜片；（c）波纹管；（d）单圈弹簧管；（e）多圈弹簧管

1）膜片

膜片是一种沿外缘固定的片状圆形薄板或薄膜，按剖面形状可分为平薄膜片和波纹膜片。波纹膜片是一种压有环状同心波纹的圆形薄膜，其波纹数量、形状、尺寸和分布情况与压力测量范围及线性度有关。有时也可以将两块膜片沿周边对焊起来，形成一个薄膜盒子，两膜片内部充液体（如硅油），称为膜盒。

当膜片两边的压力不等时，膜片就会发生形变，产生位移。当膜片位移很小时，它们之间具有良好的线性关系，这就是利用膜片进行压力检测的基本原理。膜片受压力作用产生的位移，可直接带动传动机构进行指示。但是，由于膜片的位移较小，灵敏度低，指示精度不太高，一般为 2.5 级。因此，在更多的情况下，都是把膜片和其他转换环节结合起来使用，通常膜片和转换环节把压力转换成电信号，如膜盒式差压变送器、电容式压力变送器等。

2）波纹管

波纹管是一种具有同轴环状波纹，能沿轴向伸缩的测压弹性元件。当它受到轴向力作用时能产生较大的伸长或收缩位移，通常在其顶端安装传动机构，带动指针直接读数。波纹管的特点是灵敏度较高（特别是在低压区），适合检测低压（$\leqslant 10^6\,\mathrm{Pa}$）信号，但波纹管时滞较大，测量精度一般只能达到 1.5 级。

3）弹簧管

弹簧管是弯成圆弧形的空心管子（中心角 θ 通常为 270°），其横截面呈非圆形（椭圆或扁圆形）。弹簧管一端是开口的，另一端是封闭的，如图 2-23 所示。其开口端作

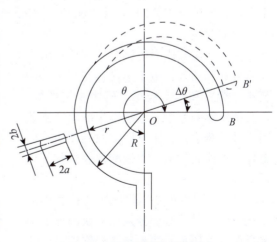

图 2-23　单圈弹簧管结构示意

为固定端，被测压力从开口端接入弹簧管内腔；封闭端作为自由端，可以自由移动。

当被测压力从弹簧管的固定端输入时，由于弹簧管的非圆形横截面，所以它有变成圆

形并伴有伸直的趋势，导致自由端产生位移并改变中心角，中心角变化量为 $\Delta\theta$。由于输入压力 p 与弹簧管自由端的位移成正比，所以只要测得自由端的位移量就能够反映压力 p 的大小，这就是弹簧管测量压力的基本工作原理。

弹簧管有单圈弹簧管和多圈弹簧管之分。单圈弹簧管的中心角变化量较小，而多圈弹簧管的中心角变化量较大，两者的测压原理是相同的。弹簧管可以通过传动机构直接指示被测压力，也可以用适当的转换元件把弹簧管自由端的位移变换成电信号输出。弹簧管式压力表的结构简单、使用方便、价格低、测量范围宽，应用十分广泛。一般的工业用弹簧管式压力表的精度等级为 1.5 级或 2.5 级。

3. 应变片式压力检测

应变片式压力传感器使用的敏感元件是应变片，它是由金属导体或半导体材料制成的电阻体。当应变片受到外力作用产生形变（伸长或收缩）时，其电阻值也将发生相应的变化。其电阻值计算公式为

$$R = \rho\,\frac{l}{A} \tag{2-20}$$

式中，ρ 为电阻率；l 为长度；A 为截面积。

根据式（2-20）可以求得，在应变片的测压范围内，其电阻值的相对变化量为

$$\frac{\mathrm{d}R}{R} = \frac{\mathrm{d}\rho}{\rho} + \frac{\mathrm{d}l}{l} - \frac{\mathrm{d}A}{A} \tag{2-21}$$

可见，电阻值的相对变化量与应变系数成正比，即与被测压力之间具有良好的线性关系。

应变片一般要和弹性元件结合使用，将应变片粘贴在弹性元件上，当弹性元件受压形变时带动应变片也发生形变，其电阻值发生变化，通过电桥输出测量信号。

4. 压阻式压力检测

压阻式压力传感器是根据压阻效应制造的，其压力敏感元件就是在半导体材料的基片上利用集成电路工艺制成的扩散电阻，当受到外力作用时，扩散电阻的电阻值由于电阻率的变化而改变。

用作压阻式压力传感器的基片材料主要为硅片和锗片，由于单晶硅材料纯、功耗小，滞后和蠕变极小，机械稳定性好，而且传感器的制造工艺和硅集成电路工艺有很好的兼容性，所以以扩散硅压阻传感器作为检测元件的压力检测仪表得到了广泛的应用。

图 2-24 所示是压阻式压力传感器的结构示意，其核心部分是在一块圆形的单晶硅膜片上用离子注入和激光修正方法布置了 4 个阻值相等的扩散电阻形成惠斯通电桥。单晶硅膜片用一个圆形硅杯固定，并将两个气腔隔开，一端接被测压力，另

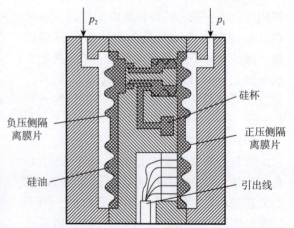

图 2-24　压阻式压力传感器的结构示意

一端接参考压力(如接入低压或直接通大气压)。

当外界压力作用于膜片上产生压差时，膜片产生形变，使扩散电阻的电阻值发生变化，电桥就会产生一个与膜片承受的压差成正比的不平衡输出信号。

压阻式压力传感器的主要优点是体积小、结构简单，其核心部分就是一个既是弹性元件又是压敏元件的单晶硅膜片。扩散电阻的灵敏系数是金属应变片的几十倍，能直接测量微小的压力变化。此外，压阻式压力传感器还具有良好的动态响应，迟滞小，可用来测量几千赫兹乃至更高频率的脉动压力。因此，这是一类发展比较迅速、应用十分广泛的压力传感器。

5. 压力表的选择与安装

1)压力表的选择

(1)量程的选择：根据被测压力的大小确定仪表量程。对于弹性式压力表，在测量稳定压力时，最大压力值应不超过满量程的3/4；测量波动压力时，最大压力值应不超过满量程的2/3，最小测量压力值应不低于满量程的1/3。

(2)精度的选择：根据生产允许的最大测量误差，以经济、实惠的原则确定仪表的精度等级。一般工业用压力表选择1.5级或2.5级已足够，科研或精密测量选用0.05级或0.02级的精密压力计或标准压力表。

(3)使用环境及介质性能的考虑：根据环境条件的恶劣程度(如高温、腐蚀、潮湿、振动等)和被测介质的性能(如温度的高低、腐蚀性、易结晶、易燃、易爆等)来确定压力表的种类和型号。

(4)压力表外形尺寸的选择：现场就地指示的压力表表面直径一般为100 mm，在标准较高或照明条件较差的场合选用表面直径为200~250 mm的压力表，盘装压力表的直径为150 mm。

2)压力表的安装

(1)测点的选择和安装必须保证仪表所测得的是介质的静压力。测点要选在前后足够长的直管段上，取压管的端面要与生产设备连接处的内壁保持平齐，不应有凸出物或毛刺。

(2)安装地点应力求避免振动和高温的影响。

(3)在测量蒸汽压力时，应加装凝汽管，以防止高温蒸汽与测压元件直接接触；对于腐蚀性介质，应加装充有中性介质的隔离罐；针对被测介质的不同性质(高温、低温、腐蚀、脏污、结晶、黏稠等)，应采取相应的防高温、防腐蚀、防冻、防堵等措施。

(4)测点与压力表之间应加装切断阀门，以备检修压力表时使用。切断阀门应安装在靠近测点的地方。

(5)在需要进行现场校验和经常冲洗引压导管的情况下，切断阀门可改用三通开关。

(6)引压导管不宜过长，以便减小压力指示的时延，一般长度不大于50 m。

▶▶▶2.3.3 流量检测 ▶▶▶

1. 流量的概念与检测方法

1)流量的概念

和温度、压力一样，流量也是过程控制中的重要参数。它是判断生产状况、衡量设备运行效率的重要指标。例如，在许多工业生产中，一方面通过测量和控制流量来确定物料的配比与消耗，以实现生产过程自动化和最优控制；另一方面，需将介质流量作为生产操作和控制其他参数(如温度、压力、液位等)的重要依据。因此，对流量的测量与控制是实现生产过程自动化的一项重要任务。

在工程上，常把单位时间内流过工艺管道某截面的流体数量称为瞬时流量，而把某一段时间内流过工艺管道某截面的流体总量称为累积流量。

瞬时流量和累积流量既可以用体积表示，也可以用重力或质量表示。

(1)体积流量：以体积表示的瞬时流量用 q_v 表示，单位为 m^3/s；以体积表示的累积流量用 Q_v 表示，单位为 m^3。它们的计算式分别为

$$\begin{cases} q_v = \int_A v\mathrm{d}A = \bar{v}A \\ Q_v = \int_0^t q_v\mathrm{d}t \end{cases} \tag{2-22}$$

式中，v 为截面 A 中某一微元面积 $\mathrm{d}A$ 上的流体速度；$\bar{v}$ 为截面 A 上的平均流速。

(2)重力流量：以重力表示的瞬时流量用 q_g 表示，单位为牛顿/小时 (N/h)；以重力表示的累积流量用 Q_g 表示，单位为牛顿 (N)。它们与体积流量的关系分别为

$$q_g = \gamma q_v, \quad Q_g = \gamma Q_v \tag{2-23}$$

式中，γ 为重度。

(3)质量流量：以质量表示的瞬时流量用 q_m 表示，单位为 kg/s；以质量表示的累积流量用 Q_m 表示，单位为 kg。它们与体积流量的关系分别为

$$q_m = \rho q_v, \quad Q_m = \rho Q_v \tag{2-24}$$

式中，ρ 为流体的密度。

以上 3 种流量之间的关系为

$$q_g = \gamma q_v = \rho g q_v = g q_m \tag{2-25}$$

(4)标准状态下的体积流量：由于热胀冷缩和气体可压缩的关系，流体的体积会受状态的影响。为便于比较，工程上通常把工作状态下测得的体积流量换算成标准状态(温度为 20 ℃，压力为一个标准大气压)下的体积流量。标准状态下的体积流量用 q_{vn} 表示，单位为 m^3/s，它与 q_m、q_v 的关系为

$$q_{vn} = q_m/\rho_n = q_v\rho/\rho_n \tag{2-26}$$

式中，ρ_n 为气体在标准状态下的密度。

2)流量的检测方法

由于流量的复杂性和多样性，因此流量检测的方法有很多，其分类方法也多种多样。

若按检测的最终结果，流量的检测方法可分为体积流量检测法和质量流量检测法。

(1)体积流量检测法又可分为容积法(又称直接法)和速度法(又称间接法)两种。

①容积法是以单位时间内排出流体的固定体积来计算流量的。基于容积法的流量检测仪表有椭圆齿轮流量计、腰轮式流量计、螺杆式流量计、刮板式流量计、旋转活塞式流量计等。容积法测量流量受流体状态影响小，适用于测量高黏度流体，测量精度高。

②速度法是先测出管道内的平均流速，再乘以管道截面积以求得流量。目前工业上常用的基于速度法的流量检测仪表有节流式(亦称差压式)流量计、转子流量计、旋涡式流量计、涡轮式流量计、电磁式流量计、靶式流量计、超声式流量计等。

(2)质量流量检测法也可分为直接法和间接法两种。

①直接法是用测量仪表直接测量质量流量，具有精度不受流体的温度、压力、密度等变化影响的优点，但目前尚处于研究发展阶段，现场应用不如体积流量检测法那样普及。目前已有的质量流量检测仪表有科里奥力质量流量计、量热式流量计、角动量式流量计等。

②间接法是用测得的体积流量乘以密度从而求得质量流量。但当流体密度随温度、压力变化时，还需要随时测量流体的温度和压力，并通过计算对其进行补偿。当温度和压力波动频繁时，测量参数多、计算工作烦琐、累积误差大，测量精度难以提高。

2. 典型流量检测仪表

据统计，目前流量检测的方法多达数十种，用于工业生产的也有十几种，相应的流量检测仪表就更多，这里仅对几种典型的、工业上常用的流量检测仪表进行介绍。

1)容积式流量计

容积式流量计采用固定的小容积来反复计量通过的流体体积。这类流量计的内部都存在一个标准体积的"计量空间"，该空间由流量计的内壁和计量转动部分共同构成。它的工作原理是：当流体通过"计量空间"时，在它的进、出口之间产生一定的压力差，其转动部分在此压力差的作用下将产生旋转，并将流体由入口排向出口。在这个过程中，流体一次次地充满"计量空间"，又一次次地被送往出口。对给定的流量计而言，该"计量空间"的体积是确定的，只要测得转子的转动次数，就可以得到被测流体体积的累积值。

容积式流量计的种类有很多，而椭圆齿轮流量计则是工业上应用最为广泛的容积式流量计。该流量计的工作过程如图2-25所示。

由图2-25(a)可见，入口压力高于出口压力，齿轮A顺时针转动，在将上方月牙状腔内流体排出的同时，带动齿轮B逆时针转动并处于图2-25(b)的状态，继续转动到图2-25(c)的状态，排出月牙腔流体体积V。随后齿轮B主动转动并将下方月牙状腔内流体排出，重复齿轮A的动作过程最终又恢复到图2-25(a)的状态，又排出月牙腔流体体积V，此时A、B均旋转180°。完成360°旋转为一个双齿轮排液周期，一个双齿轮排液周期内排出液体的体积为4V。如此往复，流体将不断地从入口被送往出口。往复n个周期，可得体积流量为

$$q_v = 4nV \qquad (2-27)$$

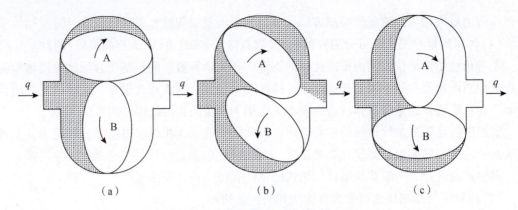

图 2-25 椭圆齿轮流量计的工作过程
（a）以 A 为参考 0°；（b）转动过程中间状态；（c）以 A 为参考 90°

2）速度式流量计

速度式流量计的典型代表有节流式流量计和涡街流量计，下面分别加以介绍。

（1）节流式流量计。节流式流量计也称差压式流量计，它的工业应用最为成熟也最为广泛。其中一个重要原因是它简单、可靠，并且可以直接和差压变送器配合使用产生 4～20 mA DC 的标准电流信号而无须再另外设计变送器。差压式流量计是基于伯努利方程和连续性原理进行工作的，即当流体流过管道中的节流元件时会使流速产生变化，进而使节流元件前后的压差也产生相应变化，只要测得压差便可获得被测流量。差压式流量计既可直接测量体积流量，也可间接测量质量流量。

差压式流量计所采用的节流元件主要有标准孔板、喷嘴挡板和文丘里管等，而以标准孔板应用居多。以下以标准孔板为例进行介绍。

标准孔板是装在流体管道内的板状节流元件，中央处有小于管道截面积的圆孔。当稳定流动的流体流过时，在标准孔板前后将产生压力和速度的变化；当标准孔板的形状一定、测压点位置也一定时，压差与流量存在定量关系。图 2-26 表示标准孔板前后流体的流线、流速和压力分布情况。

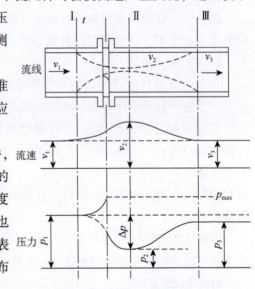

图 2-26 标准孔板前后流体的流线、流速和压力分布情况

设标准孔板前后实际测得的压差为 $\Delta p = p_1 - p_2$，可推得可压缩流体的流量方程为

$$\begin{cases} q_v = \alpha \varepsilon A_0 \sqrt{\dfrac{2}{\rho} \Delta p} \\ q_m = \alpha \varepsilon A_0 \sqrt{2\rho \Delta p} \end{cases} \tag{2-28}$$

式中，α 为流量系数，可从有关手册查阅或由试验确定；ε 为可膨胀系数（$\varepsilon \leqslant 1$），对于不

可压缩流体而言，$\varepsilon = 1$，对于可压缩流体而言，ε 的具体数值可从有关手册查阅；ρ 为标准孔板前的流体密度（kg/m^3）。

假定式(2-28)中的 α、ε、A_0、ρ 均为常量，则标准孔板的输出压差 Δp 与体积流量 q_v 或质量流量 q_m 之间的关系可简化为

$$\begin{cases} q_v = K_{qv} \sqrt{\Delta p} \\ q_m = K_{qm} \sqrt{\Delta p} \end{cases} \tag{2-29}$$

式中，$K_{qv} = \alpha \varepsilon A_0 \sqrt{\dfrac{2}{\rho}}$；$K_{qm} = \alpha \varepsilon A_0 \sqrt{2\rho}$。由式(2-29)可知，采用标准孔板测量流量实际上是通过标准孔板将流量转换为压差 Δp，再将压差用导压管接到差压变送器，构成差压式流量变送器，即可将流量转换为 $4 \sim 20$ mA 的直流信号。不过需要注意的是，由于标准孔板输出的压差 Δp 与体积流量 q_v 或质量流量 q_m 之间为开平方关系，因此，若要获得线性关系，则需要对压差信号 Δp 或对变送器的输出信号进行开方运算，这是它的不足之处。但由于开方器在电动单元组合仪表中已是系列化产品，使用方便，而且若用智能式差压变送器中的软件实现则更加简单，所以差压式流量计一直被广泛采用。

(2)涡街流量计。试验表明，当管道中的流体遇到横置的、满足一定条件的柱状障碍物时，会产生有规律的周期性旋涡序列，其旋涡序列平行排成两行，如同街道两旁的路灯，俗称"涡街"。由于这一现象首先是由卡门发现的，故又将其命名为"卡门涡街"。卡门涡街形成示意如图 2-27 所示。

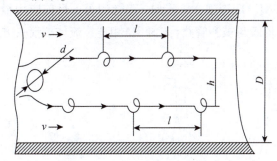

图 2-27　卡门涡街形成示意

理论研究与试验表明，在一定条件下，被测流体的流量与旋涡出现的频率存在定量关系，只要测出旋涡频率即可求得流量，这就是涡街流量计的工作原理。

如图 2-27 所示，当 $h/l = 0.281$ 时，旋涡的周期是稳定的。此时，旋涡频率 f 与流体流速 v 之间的定量关系为

$$f = S_t \frac{v}{d} \tag{2-30}$$

式中，v 为管道内障碍物两侧的流速（m/s）；d 为障碍物迎流面的最大宽度（m）；S_t 为"斯特劳哈尔"常数，与障碍物形状及流体状况有关。当 S_t 与 d 为定值时，旋涡频率与流体流速成正比，再根据体积流量与流体流速的关系，可推出体积流量与旋涡频率的关系为

$$q_v = Kf \tag{2-31}$$

式中，K 为结构常数。由式（2-31）可知，当 K 值一定时，旋涡频率与体积流量成线性关系。

这里需要说明的是，只要满足 $h/l = 0.281$，无论障碍物是圆柱、三角柱，还是方柱，均可产生稳定的周期性旋涡，其对应的 S_t 分别为 0.21、0.16 和 0.17。

以上讨论表明，涡街流量计以频率方式输出并与被测流量成线性关系，表现出简单而优良的特性，而且柱状障碍物使流体产生的压力损失远远小于标准孔板等节流元件所产生的压力损失，所以呈现飞速发展的趋势。

3）直接式质量流量计

直接式质量流量计也有多种，其中以科里奥力质量流量计（简称科氏流量计）应用较多。科氏流量计的测量原理如图 2-28 所示，图中演示实验将充水的软管（水不流动）两端悬挂，使中间段下垂成 U 形，静止时，U 形的两管处于同一平面，并垂直于地面，左右摆动时，两管同时弯曲，仍然保持在同一曲面，如图 2-28（a）所示。

若将软管与水源相接，使水从一端流入、另一端流出，如图 2-28（b）和图 2-28（c）所示。当 U 形管受到外力作用左右摆动时，将发生弯曲，但弯曲的方向总是出水侧的摆动要早于入水侧。随着流量的增加，这种现象变得更加明显，这说明出水侧摆动的相位超前于入水侧。这就是科里奥力质量流量检测的基本工作原理，它是利用两管的摆动相位差来反映流经该 U 形管的质量流量。

科氏流量计有直管型、弯管型、单管型、双管型等，目前应用最多的是双弯管型，如图 2-29 所示。两个 U 形管与被测管路（未画出）相连，流体按箭头方向流进与流出。

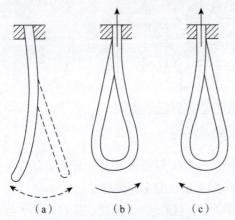
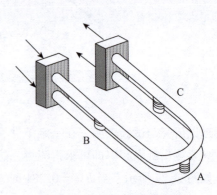

图 2-28　科氏流量计的测量原理　　　　　图 2-29　双弯管型科氏流量计

(a)静止水，左右摆动；(b)流动水，右摆动；

(c)流动水，左摆动

在 A、B、C 三处各装一组压电换能器，在换能器 A 处外加交流电压产生交变力，使两个 U 形管产生上下振动，B 和 C 换能器分别用于检测两管的振动幅度。由于出口侧的信号相位总是超前于入口侧的信号相位，其相位差与流过的质量流量成正比，因此将这两个交流信号的相位差经过调理、放大等转换成 4～20 mA DC 标准信号，便构成了直接式质量流量变送器。

▶▶▶ 2.3.4 物位检测 ▶▶▶

物位是指存放在容器或工业设备中物体的高度或位置,主要包括:液位,指设备或容器中液体介质液面的高低;料位,指设备或容器中固体粉末或颗粒状物质堆积的高度;界位,指液体与液体或液体与固体之间分界面的高低。在工业生产中,经常需要对物位进行检测,其主要目的是监控生产的正常与安全运行,并保证物料之间的动态平衡。

1. 物位检测的主要方法

物位检测的方法有很多,这里仅介绍工业上常用的几种方法。

1)静压式测量法

静压式测量法又可分为压力式测量法和差压式测量法两种,其中压力式测量法适用于敞口容器,差压式测量法适用于闭口容器。根据流体静力学原理,装有液体的容器中某一点的静压力与液体上方自由空间的压力之差同该点上方液体的高度成正比。因此,可通过压力或压差来测量液体的液位。这种方法的最大优点是可以直接采用任何一种测量压力或压差的仪表实现对液位的测量与变送。

2)电气式测量法

电气式测量法是指将敏感元件置于被测介质中,当物位变化时,其电气参数(如电阻、电容、磁场等)将产生相应变化。电气式测量法既能测量液位,也能测量料位,其典型检测仪表有电容式液位计、电容式料位计等,它们的最大优点是可以与电容式差压变送器配合使用输出标准统一信号。

3)声学式测量法

声学式测量法的测量原理是利用特殊声波(如超声波)在介质中的传播速度及在不同相界面之间的反射特性来检测物位。它是一种非接触测量方法,适用于液体、颗粒状与粉状物,以及黏稠、有毒等介质的物位测量,并能实现安全防爆,但无法对声波吸收能力强的介质进行测量。

4)射线式测量法

射线式测量法利用同位素放出的射线(如 γ 射线等)穿过被测介质时被介质吸收的程度来检测物位。射线式测量法也是一种非接触测量方法,适用于操作条件苛刻的场合,如高温、高压、强腐蚀、易结晶等工艺过程,几乎不受环境因素的影响。其不足之处是射线对人体有害,需要采取有效的安全防护措施。

2. 典型物位检测仪表

和流量检测仪表一样,物位检测仪表的种类也有很多。限于篇幅,这里仅介绍几种典型的物位检测仪表。

1)差压式液位计

图 2-30 为闭口容器液位测量示意。

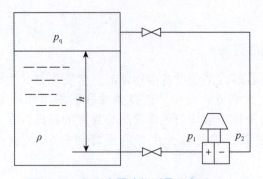

图 2-30　闭口容器液位测量示意

设被测液体的密度为 ρ，容器顶部为气相介质，气相压力为 p_q（若是敞口容器，则 p_q 为标准大气压 p_{atm}）。根据静力学原理有 $p_2 = p_q$，$p_1 = p_q + \rho g h$（g 为重力加速度），此时输入差压变送器正、负压室的压差为

$$\Delta p = p_1 - p_2 = \rho g h \tag{2-32}$$

由式(2-32)可知，当被测介质的密度一定时，其压差与液位高度成正比，测得压差即可测得液位。若采用 DDZ-Ⅲ 型差压变送器，则当 $h = 0$ 时，$\Delta p = 0$，变送器的输出为 4 mA DC信号。但在实际应用中，会出现两种情况：差压变送器的取压口低于容器底部，如图 2-31 所示；被测介质具有腐蚀性，差压变送器的正、负压室与取压口之间需要分别安装隔离罐，如图 2-32 所示。对于这两种情况，差压变送器的零点均需要迁移，现分别对其进行讨论。

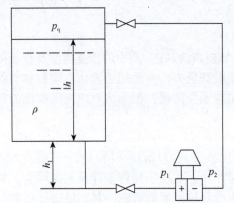

图 2-31　差压变送器的取压口低于容器底部的情况　　**图 2-32　装有隔离罐的情况**

在图 2-31 中，输入变送器的压差为

$$\Delta p = p_i - p_2 = \rho g h + \rho g h_1 \tag{2-33}$$

由式(2-33)可知，当 $h = 0$ 时，$\Delta p = \rho g h_1 \neq 0$，变送器的输出大于 4 mA DC 信号。为了使 $h = 0$ 时变送器的输出仍为 4 mA DC 信号，需要进行零点迁移。由于 $\rho g h_1 > 0$，所以称其为正迁移。

在图 2-32 中，设隔离液的密度 $\rho_1 > \rho$，则差压变送器测得的压差为

$$\Delta p = p_1 - p_2 = \rho g h + \rho_1 g(h_1 - h_2) \tag{2-34}$$

式(2-34)中，$\rho_1 g(h_1 - h_2) < 0$，所以需要进行负迁移。

上述两种迁移，其目的都是使变送器的输出起始值与测量值的起始值相对应。此外，

除了涉及零点迁移，有时还会涉及量程调整问题，这里不再赘述。

2）电容式物位计

电容式物位计是根据电容极板间介质的介电常数 ε 不同（如干燥空气的介电常数为 1、水的介电常数为 79 等）引起电容变化，通过检测电容进而求得被测介质的物位这一原理设计的。在工业生产过程中，许多大型储料容器，其器壁有金属的，也有非金属的；储料有液体的，也有固体粉状或颗粒状的，有导电的，也有非导电的。为简单起见，假设容器的器壁为金属的，则只需向容器中心位置垂直插入一根不与金属壁接触的电极即可构成测量电容，如图 2-33 所示。

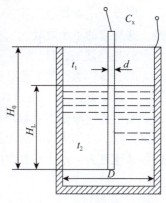

图 2-33 电容法测物位示意

根据电学理论，若忽略杂散电容和电场边缘效应，图中的电容量 C_x 与被测储料高度 H_L 的关系为

$$\begin{cases} C_x = C_0 + \dfrac{2\pi}{\ln \dfrac{D}{d}}(\varepsilon_2 - \varepsilon_1)H_L \\ C_0 = \dfrac{2\pi H_0}{\ln \dfrac{D}{d}} \end{cases} \tag{2-35}$$

式中，ε_1、ε_2 分别为储料容器中上、下两部分储料的介电常数，若上面部分为干燥空气，则 $\varepsilon_1 = \varepsilon_0 = 1$；$D$、$d$ 分别为容器内径、中心电极外径；H_0 为中心电极总长度；C_0 为无储料时的电容量。进一步，由式（2-35）可得电容的变化量与被测储料高度 H_L 的关系为

$$\Delta C_x = C_x - C_0 = \frac{2\pi}{\ln \dfrac{D}{d}}(\varepsilon_2 - \varepsilon_1)H_L \tag{2-36}$$

由式（2-36）可知，当储料容器与中心电极的尺寸及容器内储料的介电常数均已知且不变时，电容增量与被测储料高度 H_L 成线性关系。

电容式物位计由于其电容变化量较小，所以准确测量电容就成为物位检测的关键。常用的检测方法有交流电桥法和谐振电路法等。下面介绍交流电桥法。

图 2-34 为交流电桥法测量电容的原理图。图中，交流电桥由 AB、BC、CD、DA 这 4 个桥臂组成，高频电源 E 经电感 L_1、L_4 耦合到由 L_2、L_3、C_1、C_2 组成的电桥。AB 为可调桥臂，R_1C_1 用以调整仪表的零点使桥路平衡掉初始电容 C_0 后工作在式（2-31）状态。DA 为测量桥臂，利用开关 S 来检查电桥的工作状况：工作时，C_x 接入桥臂；检查时，C_2 接入桥臂。电桥的输出电流经二极管 VD 整流后由毫安表示出，或者由可调电阻 R_2 取出毫伏电压再经毫伏输入型变送器即可输出 4 ～ 20 mA DC 标准信号。

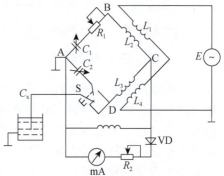

图 2-34 交流电桥法测量电容的原理图

值得注意的是，用电容式物位计测量物位时，要求物料的介电常数必须稳定，但在实

际使用过程中，由于现场温度、被测液体的浓度、固体介质的湿度或成分等常常发生变化，所以介电常数也发生变化，这就需要及时对仪表进行校准，否则难以保证其测量精度，这是它的不足之处。

3）超声波液位计

图2-35为超声波液位检测原理图。图中，容器底部放置了一个超声波探头，超声波探头上装有超声波发射器和接收器。发射器向液面发射超声波并在液面处被反射，反射波被接收器接收。设超声波探头至液面的高度为h，超声波在液体中的传播速度为v，从发射到接收的时间为t，显然有如下关系：

$$h = \frac{1}{2}vt \qquad (2\text{-}37)$$

由式（2-37）可知，只要v已知，测得时间t，即可得到液位h。

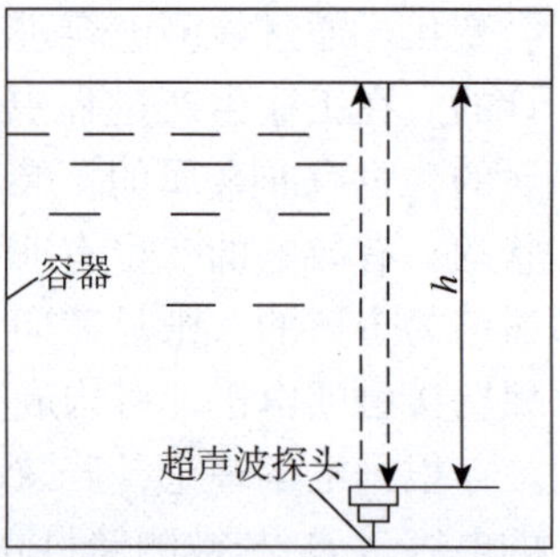

图 2-35　超声波液位检测原理图

超声波液位计主要由超声换能器和电子装置组成。超声换能器的工作原理依据的是压电晶体的压电效应。压电晶体接收振动的声波产生交变电场称为正压电效应，而在交变电场作用下，压电晶体将电能转换成振动的过程称为逆压电效应。利用上述正、逆压电效应可分别做成超声波发射器与接收器。电子装置用于产生交变电信号并处理接收器的电信号。超声波液位计的测量精度主要取决于超声波传播速度和时间，而超声波传播速度受介质的温度、成分等的影响较大。为提高测量精度，往往需要进行补偿。通常的做法是在超声换能器附近安装一个温度传感器，并根据超声波传播速度与介质温度的关系进行自动补偿或修正。

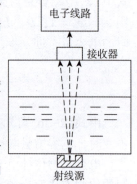

4）辐射式物位计

辐射式物位计是利用放射源产生的γ射线强度随穿过介质厚度的增加而衰减这一原理来测量物位的。射线强度的变化规律为

$$I_o = I_i \exp(-\mu h) \qquad (2\text{-}38)$$

式中，I_i、I_o分别为射入介质前、穿过介质后的射线强度；μ为介质对射线的吸收系数；h为射线穿过介质的厚度。当射线源与被测介质确定后，I_i和μ就为常量，所以只要测出I_o就可以得到h（即物位）。图2-36为射线法检测物位示意。

图 2-36　射线法检测
物位示意

▶▶▶ 2.3.5　成分检测 ▶▶▶

工业生产中对混合物料中成分参数的检测具有非常特殊而又重要的意义。一方面，通过对它们的检测，可以了解生产过程中原料、中间产品及最后产品的成分及其性质，从而直接判断工艺过程是否合理；另一方面，若将它们作为产品质量控制指标，则要比对其他参数的控制更加直接有效。例如，对锅炉燃烧系统中烟道的氧气、一氧化碳、二氧化碳等含量的检测和控制，对精馏系统中精馏塔的塔顶、塔底馏出物组分浓度的检测和控制，以及对污水处理系统中水的酸碱度的检测与控制等，都对提高产品质量、降低能源消耗、防止环境污染等起着直接的作用；此外，对某些生产过程中产生的易燃、易爆、有毒和腐蚀性气体的检测与控制，更是确保工作人员身体健康和生命财产安全不可缺少的条件。

成分参数的检测方法至少有十几种，所用检测仪表也较多，其中一部分如表2-8所示。

表2-8 成分参数的部分检测方法及检测仪表

检测方法	检测仪表
热学方法	热导式分析仪、热化学式分析仪、差热式分析仪等
磁力方法	热磁式分析仪、热力机械式分析仪等
光学方法	光电比色分析仪、红外吸收分析仪、紫外吸收分析仪、光干涉分析仪、光散射式分析仪、分光光度分析仪、激光分析仪等
射线方法	X射线分析仪、电子光学式分析仪、核辐射式分析仪、微波式分析仪等
电化学方法	电导式分析仪、电量式分析仪、电位式分析仪、电解式分析仪、氧化锆氧量分析仪、溶解氧检测仪等
色谱分离方法	气相色谱仪、液相色谱仪等
质谱分析方法	静态质谱仪、动态质谱仪等
波谱分析方法	核磁共振波谱仪、电子顺磁共振波谱仪、λ共振波谱仪等
其他方法	晶体振荡分析仪、气敏式分析仪、化学变色分析仪等

▶▶▶ 2.3.6 软测量技术 ▶▶ ▶

在过程控制中，对占生产过程有关的信息的了解当然是越详细越好。然而，这些信息的获取还存在一些问题。目前能直接测量的变量只有压力、流量、温度和液位等，一些需要控制的过程变量，如聚合物溶液的黏度、聚合物的平均分子质量、精馏塔的塔顶和塔底某些产品的成分、发酵过程的转化率及许多涉及产品质量的变量，在现有的技术条件下难于直接测量或不易快速在线测量。为了对这类过程变量进行实时控制或优化控制，以前往往采用两种方法，一种方法是通过控制其他的可测变量，间接地保证质量要求，但很难达到要求的控制精度；另一种方法是采用在线分析仪表，但设备投资大，维护成本高，并且因较大的测量滞后而使调节品质下降。为了解决上述问题，逐步形成了软测量方法及其应用技术。软测量技术是一门新兴的工业技术，测量技术的基本点是根据某种最优准则，选择一组既与主导变量(待测变量或待估变量)有密切联系，又容易测量的变量，称为辅助变量(又称二次变量)，通过构造某种数学关系，用计算机软件实现对主导变量的估计。可见，实现软测量的关键是构造辅助变量和主导变量之间的数学关系，即软测量模型。

软测量技术作为先进过程控制的重要研究内容，由辅助变量的选择、数据的采集和处理、软测量模型的建立和模型在线校正等部分组成。

1. 辅助变量的选择

软测量技术根据辅助变量与主导变量之间的数学模型进行推算，因此辅助变量的选择是关系到软测量技术精确度的重要内容。其选择原则如下。

(1)关联性：辅助变量应与主导变量有关联，最好能够直接影响主导变量。

(2)特异性：辅助变量应具有特异性，用于区别其他过程变量。

(3)工程适用性：应容易在工程应用中获得，能够反映生产过程的变化。

(4)精确性：辅助变量本身具有一定的测量精确度，并且模型应具有足够的精确度。

(5)鲁棒性：对模型误差不敏感。

为了使模型方程具有唯一解，辅助变量数至少等于主导变量数，通常应与工艺技术人员一起确定。同时，应根据辅助变量与主导变量的相关分析进行取舍，辅助变量不宜过多，其原因是当某一辅助变量与主导变量关联性不强时，反而会影响模型的精确度。

2. 数据的采集和处理

需要采集的数据是软测量主导变量对应时间的辅助变量数据。数据的覆盖面应尽量宽，以便使建立的软测量模型有更大的适用范围。采集的数据应具有代表性，工业生产过程变量符合正态分布，因此对采集的数据应进行处理。由于软测量是计算机技术在检测技术中的应用，所以数据可方便地用计算机进行采集。

数据处理的内容包括对数据的归一化处理、不良数据的剔除等。数据的归一化处理包括对数据的标度换算、数据转换和权函数设置；不良数据的剔除包括错误数据、重复数据和异常数据的剔除。数据处理通常离线完成。

3. 软测量模型的建立

软测量模型是软测量技术的核心。建立软测量模型属于建模的范畴，因此数学建模是软测量器的核心，一个好的软测量器必须具备一个完善且实用的数字模型。软测量建模的方法多种多样，并且各种方法互有交叉且有相互融合的趋势，因此很难有妥当而全面的分类方法。目前，软测量建模方法一般可分为基于工艺机理分析建模、基于回归分析建模、基于状态估计建模、基于模式识别建模、基于模糊数学建模、基于支持向量机建模、基于过程层析成像建模、基于相关分析建模、基于现代非线性信息处理技术建模和基于人工神经网络建模等，这些方法都不同程度地应用于软测量实践中，均具有各自的优缺点及适用范围，有些方法在软测量实践中已有许多成功的应用，后面几种建模方法限于技术发展水平，在过程控制中目前还应用较少。

1)基于工艺机理分析建模

基于工艺机理分析建模主要是应用化学反应动力学、物料平衡、能量守恒等原理，通过对过程对象的机理分析，找出不可测主导变量与可测辅助变量之间的关系，建立机理模型，从而实现对某一参数的软测量。

对于工艺机理较为清楚的工业过程，该方法能够构造出性能较好的软仪表。但是，对于工艺机理了解不充分、尚不完全清楚的复杂工业过程，就难以建立合适的机理模型。此时，该方法只有与其他参数估计方法相结合才能构造出软仪表。这种方法是工程中最容易接受的，其特点是简单明了，工程背景清晰，便于实际应用，但其效果依赖对工艺机理的了解程度。

2)基于回归分析建模

经典的回归分析是一种基本的建模方法，应用范围相当广泛。以最小二乘原理为基础的一元和多元线性回归技术目前已相当成熟，经常用于线性模型的拟合。对于辅助变量较少的情况，一般采用多元线性回归中的逐步回归技术可获得较好的软测量模型。对于辅助变量较多的情况，通常要借助机理分析，首先获得模型各变量组合的大致框架，然后采用逐步回归技术获得软测量模型。总的来说，基于回归分析的软测量，其特点是简单实用，但需要大量的样本(数据)，并且对检测误差较为敏感。

3）基于状态估计建模

基于状态估计的软测量建模方法需要建立系统对象的状态空间模型。如果系统的状态变量作为主导变量，并且关于辅助变量是完全可观的，那么软测量问题就转换为典型的状态观测和状态估计问题。采用卡尔曼（Kalman）滤波器和龙伯格（Luenberger）观测器是解决此问题的有效方法。目前，这两种方法均已从线性系统推广到非线性系统，前者适用于观测值有白色或静态有色噪声的情况，后者则适用于观测值无噪声且所有过程输入均已知的情况。

基于状态估计的软仪表由于可以反映主导变量和辅助变量之间的动态关系，因此有利于处理各变量间动态特性的差异和系统滞后等情况。但由于复杂的工艺过程，常常难以建立系统的状态空间模型，这在一定程度上限制了该种仪表的应用。同时，在许多工业生产过程中，常常会出现持续缓慢变化的不可测扰动，在这种情况下，此种软仪表可能会导致显著的误差。

4）基于模式识别建模

基于模式识别的软测量建模方法是采用模式识别的方法对工业过程的操作数据进行处理，从中提取系统的特征，构成以模式描述分类为基础的模式识别模型。基于模式识别方法建立的软测量模型与传统的数学模型不同，它是一种以系统的输入/输出数据为基础，通过对系统特征的提取而构成的模式描述模型。该方法的优势在于，适用于缺乏系统先验知识的场合，可利用日常操作数据来实现软测量建模。在实际应用中，这种软测量建模方法常常和人工神经网络及模糊技术等技术结合使用。

5）基于模糊数学建模

模糊数学是模仿人脑逻辑思维特点而处理复杂系统的一种有效手段，在过程软测量建模中也得到了应用。基于模糊数学建立的软测量模型是一种知识性模型。该方法特别适用于复杂工业过程中被测对象呈现亦此亦彼的不确定性、难以用常规数学定量描述的场合。实际应用中常将模糊技术和其他人工智能技术相结合，例如，将模糊数学和人工神经网络相结合构成模糊神经网络、将模糊数学和模式识别相结合构成模糊模式识别，这样可以互相取长补短以提高软仪表的效能。

6）基于支持向量机建模

支持向量机（Support Vector Machines，SVM）是建立在统计学习理论基础上的，它已经成为当前机器学习领域的一个研究热点。支持向量机采用结构风险最小化准则，在有限样本情况下，得到现有信息下的最优解而不仅仅是样本数趋于无穷大时的最优值，解决了一般机器学习方法难以解决的问题，如神经网络结构选择问题和模型学习问题等，从而提高了模型的泛化能力。另外，支持向量机把机器学习问题归结为一个二次规划问题，因而得到的最优解不仅是全局最优解，而且具有唯一性。软测量建模与一般数据回归问题之间存在着共性，支持向量机方法应用于回归估计问题取得不错的效果，促使人们把眼光投向工程应用领域，提出了建立基于支持向量机的软测量建模方法。

7）基于过程层析成像建模

基于过程层析成像（Process Tomography，PT）的软测量建模方法与其他软测量建模方法的不同之处在于，它是一种以医学层析成像（Computerized Tomography，CT）技术为基础，在线获取过程参数二维或三维的实时分布信息的先进检测技术，即一般软测量技术所获取的大多是关于某一变量的宏观信息，而采用该技术可获取关于某一变量微观的时空分布信息。由于技术发展水平的制约，该种软测量建模方法目前离工业实用化还有一定距离，在过程控制中，直接应用还不多。

8）基于相关分析建模

基于相关分析的软测量建模方法是以随机过程中的相关分析理论为基础，利用两个或多个可测随机信号间的相关特性来实现某一参数的软测量技术。该方法采用的具体实现方法大多是互相关分析方法，即利用各辅助变量（随机信号）间的互相关函数特性来进行软测量。目前这种方法主要应用于难测流体（即采用常规测量仪表难以进行有效测量的流体）、流速或流量的在线测量和故障诊断等。

9）基于现代非线性信息处理技术建模

基于现代非线性信息处理技术的软测量是利用易测过程信息（辅助变量，它通常是一种随机信号），采用先进的信息处理技术，通过对所获信息的分析处理提取信号特征量，从而实现某一参数的在线检测或过程的状态识别。这种软测量技术的基本思想与基于相关分析的软测量技术相同，它们都是通过信号处理来解决软测量问题，所不同的是具体信息处理方法。该软测量建模方法的信息处理方法大多是各种先进的非线性信息处理技术，如小波分析、混沌和分形技术等，因此能适用于常规信号处理手段难以适应的复杂工业系统。相对而言，基于现代非线性信息处理技术的自动化软件软测量建模方法的发展较晚，研究也还比较分散。该技术目前主要应用于系统的故障诊断、状态检测和过失误差侦破等，并常常和人工神经网络、模糊数学等人工智能技术相结合。

10）基于人工神经网络建模

除了上述9种软测量建模方法，基于人工神经网络的软测量建模方法是近年来研究最多、发展最快和应用范围最广泛的一种软测量技术。由于人工神经网络具有自学习、联想记忆、自适应和非线性逼近等功能，所以这种软测量建模方法可在不具备对象先验知识的条件下，根据对象的输入/输出数据直接建模，将辅助变量作为人工神经网络的输入，主导变量则作为人工神经网络的输出，通过人工神经网络的学习来解决不可测变量的测量问题。这种方法还具有模型在线校正能力，并能适用于高度非线性和严重不确定性系统。需要指出的是，人工神经网络的种种优点，使这种软测量技术备受关注，但该种软测量技术不是万能的。在实际应用中，网络学习训练样本的数量和质量、学习算法、网络的拓扑结构和类型等的选择对所构成的软仪表的性能都有重大影响。

采用人工神经网络建模的方法可以在不了解过程稳态和动态先验知识的情况下进行，同时，模型可以通过学习及时校正。因此，基于人工神经网络的软测量建模方法正成为软测量和推断控制建模的主要方法。人工神经网络有多种模型与方法，下面简单介绍用于软测量建模的反向传播算法（Back Propagation Algorithm，BP 算法）。

采用 BP 算法的人工神经网络称为反向传播网络（BP 网络），它由输入层、隐含层和输出层组成。隐含层可以是一层或多层。已经证明，采用一个隐含层组成的 3 层 BP 网络可以表示任意的非线性函数关系。

BP 算法包括以下两个过程。

（1）正向传播过程：输入信息通过输入层经隐含层逐层处理并计算每个单元的实际输出值。

（2）反向传播过程：若在输出层未能得到期望的输出值，则逐层递归地计算实际输出与期望输出的差值（误差），根据此差值调整权值。

这两个过程的反复运用，使误差信号逐渐变小，当误差达到期望的要求时，网络的学习过程就结束。3 层神经网络结构如图 2-37 所示。其中，输入层有 n 个节点，隐含层有 q

个节点，输出层有 m 个节点，输入层与隐含层之间的权值为 v_{ki}（输入层第 i 个节点到隐含层第 k 个节点的权值），隐含层与输出层之间的权值为 w_{jk}（隐含层第 k 个节点到输出层第 j 个节点的权值）。

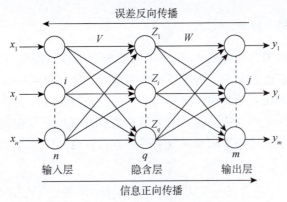

图 2-37　3 层神经网络结构

典型的转移函数采用 Sigmoid 函数。由于 BP 网络的期望输出与实际输出之间存在误差，根据误差从输出层向输入层逐层调整加权值，所以该算法称为 BP 算法。权函数的调整在函数梯度的负方向进行。标准的 BP 算法是梯度下降法。

BP 算法的收敛速度慢，容易收敛到局部极小，而不是全局最优，需要预先设置有关算法的因子，如训练次数、转移函数等。为此提出了一些改进算法，如串级 BP 算法等。BP 算法的这些缺陷也阻碍了它在实时在线、快速、要求高精度等场合的应用。

4. 模型的在线校正

软测量模型建立后，并不是一成不变的，由于测量对象的特性和工作点都可以随时间发生变化，所以必须考虑模型的在线校正才能适应新工况。软测量模型的在线校正可表示为模型结构和模型参数的优化过程，具体方法有卡尔曼滤波技术在线修正模型参数，更多的方法则利用了分析仪表的离线测量值进行在线校正。为解决模型结构修正耗时长和在线校正的矛盾，有人提出了短期学习和长期学习的校正方法。短期学习是在不改变模型结构的情况下，根据新采集的数据对模型中的有关系数进行更新；长期学习则是在原料、工况等发生较大变化时，利用新采集的较多数据重新建立模型。尽管在线校正如此重要，但是目前在软测量技术中，有效的在线校正方法仍不够多，今后必须加强这方面的研究以适应实际的需要。

2.4　常用检测仪表

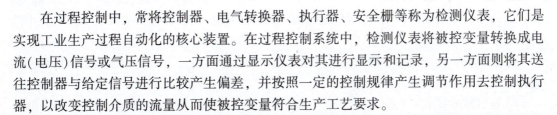

在过程控制中，常将控制器、电气转换器、执行器、安全栅等称为检测仪表，它们是实现工业生产过程自动化的核心装置。在过程控制系统中，检测仪表将被控变量转换成电流（电压）信号或气压信号，一方面通过显示仪表对其进行显示和记录，另一方面则将其送往控制器与给定信号进行比较产生偏差，并按照一定的控制规律产生调节作用去控制执行器，以改变控制介质的流量从而使被控变量符合生产工艺要求。

目前使用的控制器以电动控制器占绝大多数，执行器则以气动执行器为主，它们之间需要用电气转换器进行信号转换。此外，智能式电动执行器将逐渐取代常规的气动执行器而成为执行器新的发展方向。

▶▶▶ 2.4.1 信号制 ▶▶ ▶

由于控制系统中仪表之间的输入/输出之间的相互连接，需要有统一的标准联络信号才能方便地把各个仪表组合起来，构成各种控制系统，这就要求在设计自动化仪表和装置时，力求做到通用性和相互兼容性。要实现这一点，必须统一仪表的信号制。信号制即信号标准，是指仪表之间采用的传输信号的类型和数值。现场总线控制系统(FCS)中，现场仪表与控制室仪表或装置之间采用双向数字通信方式，也存在信号标准问题。

1. 模拟信号标准

GB/T 777—2008《工业自动化仪表用模拟气动信号》规定了气动仪表信号的下限值为20 kPa，上限值为100 kPa，该标准与国际标准 IEC 382 是一致的。

电的信号种类较多，主要有模拟信号、数字信号、频率信号和脉冲信号等，由于模拟式仪表和装置的结构简单、历史悠久、应用广泛，尤其是目前大部分变送器和执行器是模拟式的，所以在过程控制系统中，无论是远距离传输还是控制室内部的仪表之间，用得最多的还是电模拟信号。电模拟信号可分为直流电压、直流电流、交流电压和交流电流信号。

目前，世界各国都采用直流电流和直流电压信号作为仪表的统一模拟信号，这是因为直流信号与交流信号相比，具有以下优点。

(1)干扰小。在信号传输过程中，直流信号不受交流感应的影响，易于提高仪表的抗干扰能力。

(2)接线简单。直流信号不受传输线路中的电感、电容和负载性质的影响，不存在相位移问题，使接线简单化。

(3)获得基准电压容易。

(4)便于 A/D(Analog/Digital，模/数)转换和现场仪表与数字控制仪表及装置配用。

2. 电动仪表信号标准的使用

(1)现场与控制室仪表之间采用直流电流信号。直流电流信号便于远传，当负载电阻较小、传输距离较远时，如果采用电压信号形式传输信息，则导线上的电压会引起误差，采用直流电流形式就不会存在这个问题。由于信号发送仪表的输出具有恒流特性，所以导线电阻在规定范围内变化对电流不会产生明显的影响。

当电流作为传输信号时，如一台发送仪表的输出电流同时输送给几台接收仪表，这几台仪表是相互串联的，这种串联连接存在以下缺点。

①增加和减少接收仪表或一台仪表出现故障时，将会影响其他仪表的正常工作。例如，任何一台仪表在拆离信号回路之前首先要将其两端短接，否则其他仪表会因电流中断而失去自己的接地点。

②控制器和变送器等输出端由于串联工作而均处于高电位，输出功率管容易损坏，从而降低了仪表的可靠性。

③各台接收仪表一般应浮空工作，若要使各台仪表有自己的接地点，则在仪表的输

入/输出之间要采用直流隔离措施。这对设计者和使用者在技术上提出了更高的要求。

（2）控制室内部仪表之间采用直流电压信号。应用直流电压信号作为联络信号，若一台发送仪表的输出电压同时输送给几台接收仪表，则这几台接收仪表应并联连接。这种连接方式可克服串联连接方式的缺点，任何一台仪表拆离信号回路都不会影响其他仪表的正常运行，当信号源接地时，各仪表内部电路对地具有同样的电位，这不仅解决了接地问题，而且各仪表可以共用一个直流电源。在控制室内，各仪表之间的距离不远，适合采用直流电压(1~5 V)作为仪表之间的联络信号。

（3）控制系统中仪表之间的典型连接方式。综上所述，直流电流信号的传送适合远距离对单台仪表的信息传送，直流电压信号适合把同一信息传送到并联的多台仪表。因此，直流电流信号主要应用在现场仪表与控制室之间的信号传输，直流电压信号(1~5 V)则应用于控制室内各仪表的相互连接。控制系统中仪表之间的典型连接方式如图 2-38 所示。图中 I_0、R_0 分别为发送仪表的输出电流和输出电阻；R_i 为

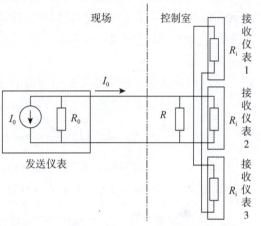

图 2-38　控制系统中仪表之间的典型连接方式

接收仪表的输出电阻；R 为 I/V 转换电阻，通常当 $I_0 = 4 \sim 20$ mA 时 $R = 250$ Ω。

2.4.2　控制器

一般控制器除了对偏差信号进行各种控制运算，还需具备如下功能。

（1）偏差显示：控制器的输入电路接收测量信号和给定信号，两者相减后的偏差信号由偏差显示仪表显示其大小和正负。

（2）输出显示：控制器输出信号的大小由输出显示仪表显示，习惯上显示仪表也称阀位表。阀位表不仅显示调节阀的开度，而且通过它还可以观察到控制系统受干扰影响后的调节过程。

（3）内、外给定的选择：当控制器用于定值控制时，给定信号常由控制器内部提供，称为内给定；而在随动控制系统中，控制器的给定信号往往来自控制器的外部，称为外给定。内、外给定信号由内、外给定开关进行选择或由软件实现。

（4）正、反作用的选择：工程上，通常将控制器的输出随反馈输入的增大而增大的控制器称为正作用控制器；而将控制器的输出随反馈输入的增大而减小的控制器称为反作用控制器。为了构成一个负反馈控制系统，必须正确地确定控制器的正、反作用，否则整个控制系统将无法正常运行。控制器的正、反作用，可通过正、反作用开关进行选择或由软件实现。

（5）手动切换操作：控制器的手动操作功能是必不可少的。在控制系统投入运行时，往往先进行手动操作改变控制器的输出，待控制系统基本稳定后再切换到自动运行状态；当自动控制时的工况不正常或控制器失灵时，必须切换到手动状态以防止系统失控。通过控制器的手动/自动双向切换开关，可以对控制器进行手动/自动切换，而在切换过程中，又希望切换操作不会给控制系统带来扰动，即要求无扰动切换。

(6)其他功能：除了上述功能，有的控制器还有一些附加功能，如抗积分饱和、输出限幅、输入越限报警、偏差报警、软手动抗漂移、停电对策等，所有这些附加功能都是为了进一步提高控制器的控制功能。

1. DDZ-Ⅲ型模拟式控制器

DDZ 是电动单元组合仪表的简称，它经历了以电子管、晶体管和线性集成电路为基本放大元件的Ⅰ型、Ⅱ型和Ⅲ型系列产品阶段。其中，DDZ-Ⅰ、DDZ-Ⅱ型已经停产，这里主要介绍 DDZ-Ⅲ型模拟式控制器。在此之前先对控制规律的数学描述及其特性进行一些简单的介绍。

比例积分微分控制规律是指控制器的输出分别与输入偏差的大小、积分和变化率成比例，其英文缩写为 PID。理想 PID 的增量式数学表达式为

$$\Delta u(t) = K_c \left[e(t) + \frac{1}{T_I} \int e(t)\,dt + T_D \frac{de(t)}{dt} \right] \tag{2-39}$$

式中，$\Delta u(t)$ 为控制器输出的增量值；$e(t)$ 为被控参数与设定值之差。

若用实际输出值表示，则式(2-39)可改写为

$$u(t) = \Delta u(t) + u(0) = K_c \left[e(t) + \frac{1}{T_I} \int e(t)\,dt + T_D \frac{de(t)}{dt} \right] + u(0) \tag{2-40}$$

式中，$u(0)$ 为当偏差为 0 时控制器的输出，它反映了控制器的工作点。

将式(2-39)写成传递函数形式，则为

$$G_c(s) = \frac{\Delta U(s)}{E(s)} = K_c \left(1 + \frac{1}{T_I s} + T_D s \right) \tag{2-41}$$

式中，第一项为比例(P)部分，第二项为积分(I)部分，第三项为微分(D)部分；K_c 为控制器的比例增益；T_I 为积分时间(以 s 或 min 为单位)；T_D 为微分时间(也以 s 或 min 为单位)。通过改变这 3 个参数的大小，可以相应改变调节作用的大小及规律。

1) P 控制

当 $T_I \to \infty$、$T_D = 0$ 时，积分项和微分项都不起作用，式(2-39)变为 P 控制。P 控制器的单位阶跃响应特性如图 2-39 所示。由图可见，P 控制器的输出与输入偏差成正比，比例增益的大小决定了比例调节作用的强弱，K_c 越大，比例调节作用越强。

在工程上，习惯用比例带 δ 表示比例调节作用的强弱。它定义为：控制器输入偏差的相对变化量与相应输出的相对变化量之比，用百分数表示为

$$\delta = \left(\frac{e}{e_{max} - e_{min}} \middle/ \frac{u}{u_{max} - u_{min}} \right) \times 100\% \tag{2-42}$$

在 DDZ-Ⅲ型仪表中，由于输入、输出的统一标准信号均为 4~20 mA，所以比例带 $\delta = \dfrac{1}{K_c} \times 100\%$。

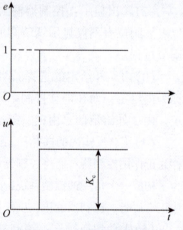

图 2-39　P 控制器的单位阶跃响应特性

P 控制器的优点是调节及时，反应灵敏，当偏差一旦出现，就能及时产生与之成比例

的调节作用，偏差越大，调节作用越强，因而是一种最常用、最基本的控制规律。

2）PI 控制

当 $T_D = 0$ 时，微分项不起作用，式（2-39）便变为 PI 控制。PI 控制器的阶跃响应特性如图 2-40 所示。图中，实线表示理想 PI 控制器的阶跃响应特性，虚线表示实际 PI 控制器的阶跃响应特性；T_I 为一常数，它表示积分作用的强弱。T_I 越大，积分作用越弱；反之，积分作用越强。PI 控制器的输出可以看作比例项和积分项两项输出的合成，即在阶跃输入的瞬间有一比例输出，随后在比例输出的基础上按同一方向输出不断增大，这就是积分作用。只要输入不为 0，输出的积分作用会一直随时间增长，如图中实线所示。而实际的 PI 控制器，由于放大器的开环增益为有限值，因此输出不可能无限增大，积分作用呈饱和特性，如图中虚线所示。具有饱和特性的 PI 控制器的传递函数可写成以下的标准形式：

$$G_c(s) = K_c \frac{1 + \dfrac{1}{T_I s}}{1 + \dfrac{1}{K_I T_I s}} \tag{2-43}$$

式中，K_I 称为 PI 控制器的积分增益，它定义为：在阶跃信号输入下，其输出的最大值与纯比例作用时产生的输出变化之比。

3）PD 控制

当 $T_I \to \infty$ 时，积分项不起作用，式（2-39）变为 PD 控制。理想 PD 控制器的阶跃响应特性如图 2-41 所示。

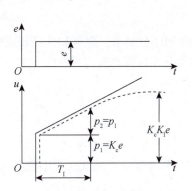
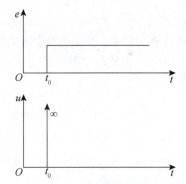

图 2-40　PI 控制器的阶跃响应特性　　**图 2-41　理想 PD 控制器的阶跃响应特性**

由图可见，在 $t = t_0$ 时加入阶跃输入，在 $t = t_0$ 的瞬间输出为无穷大，而在 $t > t_0$ 时的输出立即变为 0。由实际应用可知，控制器不允许具有理想的微分作用，这是因为具有理想微分作用的控制器缺乏抗干扰能力，即当输入信号中含有高频干扰时，输出会发生很大的变化，引起执行器的误动作。因此，实际的 PD 控制器常常具有饱和特性。具有饱和特性的 PD 控制器的传递函数为

$$G_c(s) = K_c \frac{1 + T_D s}{1 + \dfrac{T_D}{K_D} s} \tag{2-44}$$

式中，K_D 称为 PD 控制器的微分增益，它定义为：在阶跃信号输入下，其输出的最大跳变

值与纯比例作用时产生的输出变化之比。

具有饱和特性的 PD 控制器的阶跃响应特性如图 2-42 所示。

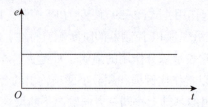

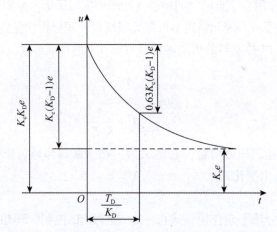

图 2-42　具有饱和特性的 PD 控制器的阶跃响应特性

4）PID 控制

同时具有比例、积分、微分作用的控制器称为 PID 控制器，理想 PID 控制规律的传递函数如式（2-41）所示，而实际 PID 控制器的积分和微分作用都具有饱和特性，其传递函数为

$$G_c(s) = K_c \frac{1 + \dfrac{1}{T_I s} + T_D s}{1 + \dfrac{1}{K_I T_I s} + \dfrac{T_D}{K_D} s} \tag{2-45}$$

理想 PID 控制器的阶跃响应特性如图 2-43 中实线所示；而实际 PID 控制器的阶跃响应特性如图 2-43 中虚线所示。

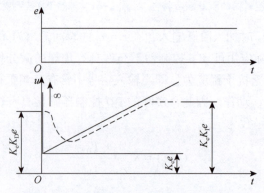

图 2-43　理想 PID 控制器的阶跃响应特性

在生产过程自动化的发展进程中，PID控制规律是应用时间最长、生命力最强的一种控制方式。在20世纪40年代前后，除在最简单的情况下采用开关式控制外，它是唯一被采用的控制方式。此后，随着控制理论和科学技术的发展，虽然出现了许多新的控制方式，但截至目前，PID控制方式依然被广泛采用。据有关资料统计，目前世界上90%以上的过程控制系统采用的依然是PID控制或基于PID控制的各种改进型控制方式。

PID控制的主要优点体现在以下几个方面。

（1）模拟了人脑的部分思维，原理简单，容易理解与实现，使用方便。

（2）应用范围广。PID控制能广泛应用于化工、热工、冶金、炼油，以及造纸、建材等各种控制过程。按照PID控制方式工作的自动控制器产品早已标准化和系列化，即使在过程计算机控制中，其基本的控制方式也依然采用PID控制或新型PID控制。

（3）鲁棒性强。由PID控制规律构成的控制系统，当被控过程的特性发生改变时，只要重新整定控制器的有关参数，即可使系统的控制性能不会产生明显的变化。

2. 数字式控制器

随着生产规模的发展和控制要求的提高，模拟式控制器的局限性越来越明显：功能单一，灵活性差；信息分散，所用仪表多，并且监视操作不方便；接线过多，系统维护难度大。

随着计算机技术、网络通信技术及显示技术的发展和使用要求的多样化，数字式控制器得到了迅速发展，目前已有诸多类别、品种和规格，它们在构成规模、功能完善的程度上虽然存在差异，但其基本的控制功能和基本的构成原理大致相同，它们的共同特点如下。

（1）采用了模拟仪表与计算机一体化的设计方法，数字式控制器的外形结构、面板布置、操作方式等保留了模拟式控制器的特征，如模拟量输入/输出均采用4~20 mA DC与1~5 V DC的国际统一标准信号，可以很方便地与DDZ-Ⅲ型模拟式控制器相连。

（2）与模拟式控制器相比，数字式控制器具有更丰富的运算控制功能。一台数字式控制器既可以实现基本的PID控制，也可以通过软件编程实现多种复杂的运算与控制功能；此外，还具有多种数据处理功能，如线性化、数据滤波、标度变换、逻辑运算等。

（3）具有数据通信功能，便于系统扩展。数字式控制器除了可以代替模拟式控制器构成单回路控制系统，还可以与上位设备构成更复杂的控制系统。

（4）可靠性高且具有自诊断功能，维护方便。由于数字式控制器所用硬件高度集成化，所以其可靠性高；由于它的控制功能是通过组态软件实现的，所以能及时发现故障并能及时采取保护措施，而且维护也十分方便。

1）数字式控制器的基本构成

数字式控制器主要由以微处理器为核心的硬件电路和由系统程序、用户程序构成的软件两部分构成。

（1）数字式控制器的硬件电路。

数字式控制器的硬件电路由主机电路、过程输入通道、过程输出通道、人/机联系部件通信部件等构成，其构成框图如图2-44所示。

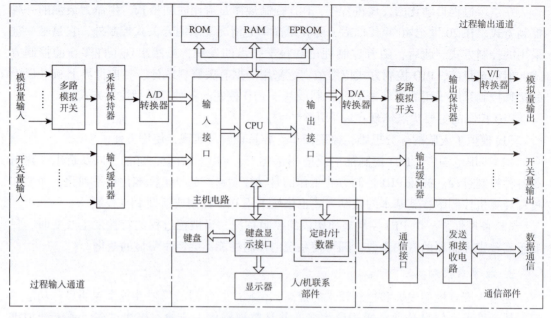

图 2-44　数字式控制器硬件电路的构成框图

① 主机电路。主机电路主要由微处理器又称中央处理单元（Central Processing Unit, CPU）、只读存储器（Read-Only Memory，ROM）和 EPROM、随机存储器（Random Access Memory，RAM）、定时/计数器及输入/输出接口等组成，它是数字式控制器的核心，用于数据运算处理和各组成部分的管理。

② 过程输入通道。过程输入通道包括模拟量输入通道和开关量输入通道两部分，其中模拟量输入通道主要由多路模拟开关、采样保持器和 A/D 转换器等组成，其作用是将模拟量输入信号转换为相应的数字量；开关量输入通道则将多个开关输入信号通过输入缓冲器将其转换为能被计算机识别的数字信号。

③ 过程输出通道。过程输出通道主要包括模拟量输出通道和开关量输出通道两部分，其中模拟量输出通道由 D/A 转换器、多路模拟开关、输出保持器和 V/I 转换器等组成，其作用是将数字信号转换为 1~5 V 模拟电压或 4~20 mA 模拟电流信号；开关量输出通道则通过输出缓冲器输出开关量信号，以便控制继电器触点或无触点开关等。

④ 人/机联系部件。人/机联系部件主要包括显示仪表或显示器、手动操作装置等，它们被分别置于数字式控制器的正面和侧面。正面的设置与常规模拟式控制器相似，有测量值和设定值显示表、输出电流显示表、运行状态切换按钮、设定值增/减按钮、手动操作按钮等。侧面则有设置和指示各种参数的键盘、显示器等。

⑤ 通信部件。通信部件主要包括通信接口、发送和接收电路等。通信接口将发送的数据转换成标准通信格式的数字信号，由发送电路送往外部通信线路，再由接收电路接收并将其转换成计算机能接收的数据。数字通信大多采用串行方式。

（2）数字式控制器的软件。

数字式控制器的软件主要包括系统管理软件和用户应用软件。

① 系统管理软件。系统管理软件主要包括监控程序和中断处理程序两部分，它们是控制器软件的主体。监控程序又包含系统初始化、键盘和显示管理、中断处理、自诊断处

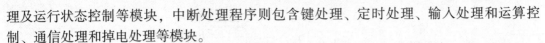

理及运行状态控制等模块，中断处理程序则包含键处理、定时处理、输入处理和运算控制、通信处理和掉电处理等模块。

② 用户应用软件。用户应用软件由用户自行编制，采用面向过程语言编程，因而设计简单、操作方便。在可编程控制器中，这些应用软件以模块或指令的形式给出，用户只要将这些模块或指令按一定规则进行连接(亦称组态)或编程，即可构成用户所需的各种控制系统。

2)数字式控制器实例

数字式控制器已有诸多类别、品种和规格，目前广泛使用的产品有 DK 系列的 KMM 数字控制器、YS-80 系列的 SLPC(Single Loop Programmable Controller，单回路可编程控制器)数字控制器、FC 系列的 PMK 数字控制器及 Micro760/761 数字控制器等，由于它们的运算与控制功能是靠组态或编程实现的，并且只有控制一个回路，所以又常将它们称为单回路可编程数字控制器。现以 SLPC 数字控制器为例介绍其构成原理、功能特点及应用。

(1)SLPC 数字控制器的硬件构成。

SLPC 数字控制器是 YS-80 系列中一种有代表性的、功能较为齐全的可编程数字控制器，它的外形结构和操作方式与模拟式控制器相似，只是在侧面面板上增加了与编程有关的接口、键盘等。它具有基本的 PID、微分先行 PID、采样 PI、批量 PID、带可变滤波器设定的 PID 等多种控制功能，还可构成串级、选择性、非线性等多种复杂的过程控制系统，并具有自整定、自诊断、通信等特殊功能，其硬件电路如图 2-45 所示。

SLPC 数字控制器各部分电路的具体构成及其功能简述如下。

① 主机电路。主机电路中的 CPU 采用 8085AHC 芯片，时钟频率为 10 MHz；系统 ROM 为 64 KB，用于存放监控程序和各种功能模块；用户 ROM 为 2 KB，用于存放用户程序；RAM 为 16 KB。

② 过程输入/输出通道。过程输入/输出通道具有如下特点。

a. 过程输入通道中有五路模拟量输入和六路开关量输入。模拟量输入由 RC 滤波器、多路开关、uPC648D 型 12 位高速 D/A 转换器和比较器等组成，并通过 CPU 反馈编码，实现比较型模数转换。

b. 过程输出通道中有三路模拟量输出和六路开关量输出。模拟量输出中有一路输出为 4 ~20 mA 直流电流，可驱动现场执行器；另两路输出为 1~5 V 直流电压，提供给控制室的其他模拟仪表。

c. 用一片 uPC648D 型 12 位高速 D/A 芯片，将 CPU 输出的数字量转换为模拟量输出，同时在 CPU 的程序支持下，通过比较器将模拟量输入转换成数字量输出；开关量输入与开关量输出共用同一通道，其选择由使用者用程序确定；所有开关量输入/输出通道与内部电路之间均用高频变压器隔离。

d. 在过程输入/输出通道中还分别设计了"故障/保持/软手动"功能。如图 2-45 所示，模拟输入信号 X_1，经滤波后分为两路，一路经 A/D 转换后进入 CPU；另一路则送往故障/PV 开关。当仪表工作不正常时，由 CPU 的自检程序通过 WDT(Watch Dog Timer，看门狗定时器)电路发出故障报警信号，并自动将故障/PV 开关切换到故障位置，直接显示被控变量 X_1，与此同时，故障输出信号则将模拟量输出中的输出电流切换成保持状态，以便进行软手动操作。

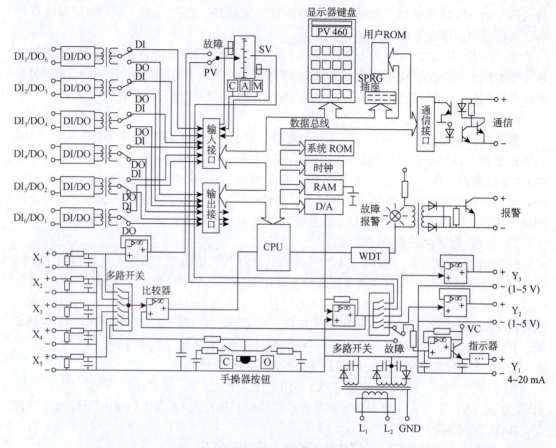

图 2-45 SLPC 数字控制器的硬件电路

③ 人/机联系部件。SLPC 数字控制器的人/机联系部件的正面面板与模拟式控制器类似，其不同之处是测量值与设定值显示器有模拟动圈式和数字式两种；此外，还设置了设定值增/减按键、串级/自动/软手动切换/操作按键、故障显示和报警显示灯等。它的侧面面板设置有触摸式键盘和数字显示器、正/反作用开关及编程器和写入程序的芯片插座等，可以很方便地进行数据修改、参数整定等操作。

④ 通信部件。SLPC 数字控制器的通信部件由 8251 型可编程通信接口芯片和光电隔离电路组成。该电路采用半双工、串行异步通信方式，一方面将发送信号转换成标准通信格式的数字信号，另一方面则将外部通信信号转换成 CPU 能接收的数据。

（2）SLPC 数字控制器的软件。

SLPC 数字控制器的软件由系统程序和功能模块指令构成。系统程序用于确保控制器的正常运行，用户不能调用。这里主要介绍功能模块指令及其应用。

① 功能模块指令。SLPC 数字控制器的功能模块指令可分为 4 种类型，即信号输入指令 LD、信号输出指令 ST、结束指令 END 和各种功能指令，如表 2-9 所示。

表 2-9　SLPC 数字控制器的功能模块指令一览表

分类	指令符号	指令含义	分类	指令符号	指令含义
读取	LD Xn	读 Xn	函数运算	FX1, 2	10 折线函数
	LD Yn	读 Yn		FX3, 4	任意折线函数
	LD An	读 An		LAG1~8	一阶惯性
	LD Bn	读 Bn		LED1, 2	微分
	LD FLn	读 FLn		DED1~3	纯滞后
	LD DIn	读 DIn		VEL1~3	变化率运算
	LD DOn	读 DOn		VLM1~6	变化率限幅
	LD En	读 En		MAV1~3	移动平均运算
	LD Dn	读 Dn		CCD1~8	状态变化检出
	LD CIn	读 CIn		TIM1~4	计时运算
	LD COn	读 COn		PGM1	程序设定
存入	ST LP	向 LP 存入		PIG1~4	脉冲输入计数
	ST Pn	向 Pn 存入		LAL1~4	下限报警
	ST Tn	向 Tn 存入		AND	与运算
	ST An	向 An 存入		OR	或运算
	ST Bn	向 Bn 存入		NOT	非运算
	ST FLn	向 FLn 存入		EOR	异或运算
	ST DOn	向 DOn 存入		COnn	向 nn 步跳变
	ST Dn	向 Dn 存入		GIFnn	向 nn 步条件转移
	ST COn	向 COn 存入		GO SUBnn	向子程序 nn 跳变
	ST LPn	向 LPn 存入		GIF SUBnn	向子程序 nn 条件转移
	ST Xn	向 Xn 存入		SUBnn	子程序 nn
	ST Yn	向 Yn 存入		RTN	返回
基本运算	+	加法		CMP	比较
	−	减法		SW	信号切换
	×	乘法	存储位移	CHG	寄存器交换
	÷	除法		ROT	寄存器旋转
	√	开方	控制功能	BSC	基本控制
	ABS	取绝对值		CSC	串级控制
	HSL	高值选择		SSC	选择性控制
	ISL	低值选择	结束	END	运算结束
	HLM	高限值			
	LLM	低限值			

表 2-9 中的所有指令都与 5 个运算寄存器 S_1~S_5 有关，这 5 个运算寄存器实际上对应

于 RAM 中 5 个不同的存储单元，以堆栈方式构成，只是为了使用和表示方便，才对它们定义了不同的名称和符号（如模拟量输入数据寄存器 Xn 等）。此外，SLPC 数字调节器还有 16 个数据寄存器，以分类存放各种数据。

指令中代码的含义说明如下。

Xn——模拟量输入数据寄存器；　　　　Yn——模拟量输出数据寄存器；

An——模拟量功能扩展寄存器；　　　　Bn——控制整定参数寄存器；

FLn——状态标志寄存器；　　　　　　DIn——开关量输入寄存器；

DOn——开关量输出寄存器；　　　　　Dn——通信发送用模拟量寄存器；

En——通信接收用模拟量寄存器；　　　Pn——可变常数寄存器；

CIn——通信接收用数字量寄存器；　　　Tn——中间数据暂存寄存器；

COn——通信发送用数字量寄存器；　　　LP——可编程功能指示输入寄存器。

表 2-9 中除了 LD、ST、END 这 3 种指令，其余指令均为功能指令。这些功能指令基本涵盖了控制系统所需的各种运算和控制功能。

② 运算与控制功能的实现。在熟悉了 SLPC 数字控制器的功能模块指令后，即可使用这些指令完成各种运算与控制功能，现以加法运算和控制方案的实现为例加以说明。

a. 加法运算的实现。加法运算的实现过程如图 2-46 所示。图中 $S_1 \sim S_5$ 的初始状态分别为 A、B、C、D、E。

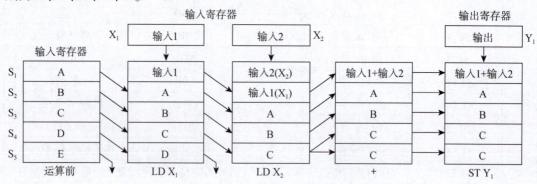

图 2-46　加法运算的实现过程

加法运算程序如下。

```
LD X₁ ;读取 X₁ 数据
LD X₂ ;读取 X₂ 数据
+     ;对 X₁、X₂ 求和
ST Y₁ ;将结果存入 Y₁
END   ;运算结束
```

b. 控制方案的实现。SLPC 数字控制器有 3 种控制功能指令，可直接组成 3 种不同类型的控制方案：基本控制指令 BSC，内含一个调节单元 CNT_1，相当于模拟仪表中的一台 PID 控制器，可用来组成各种单回路控制方案；串级控制指令 CSC，内含两个串联的调节单元 CNT_1 和 CNT_2，可组成串级控制方案；选择性控制指令 SSC，内含两个并联的调节单元 CNT_1、CNT_2 和一个单刀三掷切换开关 CNT_3，可组成选择性控制方案。图 2-47 为这 3 种控制功能指令的控制功能示意。

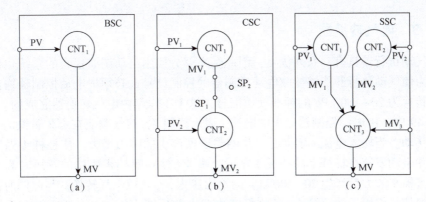

图 2-47 3 种控制功能指令的控制功能示意

(a)基本调节；(b)串级调节；(c)选择调节

这里需要说明的是，控制功能指令是以指令的形式在用户程序中出现，调节单元所采用的控制算法则是以控制字代码由键盘确定，其部分控制字代码的功能规定为：$CNT_1 = 1$ 为标准 PID 算法，$CNT_1 = 2$ 为采样 PI 算法，$CNT_1 = 3$ 为批量 PID 算法；$CNT_2 = 1$ 为标准 PID 算法，$CNT_2 = 2$ 为采样 PI 算法；$CNT_3 = 0$ 为低值选择，$CNT_3 = 1$ 为高值选择。

以 BSC 为例，被控变量接到模拟量输入通道 X_1，实现单回路 PID 控制的程序如下。

```
LD X₁ ;读取测量值数据 X₁
BSC   ;基本控制
ST Y₁ ;将控制输出 MV 存入 Y₁
END   ;运算结束
```

此外，为了满足实际使用的需要，上述 3 种控制功能指令还可通过 An 寄存器和 FLn 寄存器进行功能扩展。An 寄存器主要用于设定值、输入/输出补偿、可变增益等；FLn 寄存器主要用于报警、运行方式切换、运算溢出等。图 2-48 为 BSC 扩展后的功能结构图。

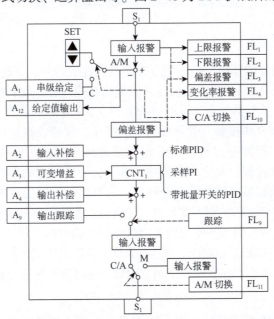

图 2-48 BSC 扩展后的功能结构图

▶▶▶ 2.4.3 电气转换器 ▶▶▶ ▶

由于气动执行器具有一系列优点，因此绝大部分使用电动调节仪表的系统也使用气动执行器。为使气动执行器能够接收电动控制器的控制信号，必须把电动控制器输出的标准电流信号转换为 20~100 kPa 的标准气压信号。这个工作是由电气转换器完成的。

图 2-49 中，由电动控制器送来的电流 I 通入线圈 2，该线圈能在永久磁铁的气隙中自由地上下移动。当输入电流 I 增大时，线圈与磁铁产生的吸力增大，使杠杆 1 做逆时针方向转动，并带动安装在杠杆上的挡板 3 靠近喷嘴 4，使喷嘴挡板机构的背压升高，并经气动功率放大器 9 放大后产生 20~100 kPa 的输出压力 p，完成电气转换；与此同时，该压力还作为反馈信号作用于波纹管 6，使杠杆产生向上的反馈力矩，与电磁力矩相平衡，构成力平衡式电气转换系统。弹簧 5 可用来调整输出零点；移动波纹管的安装位置可调整量程；重锤 8 用来平衡杠杆的重力，使其在各种安装位置都能准确地工作。这种电气转换器的精度可达到 0.5 级。

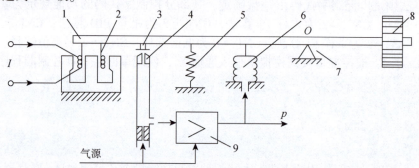

1—杠杆；2—线圈；3—挡板；4—喷嘴；5—弹簧；6—波纹管；
7—支承；8—重锤；9—气动功率放大器。

图 2-49 力平衡式电气转换器的原理图

▶▶▶ 2.4.4 执行器 ▶▶▶ ▶

执行器在过程控制中的作用是接收来自控制器的控制信号，并转换成位移(直线位移或角位移)或速度，改变其阀门开度以控制流入或流出被控过程的物料或能量，从而实现对过程参数的控制。因此，执行器也是过程控制系统中一个重要的、必不可少的组成部分。

执行器直接与控制介质接触，常常在高温、高压、深冷、高黏度、易结晶、闪蒸、汽蚀等恶劣条件下工作，因而是过程控制系统的最薄弱环节。如果执行器的选择或使用不当，那么往往会给生产过程自动化带来困难，甚至会导致严重的生产事故。为此，对于执行器的正确选用，以及安装、维修等各个环节，必须给以足够的重视。

若执行器是采用电动式的，则不需要电气转换器；若执行器是采用气动式的，则电气转换器是必不可少的。过程控制中，使用最多的执行器是调节阀。随着变频技术的发展，部分场合已开始采用变频器实现交流电动机的转速调节，从而取代调节阀，采用变频器还具有明显的节能效果。因此，本小节在重点介绍调节阀后，还将简要介绍变频器的基础知识。

1. 调节阀

调节阀由执行机构和调节机构(即阀体)两部分组成。根据使用的能源不同，调节阀可分为三大类，即以压缩空气为能源的气动调节阀、以电为能源的电动调节阀和以高压液体为能源的液动调节阀。其中，常用的是气动调节阀和电动调节阀。目前，国内、外所选用的调节阀中，液动的很少。

上述3种调节阀所用的阀体都相同，只是执行机构不同。气动执行机构具有结构简单、动作可靠、稳定、输出力矩大、防火防爆等优点，特别适用于具有爆炸危险的石油、化工生产过程。而电动执行机构具有动作迅速、信号传递快、便于远距离传输且易于自动控制系统接口等特点。

气动和电动执行机构的特点比较如表2-10所示。

表2-10　气动和电动执行机构的特点比较

比较项目	气动执行机构	电动执行机构
输入信号	20~100 kPa	4~20 mA DC
结构	简单	复杂
体积	中	小
信号管线配置	较复杂	简单
推力	中	小
动作滞后	大	小
维修	简单	复杂
适用场合	适用于防火防爆场合	隔爆型适用于防火防爆场合
价格	低	高

从结构上划分，调节阀有多种类型，根据各自不同的特点，适用于不同的使用场合，具体如表2-11所示。

表2-11　不同调节阀的特点和使用场合

类型	特点	使用场合
直通单座阀	阀体内只有一个阀芯和一个阀座，结构简单、泄漏量小、易于保证关闭、不平衡力大	适用于小口径($D \leqslant 25$ mm)、泄漏量要求严格、低压差管道的场合
直通双座阀	阀体内有两个阀芯和阀座，不平衡力小、泄漏量较大	适用于阀两端压差较大、泄漏量要求不高的场合
角形阀	流路简单、阻力较小	现场管道要求直角连接，适用于高压差、介质黏度大、含有少量悬浮物和颗粒状固体流量的控制
三通阀	有3个出入口与工艺管道连接，可组成分流与合流两种型式	配比控制或旁路控制
隔膜阀	结构简单、流阻小、流通能力大、耐腐蚀性强	强酸、强碱、强腐蚀性、高黏度、含悬浮颗粒状介质
蝶阀	结构简单、质量轻、价格低、流阻极小、泄漏量大	大口径、大流量、低压差、含少量纤维或悬浮颗粒状介质
球阀	阀芯与阀体都呈球形体	流体的黏度高、污秽。其中O型阀一般作双位控制用，V型阀作连续控制用

续表

类型	特点	使用场合
凸轮挠曲阀	密闭性好、质量轻、体积小、安装方便	介质黏度高、含悬浮颗粒状
笼式阀	可调范围大、振动小、不平衡力小、结构简单、套筒互换性好、汽蚀小、噪声小	压差大、要求噪声小的场合。不适用于高温、高黏度及含固体颗粒介质的场合

1）电动执行机构

电动执行器将由控制器送来的 4～20 mA 信号转换为相应的输出轴角位移或直线位移，分为直行程和角行程执行器两类。其电气原理完全相同，仅减速器不一样。电动执行机构由放大单元和执行单元两部分组成，如图 2-50 所示。

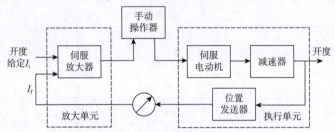

图 2-50　电动执行机构的组成

可见，电动执行机构本质上是一个位置伺服系统。通常把电动执行机构看作一个比例环节。一般配有手动操作器进行手动操作和电动操作的切换，在现场可以转动执行器的手柄，进行就地手动操作。

2）气动执行机构

气动执行机构由膜片、推杆和平衡弹簧等部分组成，它是执行器的推动装置，用来推动阀体动作。它接收电-气阀门定位器输出的气压信号，经膜片转换成推力，克服弹簧力后，使推杆（阀杆）产生位移，同时可带动阀芯动作，如图 2-51 所示。

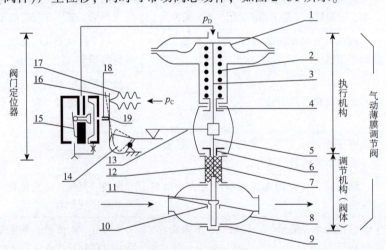

1—波纹膜片；2—压缩弹簧；3—推杆；4—调节件；5—阀杆；6—压板；7—上阀盖；8—阀体；9—下阀盖；10—阀座；11—阀芯；12—填料；13—反馈连杆；14—反馈凸轮；15—气动放大器；16—托板；17—波纹管；18—喷嘴；19—挡板。

图 2-51　气动执行机构

与电动信号相比,气动信号响应较缓慢,一般可以把气动执行机构看作一个一阶惯性环节。其时间常数取决于膜片大小、管线长度和直径。

气动执行机构主要有薄膜式和活塞式两种结构形式。气动薄膜式执行机构具有结构简单、价格低、维修方便等优点,应用最为广泛。它可以用作一般调节阀的推动装置,组成气动薄膜式执行器,习惯上称为气动薄膜调节阀。气动活塞式执行机构的特点是推力大,主要适用于大口径、高压降的调节阀,如蝶阀的推动装置。

除气动薄膜式和活塞式执行机构外,还有长行程执行机构,它的行程长、转矩大,适用于输出转角(0~90°)和力矩的场合,如用于蝶阀或风门的推动装置。

3) 调节阀的流通能力

调节阀是一个局部阻力可变的节流元件,通过改变阀芯的行程可以改变调节阀的阻力系数,达到控制流量的目的。流过调节阀的流量不仅与阀的开度(流通截面)有关,而且与阀门前后的压差有关。

为了衡量不同调节阀在某些特定条件下单位时间内流过流体的体积,引入了流通能力 C 的概念。由流体力学可知,不可压缩流体通过调节阀的流量为

$$q_v = \frac{A}{\sqrt{\xi}} \sqrt{\frac{2}{\rho}(p_1 - p_2)} \tag{2-46}$$

式中,$p_1 - p_2$ 为调节阀前后的压差;ρ 为流体密度;q_v 为流体的体积流量;A 为调节阀接管处的截面积。在工业应用中,通常采用如下单位,即 A 为 cm^2、ρ 为 kg/m^3、$\Delta p = p_1 - p_2$ 为 kPa,q_v 为 m^3/h,可得

$$q_v = \frac{A}{\sqrt{\xi}} \frac{3\,600}{10^4} \sqrt{2 \times 10^3 \frac{\Delta p}{\rho}} = 16.1 \frac{A}{\sqrt{\xi}} \sqrt{\frac{\Delta p}{\rho}} \tag{2-47}$$

式(2-47)表明,当 Δp、ρ 不变时,ξ 减小,则 q_v 增大;反之,ξ 增大,则 q_v 减小。调节阀就是通过改变阀芯行程来改变阻力系数 ξ,从而达到调节流量的目的。

所谓调节阀的流通能力 C,是指调节阀前后的压差为 100 kPa、流体密度为 1 000 kg/m³、调节阀全开时,每小时流过阀门的流体体积。根据上述定义可知

$$q_v = 5.09 \frac{A}{\sqrt{\xi}} \sqrt{\frac{10\Delta p}{\rho}} = C \sqrt{\frac{10\Delta p}{\rho}} \tag{2-48}$$

所以

$$C = 5.09 \frac{A}{\sqrt{\xi}} \tag{2-49}$$

设 D_g 为调节阀的公称直径,调节阀的管截面积 $A = \frac{\pi}{4} D_g^2$,则

$$C = 4.0 \frac{D_g^2}{\sqrt{\xi}} \tag{2-50}$$

流通能力的大小与流体的种类、性质、工况及阀芯、阀座的结构尺寸等许多因素有关。在一定条件下,ξ 是一个常数,因而根据流通能力 C 的值就可以确定 D_g,即可确定调节阀的几何尺寸。因此,流通能力 C 是反映调节阀口径大小的一个重要参数,两者关系如表 2-12 所示。

表 2-12 流通能力 C 与调节阀尺寸的关系

公称直径 D_g/mm		19						20			25	32	40	50	65
阀座直径 d_g/mm		2	4	5	6	7	8	10	12	15	20	25	32	40	50	65
流通能力 C	单座阀	0.08	0.12	0.20	0.32	0.50	0.80	1.2	2.0	3.2	5.0	8	12	20	32	56
	双座阀											10	16	25	40	63

公称直径 D_g/mm		80	100	125	150	200	250	300
阀座直径 d_g/mm		80	100	125	150	200	250	300
流通能力 C	单座阀	80	120	200	280	450		
	双座阀	100	160	250	400	630	1 000	1 600

4) 调节阀的流量特性

调节阀的流量特性是指介质流过阀门的相对流量与相对开度之间的关系，即

$$\frac{q_v}{q_{vmax}} = f\left(\frac{l}{L}\right) \tag{2-51}$$

式中，q_v/q_{vmax} 为相对流量，即调节阀某一开度流量与全开流量之比；l/L 为相对开度，即调节阀某一开度行程与全行程之比。

从过程控制的角度来看，调节阀的特性对整个过程控制系统的品质有很大影响。系统工作不正常，往往与调节阀的特性选择不合适有关，或者是阀芯在使用过程中因受腐蚀或磨损而使特性变坏引起的。

(1) 理想流量特性。

调节阀前后的压差不变时所获得的流量特性称为理想流量特性，它完全取决于阀芯的形状，可分为直线流量特性、对数 (等百分比) 流量特性、抛物线流量特性、快开流量特性和平方根流量特性等多种类型。国内常用的理想流量特性有直线流量特性、对数 (等百分比) 流量特性、抛物线流量特性和快开流量特性 4 种。

① 直线流量特性。

直线流量特性是指调节阀的相对流量与相对开度成线性关系，也就是说，调节阀的相对开度变化所引起的相对流量变化是常数，即

$$\frac{d\left(\dfrac{q_v}{q_{vmax}}\right)}{d\left(\dfrac{l}{L}\right)} = K_v \tag{2-52}$$

式中，K_v 为调节阀的放大系数。

将上式积分得

$$\frac{q_v}{q_{vmax}} = K_v \frac{l}{L} + c \tag{2-53}$$

式中，c 为积分常数。

由边界条件可知，当 $l=0$ 时，$q_v = q_{vmin}$；当 $l=L$ 时，$q_v = q_{vmax}$。求解微分方程 (2-52) 并代入边界条件，可得

$$\frac{q_v}{q_{vmax}} = \frac{1}{R} + \left(1 - \frac{1}{R}\right)\frac{l}{L} \tag{2-54}$$

式中，R 为调节阀的可调范围，并且

$$R = q_{vmax}/q_{vmin} \tag{2-55}$$

可见，q_v/q_{vmax} 与 l/L 成线性关系。K_v 是常数，即相对开度变化所引起的相对流量变化是相等的。但是，相对流量变化量（流量变化量与原有流量之比）是不同的，在小开度时，相同的开度变化所引起的相对流量变化量大，灵敏度高，控制作用强，容易产生振荡；而在大开度时，其相对流量变化量小，灵敏度低，控制作用弱，响应缓慢。可知，当直线流量特性调节阀工作在小开度或大开度时，其控制性能均较差，因而不宜用于负荷变化大的过程。

需要指出的是，式（2-55）中的 q_{vmin} 不等于阀的泄漏量，而是比泄漏量大的、可以控制的最小流量。

② 对数（等百分比）流量特性。

对数（等百分比）流量特性是指单位行程变化所引起的相对流量变化与该点的相对流量成正比关系。其数学表达式为

$$\frac{d(q_v/q_{vmax})}{d(l/L)} = K\left(\frac{q_v}{q_{vmax}}\right) = K_v \tag{2-56}$$

可见，调节阀的放大系数 K_v 是变化的。代入上述边界条件，经整理可得

$$\frac{q_v}{q_{vmax}} = R^{\left(\frac{l}{L}-1\right)} \tag{2-57}$$

可知，q_v/q_{vmax} 与 l/L 成对数关系。从过程控制的角度来看，利用对数流量特性是有利的，调节阀在小开度时 K_v 小，控制缓和平稳，调节阀在大开度时 K_v 大，控制及时有效，因而它适用于负荷变化较大的过程。

③ 抛物线流量特性。

抛物线流量特性是指相对流量与相对开度成抛物线关系，其数学表达式为

$$\frac{d(q_v/q_{vmax})}{d(l/L)} = K\left(\frac{q_v}{q_{vmax}}\right)^2 \tag{2-58}$$

根据边界条件可得

$$\frac{q_v}{q_{vmax}} = \frac{1}{R}\left[1 + (\sqrt{R} - 1)\frac{l}{L}\right]^2 \tag{2-59}$$

抛物线流量特性介于直线流量特性与对数流量特性之间，通常可用对数流量特性来代替。

④ 快开流量特性。

快开流量特性在小开度时流量就比较大，随着开度的增大流量很快就达到最大，故称为快开流量特性。其数学表达式为

$$\frac{d(q_v/q_{vmax})}{d(l/L)} = K\left(\frac{q_v}{q_{vmax}}\right)^{-1} \tag{2-60}$$

根据边界条件可得

$$\frac{q_v}{q_{vmax}} = \frac{1}{R}\left[1 + (R^2 - 1)\frac{l}{L}\right]^{1/2} \tag{2-61}$$

快开流量特性调节阀主要适用于位式控制。调节阀的理想流量特性如图 2-52 所示。

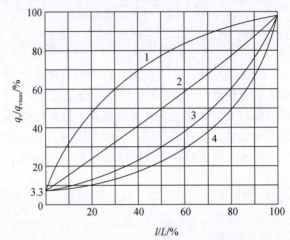

1—快开流量特性；2—直线流量特性；3—抛物线流量特性；4—对数流量特性。

图 2-52　调节阀的理想流量特性

（2）工作流量特性。

实际应用时，调节阀安装在管道系统上，其前后的压差是变化的，此时调节阀的相对流量与相对开度之间的关系称为工作流量特性。

①调节阀与管道设备串联工作。

如图 2-53 所示，随着阀门开度的增大，流量增加，管道设备上的压力降 Δp_k 随流量的平方的增大，调节阀前后的压差 Δp_v 逐渐减小，导致调节阀的流量特性发生变化。为了衡量调节阀实际工作流量特性相对于理想流量特性的变化程度，可用阻力比 S 来表示：

$$S = \frac{\Delta p_{vmin}}{\Delta p} \tag{2-62}$$

式中，Δp_{vmin} 为调节阀全开时阀门前后的压差；Δp 为系统总压差。

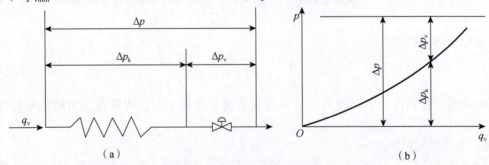

图 2-53　串联管道压力分布
（a）调节阀与管道设备串联；（b）压力分布

当 $S < 1$ 时，由于串联管道设备阻力的影响，流量特性发生两个变化。如图 2-54 所示，一个是调节阀全开时流量减小，即调节阀可调范围变小；另一个是流量特性曲线为向上拱，理想直线流量特性变成快开流量特性，而理想对数流量特性变成直线流量特性。S 值越小，畸变越严重。因此，在调节阀的实际使用过程中一般要求 S 值不能低于 0.3。

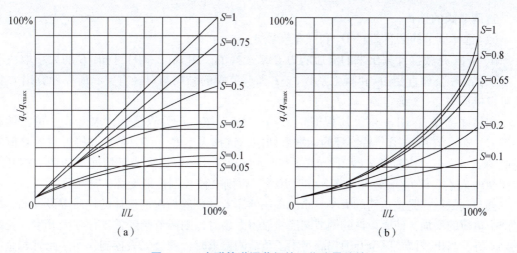

图2-54　串联管道调节阀的工作流量特性
(a)直线流量特性；(b)对数流量特性

在工程设计中，应先根据过程控制系统的要求，确定工作流量特性，再根据工作流量特性的畸变程度确定理想流量特性。

②调节阀与管道设备并联工作。

调节阀除了与管道设备串联工作，在现场使用过程中，为了便于手动操作或维护，调节阀还与管道设备并联工作，即在调节阀两端并有旁路阀。

图2-55中，x为阀门全开时流过阀门的流量与管里最大流量之比，这个比值越小，说明调节阀的分流作用越小，对与之并联设备的流量影响小。由图可见，在旁路阀全关时，工作流量特性和理想流量特性是一致的。当旁路阀逐步开启后，旁路流量逐渐增加，结果虽然调节阀本身的流量特性没有变化，但可调比却大大降低。同时，在实际使用过程中总存在串联管道阻力的影响，这将使调节阀所能控制的流量变得很小，甚至几乎起不到调节作用。

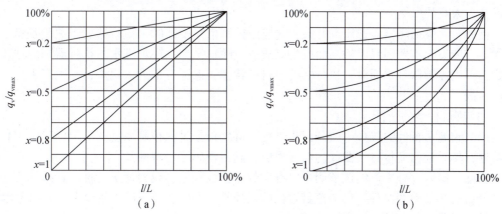

图2-55　并联管道调节阀的工作流量特性
(a)直线流量特性；(b)对数流量特性

可见，打开旁路阀的控制方案往往不是良好的控制方案。根据现场使用经验，旁路流量只能为总流量的百分之十几，x值不能低于0.8。

5) 调节阀的选择

(1) 选择调节阀公称直径 D_g 和阀座直径 d_g。

D_g 和 d_g 是根据计算出来的流通能力 C 来选择的。由式（2-49）可知，C 的大小取决于 A，即取决于公称直径 D_g 和阻力系数 ξ。ξ 和调节阀的结构与口径有关，所以计算出 C 值就可以依据表 2-12 确定 D_g 和 d_g。

在具体选择 D_g 和 d_g 时，应根据 q_{vmax}、ρ、Δp，按 C 的计算公式，求出 C_{max} 值，然后根据 C_{max} 值，在所选用产品型号的标准系列中，选择大于 C_{max} 计算值，并接近它的 C 值所对应的 D_g 和 d_g。应对调节阀工作时的开度进行验算，一般最大流量情况下的调节阀开度应在 90% 左右，最小开度一般也不小于 10%，否则会使控制性能变坏，甚至失灵。

调节阀的尺寸是按负荷的大小、系统提供的压差、配管情况、流体的性质等设计的。当生产中负荷的增加，使原设计的调节阀尺寸显得太小时，则调节阀经常工作在大开度，控制效果不好，当出现调节阀全开但仍满足不了负荷的要求时，就会失去控制作用。此时若企图开启旁路阀来满足对负荷的要求，则会使调节阀流量特性发生畸变，可调范围大大降低；相反，当生产中负荷的减少，使原设计的调节阀尺寸显得太大时，调节阀会经常工作在小开度，控制显得过于灵敏（对于直线流量特性的调节阀尤为严重），调节阀有时会振动，产生噪声，严重时会发出尖叫声。此时为了增加管路阻力，有时会适当关小与调节阀串联的工艺阀门，但这样做会使调节阀的流量特性发生严重畸变，甚至会接近快开流量特性，调节阀的实际可调范围降低，严重时会使其失去控制作用。

因此，当生产中负荷有较大改变时，在可能的条件下，应相应更换调节阀，或者采用其他控制方案。例如，采用分程控制系统，由大、小两个调节阀并联，就可以在较大范围内适应负荷变动的要求。

(2) 选择调节阀的气开、气关式。

所谓气开式，是指当气体的压力信号增加时，阀门开大；气关式则相反，即压力信号增加时，阀门关小。气动调节阀气开、气关式的选择，主要是从工艺生产的安全来考虑的。当气源由于意外情况中断控制信号时，调节阀处于全开或全关状态，在生产上要能保证设备和人身的安全。

例如，一般加热器应选用气开式，这样当控制信号中断时，执行器处于关闭状态，停止加热，使设备不致因温度过高而发生事故或危险；又如，锅炉进水的执行器则应选用气关式，即当控制信号中断时，执行器处于打开状态，保证有水进入锅炉，不致产生烧干或爆炸事故。

(3) 流量特性的选择。

调节阀流量特性的选择一般分两步进行：首先根据过程控制系统的要求，确定工作流量特性；然后根据流量特性曲线的畸变程度，确定理想流量特性。

目前，国内、外生产的调节阀主要有对数、直线和抛物线等流量特性，选择的方法有数学分析法和经验法两种。目前流量特性的选择常用经验法，一般可从以下几方面考虑。

① 从过程控制系统的控制质量分析。

若过程特性为线性，则可选用线性流量特性的调节阀；若过程特性为非线性，则应选用对数流量特性的调节阀。

② 根据配管情况分析。

当 $S = 1 \sim 0.6$ 时，理想流量特性与工作流量特性几乎相同；当 $S = 0.3 \sim 0.6$ 时，调节阀的工作流量特性无论是线性的还是对数的，均应选择对数流量特性；当 $S < 0.3$ 时，一般已不宜用于自动控制。

③从负荷变化情况分析。

对数流量特性调节阀的放大系数是变化的，因此能适应负荷变化大的场合，同时能适用于调节阀经常工作在小开度的情况，即对数流量特性的调节阀具有较广的适应性。

过程控制中，常根据不同被控对象选择调节阀的流量特性，如表 2-13 所示。

表 2-13 根据不同被控对象选择调节阀的流量特性

对象简图	扰动	选择的流量特性	附加条件	备注
流量控制对象（流量 F） 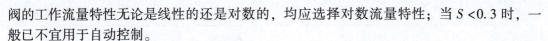 p_1、p_2 为调节阀前、后压力	设定值	直线	变送器带开方器	
	p_1、p_2	对数		
	设定值	抛物线	变送器不带开方器	
	p_1、p_2	对数		
温度控制对象（T_2） T_1、T_2 为被加热流体进/出口温度； T_3、T_4 为加热流体进/出口温度； F_1 为被加热流体流量； p_1 为调节阀上压差	p_1、T_3、T_4	对数		T_0 为对象时间常数的平均值；T_m 为测量环节的时间常数；T_v 为调节阀的时间常数
	T_1	直线		
	设定值	直线		
	F_1	直线	$T_0 \geqslant T_m(T_v)$	
		对数	$T_0 = T_m(T_v)$	
		双曲线	$T_0 < T_m(T_v)$	
压力控制对象（p_2） p_2 为被调节压力 p_1、p_3 为进/出口端压力； C_v 为调节阀流量系数； C_0 为节流阀流量系数	p_1	双曲线	$C_0 < \frac{1}{2}C_{vmax}$	液体介质
		对数	$C_0 > \frac{1}{2}C_{vmax}$	
	设定值	对数	$C_0 < \frac{1}{2}C_{vmax}$	
		直线	$C_0 > \frac{1}{2}C_{vmax}$	
	p_3	对数	$C_0 < \frac{1}{2}C_{vmax}$	
		直线	$C_0 > \frac{1}{2}C_{vmax}$	
	C_0	对数	当对象容积很大时，也可以采用直线流量特性；容积很小时，p_1、C_0 扰动应采用双曲线流量特性	气体介质
	p_1、C_0 设定值	对数		
	p_3	抛物线		

续表

对象简图	扰动	选择的流量特性	附加条件	备注
液位控制对象(h) Ⅰ类 (h=H) 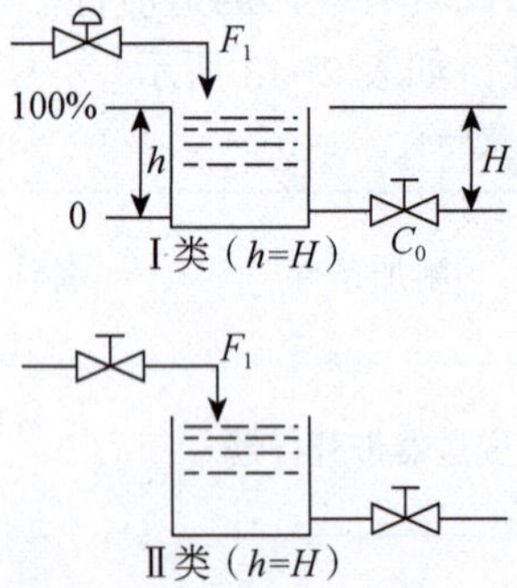	设定值	抛物线	$T_0 = T_v$	
		直线	$T_0 \geqslant T_v$	
	C_0	对数	$T_0 = T_v$	
		直线	$T_0 \geqslant T_v$	
Ⅱ类 (h=H)	设定值	双曲线	$T_0 = T_v$	
		对数	$T_0 \geqslant T_v$	
	F_1	对数	$T_0 = T_v$	
		直线	$T_0 \geqslant T_v$	
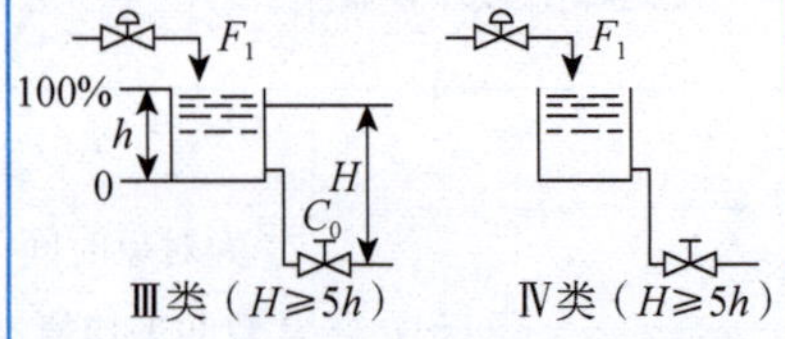 Ⅲ类 (H≥5h) Ⅳ类 (H≥5h)	设定值	任意特性		Ⅱ类
		任意特性		Ⅳ类
	C_0	直线		Ⅱ类
	F_1	直线		Ⅳ类

注：液位控制对象分为 4 种类型，Ⅰ、Ⅲ类为入口调节，Ⅱ、Ⅳ类为出口调节。Ⅰ、Ⅱ类中，流量的流出口置于测量液位的"零"位置上，即 $H = h$；Ⅲ、Ⅳ类中，流量的流出口置于测量液位的"零"位置下，而且 $H \geqslant 5h$。液体的流出主要依靠泵来抽出的情况也属于Ⅲ、Ⅳ类型。图中 h 是测量范围，H 是实际液位高度，F_1 是流量，C_0 是出口阻力阀的流通能力。

2. 变频器

变频器的功能是将频率、电压都固定的交流电变换成频率、电压都连续可调的三相交流电。

随着交流电动机控制理论、电力电子技术、大规模集成电路和微型计算机技术的迅速发展，交流电动机变频调速技术已日趋完善。该变频技术用于交流鼠笼式异步电动机的调速，其性能已经胜过以往一般的交流调速方式。

变频器可以作为自动控制系统中的执行单元，也可以作为控制单元(自身带有 PID 控制器等)。作为执行单元时，变频器接收来自控制器的信号，根据控制信号改变输出电源的频率；作为控制单元时，变频器本身兼有控制器的功能，单独完成控制调节作用，通过改变电动机电源的频率来调整电动机转速，进而达到改变能量或流量的目的。

1) 变频器的原理

典型的交—直—交通用变频器原理图如图 2-56 所示，该系统主要由主电路(包括驱动电路)、控制电路、信号采样电路、信号处理与故障保护电路、外部接口电路与电源电路等组成。

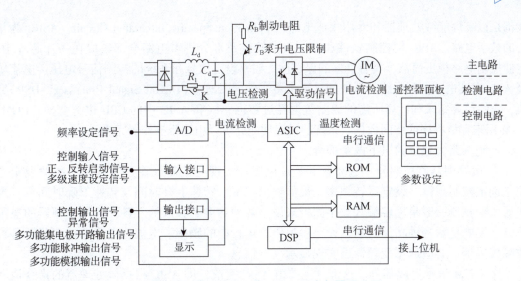

图 2-56 典型的交—直—交通用变频器原理图

（1）主电路。主电路主要由整流电路、中间直流环节和逆变器 3 个部分组成。

整流电路一般采用由整流二极管组成的三相或单相整流桥。小功率通用变频器整流桥的输入多为单相 220 V，较大功率变频器整流桥变频器的输入一般为三相 380 V 或 440 V。

整流电路输出的脉动整流电压，必须加以滤波。由于其后续的逆变器是 PWM 电压型逆变器，故须采用大电容 C_d 与小电感 L_d 相互配合进行滤波。电容 C_d 还兼有补偿无功功率的作用；电感 L_d 则有限制电流 i 和 $\mathrm{d}i/\mathrm{d}t$ 的作用。另外，电感 L_d 还能改善变频器的功率因数。为避免电容 C_d 在通电瞬间产生过大的充电电流，一般还要在直流回路中串入一个限流电阻 R_1，刚通电时，它可以限制瞬间充电电流，待几十毫秒后，充电电流减小再由开关 K 加以短接，以免影响电路正常工作。开关 K 可以是接触器触头，也可以是功率开关器件，如晶闸管等。

根据输出的需要，逆变器可以是三相或单相。常见的通用变频器一般采用三相逆变器。逆变器的开关元件目前大都采用高速全控型器件 IGBT。这些功率开关器件受来自控制电路的 PWM 信号的控制而通断，将直流母线电压变成按一定规律变化的 PWM 电压来驱动电动机。

通用变频器在直流环节处专门设置了泵升电压吸收电路 T_B，以消除电动机再生制动工况下向电源一侧回馈能量引起的直流母线电压异常升高现象。

当有快速减速要求时，将定子频率迅速减小，而感应电动机及其负载由于惯性很容易使转差频率 $S < 0$，电动机进入再生制动，电流经逆变器的续流二极管整流成直流电流对滤波电容充电。因通用变频器的整流桥由单向导电的二极管组成，不能吸收电动机回馈的电流，所以，若电动机原来的转速较高，再生制动时间较长，那么直流母线电压会一直上升到对主电路开关元件和滤波电容形成威胁的过高电压，即所谓的泵升电压。

通用变频器一般通过制动电阻 R_B 来消耗这些能量，即将一个大功率开关器件 T_B 和一个制动电阻 R_B 串联，跨接在中间直流环节正、负母线两端。T_B 一般装在变频器机箱内，而 R_B 通常作为附件放在机箱外。当直流电压达到一定值时，T_B 被导通，R_B 就接入电路，从而消耗掉电动机回馈的能量，以维持直流母线电压基本不变。

（2）控制电路。这是通用变频器中最复杂、最关键的部分。现代通用变频器的控制电路大都是以高性能微处理器和专用集成电路（Application Specific Integrated Circuit，ASIC）为核心的数字电路。ASIC 把控制软件和系统监控软件及部分逻辑电路全部集成在一片芯片中，它使控制电路板更简洁，具有良好的保密性。频率设定信号和系统的检测信号电压、电流等经 A/D 变换送入控制电路。系统的计算由数字信号处理器（Digital Signal Processor，DSP）完成，它的计算结果和计算所需的原始数据经过数据总线和 ASIC 中的 CPU 进行变换，ROM、RAM 用来存放程序或中间数据。系统的设定功能亦可以由远程操作器完成。

控制电路大致分为以下两个部分。

① 微处理器监控部分。这部分主要是设定、实现与控制规律运算部分。所谓设定主要是选定控制规律，设定运转频率、最低输出频率、转速上升时间及转速下降时间等。现代通用变频器一般是用轻触式数字面板来设定各种功能与参数的。各种通用变频器的显示部分，主要显示各种功能代码，设定参数值，运行中的频率、电流、电压、功率值及各种故障代码等。有些通用变频器已实现显示汉字信息。

② PWM 信号生成部分。这部分主要由 ASIC 完成，即 ASIC 根据微处理器的指令值和一些必要的信号，实时输出按一定规律变化的 PWM 信号。

大多数通用变频器的基本运行方式是频率开环控制，必要时可以引入若干信号的反馈，实现转差闭环控制或矢量变换控制，以适应高精度调速的需要。

（3）信号采样电路。信号采样电路主要是对整个变频器系统的输入电压、输入电流，中间直流电压、直流电流，逆变器输出电压、输出电流，温升及电动机转速等进行信号采集。

（4）信号处理与故障保护电路。经信号采样电路取得的电压、电流、温度、转速等信号经信号处理电路进行分压、光电隔离、滤波、放大等适当处理进入 A/D 转换器，然后作为反馈信号输入 CPU，以作为控制算法的依据和供显示用，或者作为一个开关量或电平信号输入故障保护电路。故障保护有欠压、缺相、过压、过流、过载、短路及温度过高等保护。

特别值得一提的是，对于自通风的普通异步电动机，如果长时间工作在低频、低速状态，会因通风量不足而严重发热，甚至烧坏绕组，而这时通用变频器的相应保护电路并不一定会起作用。因此，在这种情况下应在电动机的适当部位加装过热保护继电器，一旦电动机过热，过热保护继电器动作，立刻封锁逆变器 PWM 信号并断开电动机电路。

（5）外部接口电路。这部分电路主要的功能是从外部电路输入控制信号，或者将变频器的正常运转信号（如频率、电压、电流等）或故障信号输出供外部电路使用，或者将转速等信号反馈至变频器以构成闭环系统的输入和输出接线端子。

（6）电源电路。现代通用变频器已大多采用开关稳压电源作为控制及驱动电源。使用开关稳压电源有许多好处，它不但体积小，而且可在输入电源电压大幅变化情况下使输出电压仍然稳定，变频器运行可靠。另外，变频器中间直流环节的直流电压也可为开关电源供电，这就避免了因交流电源瞬时断电而引起控制系统功能紊乱的现象。

目前，变频控制方法有标量控制、矢量控制和直接转矩控制。常用的电力电子元件主要有普通晶闸管 SCR、门极可关断晶闸管 GTO、电力双极型晶体管 BJT、大功率晶体管 GTR、绝缘栅双极晶体管 IGBT、电力 MOSFET 和门控晶闸管 MCT 等。

IGBT 是电力 MOSFET 和 GTR 的有机结合，既具有电力 MOSFET 的驱动功率小、开关频率高、热温度性好等优点，又具有 GTR 的工作电流大、饱和导通电阻小等优点，应用相当广泛。

2）变频器在过程控制中的应用

三相交流鼠笼式异步电动机是工业生产中不可缺少的执行机构，在传统的过程控制系统中引入变频器改变了原来的控制模式，使系统运行更加平稳、可靠，并能提高系统控制精度。

由于鼠笼式异步电动机占电动机总数的比例很大，故其调速方法和控制技术无疑将成为电动机控制的关键，而变频器与鼠笼式异步电动机的结合是交流电动机调速系统的最佳选择。该系统具有节能效果显著、控制精度较高、调速范围较宽，便于使用和维护及易于实现自动控制等优点。

变频器最典型的应用是各种机械以节能为目的，采用变频器进行调速控制。这种应用领域广阔，其中以风机、泵类负载的转速控制为中心，实际应用表明，其可节约能量40%以上。

风机、泵类负载的转速在某一范围内变化时，流量、扬程、轴功率有如下关系：

$$\frac{Q}{Q_e} = \frac{N}{N_e} \tag{2-63}$$

$$\frac{H}{H_e} = \left(\frac{N}{N_e}\right)^2 \tag{2-64}$$

$$\frac{P}{P_e} = \left(\frac{N}{N_e}\right)^3 \tag{2-65}$$

式中，N_e 为基准（额定）转速；N 为运行转速；Q_e 为 N_e 时的流量；H_e 为 N_e 时的扬程；P_e 为 N_e 时的轴功率；Q 为 N 时的流量；H 为 N 时的扬程；P 为 N 时的轴功率。

可见，风机、泵类负载的显著特点就是其负载转矩与转速的平方成正比，轴功率与转速的立方成正比。因此，将从前的电动机以定速运转，用挡板阀门调节风量或流量的方法，换成根据所需要的风量或流量调节转速的方法就可获得显著的节能效果。

如图 2-57 所示，当流量从 1.0 变为 0.5 时，对于阀门控制，关小阀门可使阻抗曲线从 R_1 变为 R_2，工作点由 A 点转移到 B 点。而对于转速控制，是同一阻抗曲线 R_1 上从 A 点转移到 D 点，由于转速仅为原来的80%，故其节能效果是显而易见的。

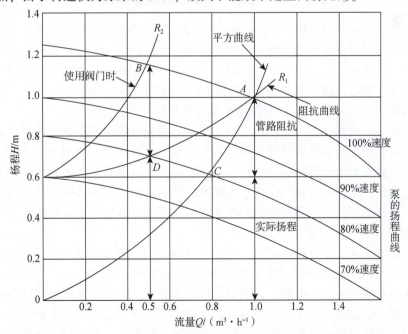

图 2-57　泵的扬程与负载曲线

泵的运转点由管路阻抗曲线与泵的扬程曲线的交点决定。由于实际扬程的存在，因此80%转速(速度)时的运转点不是 C 点，而是 D 点。由于存在一个与高低差有关的实际扬程，因此在调节转速进行节能运转时，式(2-65)不一定完全成立。此外，还要注意转速不能过低，否则会降低扬程，达不到应用要求。

▶▶▶ 2.4.5　安全栅 ▶▶▶▶

安全火花防爆系统必须具备两个条件：一是现场仪表必须设计成安全火花型；二是现场仪表与安全场所(包括控制室)之间必须经过安全栅(又称防爆栅)，以便对送往现场的电压、电流进行严格的限制，从而保证进入现场的电功率在安全范围之内。由此可见，安全栅是构成安全火花防爆系统极其重要的过程控制仪表之一。

安全栅的种类有很多，有电阻式安全栅、中继放大式安全栅、齐纳式安全栅、光电隔离式安全栅、隔离式安全栅等。目前应用最多的是齐纳式安全栅和隔离式安全栅。

1. 齐纳式安全栅

1) 简单齐纳式安全栅

简单齐纳式安全栅利用齐纳二极管的反向击穿特性进行限压、用固定电阻进行限流，其电路原理图如图 2-58 所示。

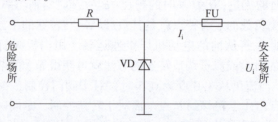

图 2-58　简单齐纳式安全栅的电路原理图

由图可知，该安全栅可以限制流过的电压与电流，不让它们超过安全值，即当输入电压 U_i 在正常范围(24 V)内时，齐纳二极管 VD 不导通；当 U_i 高于 24 V 并达到齐纳二极管的击穿电压(约 28 V)时，齐纳二极管导通，在将电压钳制在安全值以下的同时，安全侧电流急剧增大，使熔断器 FU 的熔体很快熔断，从而将可能造成事故的高压与危险场所隔断。固定的限流电阻 R 的作用是限制流往现场的电流。

这种齐纳式安全栅存在两点不足：一是固定的限流电阻的大小难以选择，选小了起不到很好的限流作用，选大了又影响仪表的恒流特性。理想的限流电阻应该是可变的，即电流在安全范围内其电阻值要足够小，而当电流超出安全范围时其电阻值要足够大。二是接地不合理，通常一个信号回路只允许一点接地，若有两点以上接地则会造成信号通过大地短路或形成干扰。因此，希望安全栅的接地点在正常信号通过时要对地断开。

2) 改进型齐纳式安全栅

针对简单齐纳式安全栅存在的两点不足进行改进后，出现了改进型齐纳式安全栅。改进型齐纳式安全栅的电路原理图如图 2-59 所示。其中第一点改进是，由 4 个齐纳二极管和 4 个熔断器组成双重限压电路，并取消了直接接地点，改为背靠背连接的齐纳二极管中点接地。这样，在正常工作范围内，这些二极管都不导通，安全栅是不接地的；当输入出现过电压时，这些齐纳二极管导通，对输入过电压进行限制，并通过中间接地点使信号线对地电压不超过一定的数值。第二点改进是，用双重晶体管限流电路(还有一套电路未画出)代替固定电阻，以达到近似理想的限流效果。

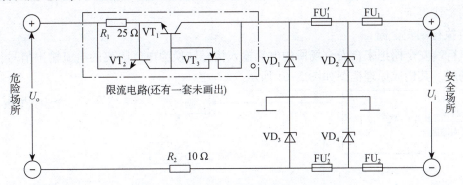

图 2-59 改进型齐纳式安全栅的电路原理图

该限流电路的工作原理：场效应管 VT_3 工作于零偏压，作为恒流源向晶体管 VT_1 提供足够的基极电流，保证 VT_1 在电流信号为 4~20 mA 的正常范围内处于饱和导通状态，使安全栅的限流电阻很小；如果电流信号超过 24 mA，则电阻 R_1 上的压降将超过 0.6 V，于是晶体管 VT_2 导通，分流了 VT_3 的电流，使 VT_1 的基极电流减小，VT_1 将退出饱和导通状态，使安全栅的限流电阻随信号电流的增大而迅速增大，起到很好的限流作用。

齐纳式安全栅虽然结构简单、价格低，但由于齐纳二极管过载能力低，并且难以解决熔断器熔体的熔断时间和可靠性之间的矛盾，更何况熔体是一次性使用元件，一旦熔断，必须更换后才能重新工作，从而给控制系统的自动化程度带来不利影响。

2. 隔离式安全栅

隔离式安全栅采用变压器作为隔离元件，将危险场所的本质安全电路与安全场所的非本质安全电路进行电气隔离。在正常情况下，只允许电源能量及信号通过隔离变压器，同时切断安全侧的高压窜入危险场所的通道。当出现偶然事故时，可用晶体管限压限流电路，对事故状况下的过电压或过电流作出截止式的控制。

隔离式安全栅有两种，一种是和变送器配合使用的检测端安全栅，另一种则是和执行器配合使用的执行端安全栅。

1）检测端安全栅

检测端安全栅一方面为二线制变送器提供直流电源电压，另一方面把来自变送器的 4~20 mA DC 电流信号，转换为与之电气隔离的 4~20 mA DC 电流输出信号或 1~5 V DC 电压信号。检测端安全栅构成原理框图如图 2-60 所示。

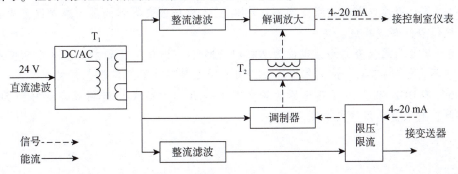

图 2-60 检测端安全栅构成原理框图

图中，各部分之间的传输通道分为信号传输通道和能量传输通道，前者用虚线表示，后者用实线表示。

2）执行端安全栅

执行端安全栅把来自安全场所的电流输入信号转换为电气隔离的电流输出信号，送至危险场所。其构成原理框图如图 2-61 所示。

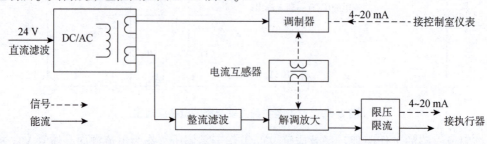

图 2-61　执行端安全栅构成原理框图

同检测端安全栅一样，其各部分之间也存在信号传输通道和能量传输通道。

执行端安全栅和检测端安全栅一样，都是传递系数为 1 的带限压限流装置的信号传送器，均采用隔离变压器和电流互感器使安全侧与危险侧实现电气隔离。

隔离式安全栅与齐纳式安全栅相比较，具有以下优点。

（1）可以在危险场所或安全场所认为合适的任何一个地方接地，使用方便，通用性强。

（2）电源、信号输入、信号输出均可通过变压器耦合，实现信号的输入、输出完全隔离，工作更加安全可靠。

（3）由于信号完全浮空，因此大大增强了信号的抗干扰能力，提高了控制系统正常运行的可靠性。

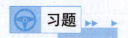 习题 ▶▶ ▶

2-1　检测仪表的接线方式有哪几种类型？它们各有什么特点？

2-2　用热电偶测温时，为什么要进行冷端温度补偿？其冷端温度补偿的方法有哪几种？

2-3　用差压变送器与标准孔板配套测量管道介质流量。若差压变送器的量程为 0~104 MPa，对应输出信号为 4~20 mA DC，相应流量为 0~320 m³/h。求差压变送器输出信号为 13.6 mA DC 时，对应的差压值及流量值。

2-4　某台测温仪表的测温范围为 0~500 ℃，校验该表得到的最大绝对误差为 ±3 ℃，试确定该仪表的精度等级。

2-5　某台测温仪表的测温范围为 200~1 200 ℃，根据工艺要求，温度指示值的最大绝对误差不得超过 ±7 ℃。试问怎样选择仪表的精度等级才能满足以上要求？

2-6　某 DDZ-Ⅲ 型温度变送器的测量范围是 0~1 000 ℃，若将零点迁移到 500 ℃，求迁移前、后该变送器的灵敏度。

第3章
被控过程建模方法

 本章学习要点 ▶▶ ▶

本章介绍被控过程建模的目的和几种主流建模方法，重点介绍被控过程的特性、数学模型的类型、机理建模法和试验建模法的步骤与过程。学完本章后，应能达到以下要求。

(1) 掌握被控过程机理建模的方法与步骤。

(2) 熟悉被控过程的自衡和无自衡特性。

(3) 熟悉单容过程和多容过程的阶跃响应曲线及解析表达式。

(4) 掌握被控过程基于阶跃响应的建模步骤、作图方法和数据处理。

(5) 熟悉被控过程的最小二乘法，学会用 MATLAB 编写算法程序。

 ## 3.1 过程建模的基本概念

设计一个控制系统时，首先需要知道被控对象的数学模型，即对被控对象进行建模。控制系统的设计任务就是依据被控对象的数学模型及特性，设计相应的控制器来实现控制目的。

一个控制系统设计成功与否，与被控对象的数学模型建立的准确与否有很大关系。研究表明，一些复杂对象不能设计出良好的控制系统，往往是由于被控对象的数学模型建立得不准确。建立被控对象的数学模型有很多方法，大致可分为机理建模法、试验建模法两类。

▶▶ 3.1.1 被控过程数学模型的作用 ▶▶ ▶

被控过程的数学模型是指过程的输入变量与输出变量之间定量关系的描述，这种关系既可以用各种参数模型（如微分方程、差分方程、状态方程、传递函数等）表示，也可以用非参数模型（如曲线、表格等）表示。过程的输出变量也称被控变量，而作用于过程的干扰作用和控制作用统称为过程的输入变量，它们都是引起被控变量变化的因素。过程的输入变量至输出变量的信号联系称为通道，控制作用至输出变量的信号联系称为控制通道；干扰作用至输出变量的信号联系称为干扰通道，过程的输出为控制通道与干扰通道的输出之和，如图 3-1 所示。

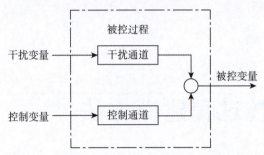

图 3-1　干扰输入、控制输入与输出之间的关系

过程的数学模型又可分为静态数学模型和动态数学模型。静态数学模型描述的是过程在稳态时的输入变量与输出变量之间的关系；动态数学模型描述的是过程在输入量改变以后输出量的变化情况。静态数学模型是动态数学模型在过程达到平衡时的特例。

有些被控过程还存在多个输入控制变量与多个输出变量，且每个输入控制变量除了影响"自己的"输出变量，还会影响其他的输出变量，这种被控过程通常称为多变量耦合过程。此外，被控过程还有线性与非线性、集中参数与分布参数之分。为简单起见，本章仅讨论单输入/单输出、集中参数、线性过程的数学模型及其建模的基本方法。

被控过程的数学模型在过程控制中具有极其重要的作用，归纳起来主要有以下几点。

（1）控制系统设计的基础：全面、深入地掌握被控过程的数学模型是控制系统设计的基础。例如，在确定控制方案时，被控变量及检测点的选择、控制（操作）变量的确定、控制规律的确定等都离不开被控过程的数学模型。

（2）控制器参数确定的重要依据：控制系统一旦投入运行，整定控制器的参数必须以被控过程的数学模型为重要依据。尤其是对生产过程进行最优控制时，如果没有充分掌握被控过程的数学模型，那么就无法实现最优化设计。

（3）仿真或研究、开发新型控制策略的必要条件：在用计算机仿真或研究、开发新型控制策略时，其前提条件是必须知道被控过程的数学模型，如补偿控制、推理控制、最优控制、自适应控制等都是在已知被控过程数学模型的基础上进行的。

（4）设计与操作生产工艺及设备时的指导：通过对生产工艺过程及相关设备数学模型的分析或仿真，可以事先确定或预测有关因素对整个被控过程特性的影响，从而为生产工艺及设备的设计与操作提供指导，以便提出正确的解决办法等。

（5）工业过程故障检测与诊断系统的设计指导：利用数学模型可以及时发现工业过程中控制系统的故障及其原因，并提供正确的解决途径。

▶▶▶ 3.1.2　建模的目的 ▶▶▶ ▶

建立被控过程的数学模型的主要目的可以归纳为以下几点。

（1）设计控制方案：全面、深入地了解被控对象的特性是设计控制系统的基础。例如，

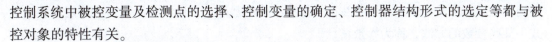

控制系统中被控变量及检测点的选择、控制变量的确定、控制器结构形式的选定等都与被控对象的特性有关。

（2）调试控制系统和确定控制器参数：充分了解被控对象的特性是安全调试和投运控制的保证。此外，选择控制规律及确定控制器参数也离不开对被控对象特性的了解。

（3）制订工业过程的优化控制方案：优化控制往往可以在基本不增加投资与设备的情况下，获取可观的经济效益。这离不开对被控对象特性的了解，而且主要依靠对象的稳态数学模型进行优化。

（4）确定新型控制策略及控制算法：在用计算机构成一些新型控制系统时，往往离不开被控对象的数学模型。例如，预测控制、推理控制、前馈动态补偿控制等都是在已知对象的数学模型的基础上才能进行的。

（5）建立计算机仿真过程培训系统：利用数学模型和系统仿真技术，操作人员可以在计算机上对各种控制策略进行定量的比较与评定。这还可为操作人员提供仿真操作的平台，从而为高速、安全、低成本地培训工程技术人员和操作员提供捷径，并有可能制订大型设备的启动和停车操作方案。

（6）设计工业过程的故障检测与诊断系统：利用数学模型可以及时发现工业过程中控制系统的故障及其原因，并提供正确的解决途径。

▶▶▶ 3.1.3　建模的基本方法 ▶▶▶

一般来说，过程数学模型的求取方法有以下3种。

（1）机理建模：根据对象或生产过程的内部机理，写出各种有关的平衡方程，如物料平衡方程、能量平衡方程、动量平衡方程、相平衡方程，以及某些物性方程、设备特性方程、化学反应定律等，从而得到对象（或过程）的数学模型。这类模型通常称为机理模型。应用这种方法建立数学模型的最大优点是模型具有非常明确的物理意义，具有很大的适应性，便于对模型参数进行调整。但由于某些被控对象较为复杂，对其物理、化学过程的机理还不是完全了解，而且线性定常的并不多，再加上分布参数（即参数是时间与位置的函数）的影响，所以对于某些对象（或过程）很难得到机理模型。

（2）试验建模：在机理模型难以建立的情况下，可采用试验建模的方法得到对象的数学模型。试验建模就是针对所要研究的对象，人为地施加一个输入作用，然后用仪表记录表征对象特性的物理量随着时间变化的规律，得到一系列试验数据或曲线。这些数据或曲线就可以用来表示对象特性。有时，为了进一步分析对象特性，也可以对这些数据或曲线做进一步处理，使其转换为描述对象特性的解析表达式。

这种应用对象输入、输出的实测数据来决定其模型结构和参数的方法，通常称为系统辨识。其主要特点是把被研究的对象视为一个黑箱，无论其内部机理如何，完全从外部特性上来测试和描述对象的动态特性。因此，对于一些内部机理复杂的对象，试验建模比机理建模要简单、省力。

（3）混合建模：将机理建模与试验建模结合起来。混合建模是一种比较实用的方法，它先由机理分析的方法提出数学模式的结构形式，然后对其中某些未知的或不确定的参数利用试验的方法给予确定。这种在已知模型结构的基础上，通过实测数据来确定数学表达式中某些参数的方法，称为参数估计。

3.2　被控过程的特性

过程的数学模型，从其内在规律考虑，往往相当复杂，中间穿插有非线性、分布参数和时变等情况。然而，当过程在平衡状态附近小范围变化时可以将其线性化，同时可以将其集中化；对应于一个特定的时刻，因为过程的时变一般很缓慢，所以可以认为是定常的。这样，输入、输出关系往往可以用传递函数来描述。

▶▶▶ 3.2.1　自衡过程与无自衡过程 ▶▶▶ ▶

当扰动发生后，在无人或无控制器的干预下，被控变量能够自动恢复到原来或新的平衡状态，则称该过程具有自衡能力，是自衡过程；否则，该过程具有无自衡能力，称为无自衡过程。

【例 3-1】图 3-2(a)所示的液位储罐系统，处于平衡状态。在进水量阶跃增加后，将超过出水量，该过程原来的平衡状态将被打破，液位上升；但随着液位的不断升高，出水阀前的静压增加，出水量也将增加；这样，液位的上升速度将逐步变慢，最终建立新的平衡，液位达到新的稳态值。像这样无须外加任何控制作用，过程能够自发地趋于新的平衡状态的性质称为自衡性。

在过程控制中，这类过程是经常遇到的。在阶跃信号作用下，被控变量 $y(t)$ 不振荡，逐步趋向新的稳态值 $y(\infty)$，相应的自衡无振荡过程响应曲线如图 3-2(b)所示。

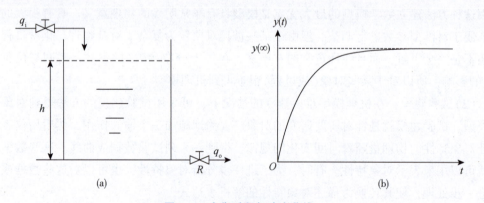

图 3-2　自衡过程与响应曲线
(a)液位储罐系统；(b)自衡无振荡过程响应曲线

如果出水用泵排送，如图 3-3(a)所示，水的静压变化相对于泵的压力可以忽略，那么储罐水位要么一直上升，要么一直下降，最终导致溢出或被抽干，无法重新达到新的平衡状态，这种特性称为无自衡能力。该类过程在阶跃信号作用下，输出 $y(t)$ 会一直上升或下降，典型响应曲线如图 3-3(b)所示。一般情况下，无自衡过程的控制要困难一些，因为它们缺乏自平衡的能力。

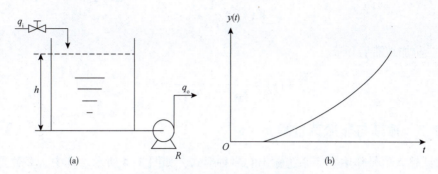

图3-3 无自衡过程与响应曲线

(a)无自衡水位过程；(b)无自衡过程的响应曲线

▶▶▶3.2.2 单容和多容过程 ▶▶▶

被控过程都具有一定的储存物料或能量的能力，其储存能力的大小，称为容量。所谓单容过程，就是指只有一个储存容量的过程对象。

在工业生产中，被控过程往往由多个容积和阻力构成，这种过程称为多容过程。

对于自衡对象，单容或多容过程的传递函数具有以下几种典型形式。

(1)一阶惯性环节：

$$W(s) = \frac{K}{Ts + 1} \tag{3-1}$$

(2)二阶惯性环节：

$$W(s) = \frac{K}{(T_1 s + 1)(T_2 s + 1)} \tag{3-2}$$

(3)一阶惯性加纯滞后环节：

$$W(s) = \frac{K}{(Ts + 1)} e^{-\tau s} \tag{3-3}$$

(4)二阶惯性加纯滞后环节：

$$W(s) = \frac{K}{(T_1 s + 1)(T_2 s + 1)} e^{-\tau s} \tag{3-4}$$

在工业控制过程中，一阶惯性加纯滞后环节的情况比较多。许多高阶系统都可以简化为这种类型进行分析与综合。

对于无自衡对象，单容或多容过程的传递函数具有以下几种典型形式。

(1)一阶环节：

$$W(s) = \frac{1}{Ts} \tag{3-5}$$

(2)二阶环节：

$$W(s) = \frac{1}{T_1 s(T_2 s + 1)} \tag{3-6}$$

（3）一阶加纯滞后环节：

$$W(s) = \frac{1}{T_1 s} e^{-\tau s} \tag{3-7}$$

（4）二阶加纯滞后环节：

$$W(s) = \frac{1}{T_1 s (T_2 s + 1)} e^{-\tau s} \tag{3-8}$$

►►| 3.2.3 振荡与非振荡过程 ►►►

在阶跃输入信号作用下，系统输出有多种形式，如图 3-4 所示。其中，多数是衰减振荡，最后趋于新的稳态值。纯滞后的二阶振荡环节的传递函数一般可写为

$$G_p(s) = \frac{K e^{-s}}{T^2 s^2 + 2\xi T s + 1} \qquad (0 < \xi < 1) \tag{3-9}$$

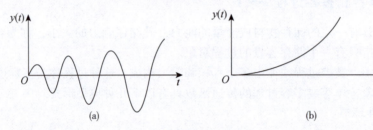

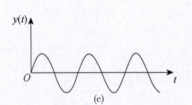 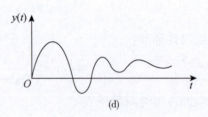

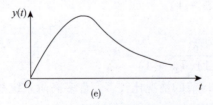

图 3-4　阶跃扰动作用下控制系统过渡过程曲线

(a)发散振荡过程；(b)非振荡发散过程；(c)等幅振荡过程；
(d)衰减振荡过程；(e)非振荡衰减过程

如果在阶跃输入信号作用下，系统输出 $y(t)$ 单调增加或发散，那么就称为非振荡过程。

►►| 3.2.4 具有反向特性的过程 ►►►

在阶跃输入信号作用下，系统输出 $y(t)$ 出现先降后升或先升后降，即响应曲线出现相反的变化方向，则称该过程具有反向特性。

【例3-2】锅炉汽包液位的反向特性分析。

如果锅炉供给的冷水量阶跃增加，那么汽包内沸腾水的总体积乃至液位会呈现图3-5所示的变化，这是两种相反影响的结果。

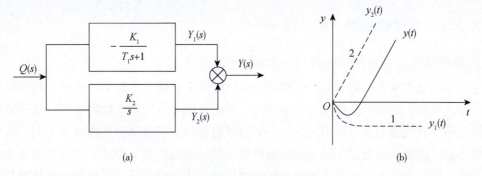

(a)　　　　　　　　　　　　　　(b)

图3-5　具有反向特性的响应分析

(1)冷水量的增加会引起汽包内水的沸腾突然减弱，水中的气泡迅速减少，水位下降。设由此导致的液位响应为一阶惯性特性：

$$G_1(s) = -\frac{K_1}{T_1 s + 1} \tag{3-10}$$

如图3-5(b)中的曲线1。

(2)在燃料供热恒定的情况下，假定蒸汽量也基本恒定，则液位随冷水量的增加而增加，并呈现积分特性。对应的传递函数为

$$G_2(s) = \frac{K_2}{s} \tag{3-11}$$

如图3-5(b)中的曲线2。

(3)由式(3-10)、式(3-11)的两种作用综合在一起，示意如图3-5(a)所示，可得总特性为

$$G(s) = \frac{K_2}{s} - \frac{K_1}{T_1 s + 1} = \frac{(K_2 T_1 - K_1)s + K_2}{s(T_1 s + 1)} \tag{3-12}$$

当$K_2 T_1 < K_1$时，在响应初期$\dfrac{-K_1}{T_1 s + 1}$占主导地位，过程将出现反向特性。若该条件不成立，则过程不会出现反向特性。

当$K_2 T_1 < K_1$时，过程出现一个正的零点，其值为$s = \dfrac{-K_2}{K_2 T_1 - K_1} > 0$。

也就是说，对于具有反向特性响应的过程，其传递函数总具有一个正的零点，属于非最小相位系统。因此，反向特性响应又称非最小相位的响应，其较难控制，需要特殊处理。

工业过程除上述几种类型外，有些过程还具有严重的非线性，如中和反应器和某些生化反应器；在化学反应器中还可能存在不稳定过程，它们的存在给控制带来了棘手的问题，要控制好这些过程，必须掌握对象动态特性。

3.3 机理建模法

▶▶▶3.3.1 机理建模的一般步骤 ▶▶▶

1. 根据建模对象和模型使用目的作出合理假设

任何一个数学模型都是有假设条件的，不可能完全精确地用数学公式把客观实际描述出来；即使可能，结果也往往无法实际应用。在满足模型应用要求的前提下，结合对建模对象的了解，把次要因素忽略掉。对同一个建模对象，由于模型的使用场合不同，对模型的要求不同，假设条件可以不同，所以最终所得的模型也不完全相同。例如，对某加热炉系统建模，假设加热炉中的每点温度相同，则可得到用微分方程描述的集中参数模型；假设加热炉中的每点温度非均匀，则得到用微分方程描述的分布参数模型。

2. 根据过程内在机理建立数学模型

机理建模的主要依据是物料、能量和动量平衡关系式及化学反应动力学，一般形式如下：

$$\begin{array}{c}\text{系统内物料(或能量)}\\\text{储存量的变化率}\end{array} = \begin{array}{c}\text{单位时间内进入系统}\\\text{的物料量(或能量)}\end{array} - \begin{array}{c}\text{单位时间内流出系统}\\\text{的物料量(或能量)}\end{array} + \begin{array}{c}\text{单位时间内系统产生}\\\text{的物料量(或能量)}\end{array}$$

储存量的变化率是变量对时间的导数，当系统处于稳态时，变化率为0。

3. 模型工程简化

从应用上讲，动态模型在满足控制工程要求、充分反映过程动态特性的情况下，应尽可能简化，这是十分必要的。常用的简化方法有忽略某些动态衡算式、分布参数系统集中化和模型降阶处理等。

在建立控制过程的动态数学模型时，输出变量、状态变量和输入变量可用3种不同的形式表示，即用绝对值、增量和无量纲形式表示。在控制理论中，增量形式得到广泛的应用，它不仅便于把原来非线性的系统线性化，而且通过坐标的移动，把稳态工作点定为原点，使输入、输出关系更加简单清晰，便于运算；在控制理论中广泛应用的传递函数，就是在初始条件为0的情况下定义的。

对于线性系统，增量方程式的列写很方便，只要将原始方程中的变量用它的增量代替即可。对于原来非线性的系统，则须先进行线性化，在系统输入和输出的范围内，把非线性关系近似为线性关系。最常用的方法是切线法，它是在静态特性曲线上用经过工作点的切线代替原来的曲线。线性化时要注意应用条件，要求系统的静态特性曲线在工作点附近邻域没有间断点、折断点和非单值区。

【例3-3】液体储罐的建模。

如图3-2(a)所示的液位储罐系统，设进水口和出水口的体积流量分别是 q_i 和 q_o，控制输出变量为液位 h，储罐的横截面积为 A。试建立该液位储罐系统的动态数学模型。

储罐液位的变化满足如下物料平衡方程式：

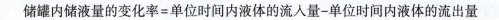

　　储罐内储液量的变化率＝单位时间内液体的流入量−单位时间内液体的流出量

即

$$A \cdot \frac{\mathrm{d}h}{\mathrm{d}t} = q_i - q_o \tag{3-13}$$

其中

$$q_o = k\sqrt{h} \tag{3-14}$$

将 q_o 代入式(3 − 13)，得

$$A \cdot \frac{\mathrm{d}h}{\mathrm{d}t} = q_i - k\sqrt{h} \tag{3-15}$$

　　这就是储罐液位的动态数学模型，它是一个非线性微分方程，当液位由 0 到满罐变化时，都满足此方程。复杂非线性微分方程的分析较困难，如果液位始终在其稳态值附近很小的范围内变化，则可将式(3−15)进行线性化处理。

　　在平衡工况下

$$q_{i0} = q_{o0} = 0 \tag{3-16}$$

　　若以增量形式表示各变量偏离起始稳态值的程度，即

$$\Delta h = h - h_0, \ \Delta q_i = q_i - q_{i0}, \ \Delta q_o = q_o - q_{o0} \tag{3-17}$$

则有

$$A \cdot \frac{\mathrm{d}\Delta h}{\mathrm{d}t} = \Delta q_i - \Delta q_o \tag{3-18}$$

　　如果非线性特性存在于液位与流出量之间，则线性化方法就是将非线性项进行泰勒级数展开，并取其线性部分：

$$q_o = k\sqrt{h} = q_{o0} + \frac{\mathrm{d}q_o}{\mathrm{d}t}\bigg|_{h=h_0} (h - h_0) = q_{o0} + \frac{k}{2\sqrt{h_0}}\Delta h \tag{3-19}$$

$$\Delta q_o = q_o - q_{o0} = \frac{k}{2\sqrt{h_0}}\Delta h \tag{3-20}$$

$$\frac{Q_o(s)}{H(s)} = \frac{k}{2\sqrt{h_0}} = \frac{1}{R} \tag{3-21}$$

称 R 为液阻，代入式(3−18)，得

$$A \cdot \frac{\mathrm{d}\Delta h}{\mathrm{d}t} = \Delta q_i - \frac{\Delta h}{R} \tag{3-22}$$

　　整理并省略增量符号，得到最终的微分方程和传递函数为

$$RA \cdot \frac{\mathrm{d}h}{\mathrm{d}t} + h = Rq_i, \ \frac{H(s)}{Q_i(s)} = \frac{R}{RAs + 1} \tag{3-23}$$

【例3−4】物料输送带建模。

　　在工业现场中经常会碰到一些输送物料的中间过程，如图 3−6 所示的盐混合槽工作过程。将盐粒 1 投入料斗，经过挡板 2 控制盐量 $q_i(t)$，再通过皮带输送机 3 送入混合槽 4。设皮带输送机的输送速度为 v，输送距离为 L，则盐量 $q_i(t)$ 需要经过输送时间 $\tau = L/v$ 后

才能到达混合槽。也就是说，在小于 τ 的时间内，虽然挡板已经改变了盐的投放量，但混合槽并未得到任何信息，它的投入盐量 $q_f(t)$ 仍是原来的量。

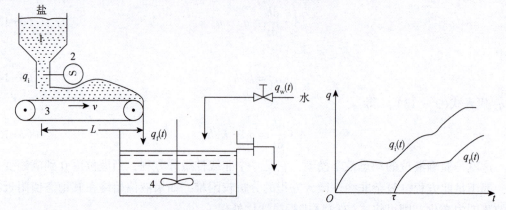

1—盐粒；2—挡板；3—皮带输送机；4—混合模。
图 3-6　盐混合槽工作过程

显然，这里 $q_f(t)$ 和 $q_i(t)$ 具有相同的变化规律，但 $q_f(t)$ 在时间上滞后 $q_i(t)$ 一个 τ 的时间。该纯滞后的关系可用下式表示：

$$q_f(t) = q_i(t - \tau) \tag{3-24}$$

如果不考虑纯滞后，则混合槽的特性与例 3-3 类似，可用一阶线性微分方程描述：

$$T\frac{\mathrm{d}y(t)}{\mathrm{d}t} + y(t) = Kx(t) \tag{3-25}$$

进一步考虑纯滞后时，混合槽的特性可用以下方程描述：

$$T\frac{\mathrm{d}y(t)}{\mathrm{d}t} + y(t) = Kx(t - \tau) \tag{3-26}$$

对式(3-24)进行拉普拉斯变换，有

$$Q_f(s) = \mathrm{e}^{-\tau s} Q_i(s) \tag{3-27}$$

因此，具有纯滞后的混合槽对象的传递函数为

$$G(s) = \frac{K}{Ts + 1} \mathrm{e}^{-\tau s} \tag{3-28}$$

事实上，在工业生产过程中，还经常存在纯滞后问题，如物料的皮带输送过程、管道输送过程等，在传递函数中体现为 $\mathrm{e}^{-\tau s}$，τ 为纯滞后时间。

▶▶▶ 3.3.2　单容过程建模 ▶▶▶

单容过程可分为无自衡单容过程和自衡单容过程。

1. 无自衡单容过程

典型的无自衡单容过程如图 3-7 所示。

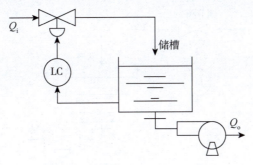

图 3-7 典型的无自衡单容过程

图 3-7 中，Q_i 为储槽的流入量，Q_o 为储槽的流出量，其中计量泵排出的流量 Q_o 可以改变，而 Q_i 不可以改变，储槽所容纳的流体数量的变化速度等于输入流量和流出流量之差，即

$$p\frac{dV}{dt} = Q_i - Q_o \tag{3-29}$$

式中，V 表示储槽体积；p 表示流体密度。如果储槽的横截面积 A 固定，则上式为

$$Ap\frac{dh}{dt} = Q_i - Q_o \tag{3-30}$$

式中，h 代表液位，该式的解为

$$h(t) = \frac{1}{Ap}\int (Q_i - Q_o)\,dt \tag{3-31}$$

假设初始条件为

$$h(0) = h_o,\ \ h'(0) = 0 \tag{3-32}$$

则上式的拉普拉斯变换为

$$ApsH(s) = Q_i(s) - Q_o(s) = dQ(S) \tag{3-33}$$

即传递函数为

$$G(s) = \frac{H(s)}{dQ(s)} = \frac{1}{Aps} = \frac{1}{T_i s} \tag{3-34}$$

式中，$T_i = Ap$ 表示积分时间。

当过程具有纯延时 τ 时，其传递函数为

$$G(s) = \frac{1}{T_i s}e^{-\tau s} \tag{3-35}$$

无自衡单容过程的传递函数为一阶积分环节，积分作用的大小与积分时间成反比，对于同种流体，储槽面积越大，积分时间越长，积分作用越弱。

2. 自衡单容过程

典型的自衡单容过程如图 3-8 所示。

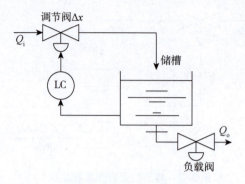

图 3-8　典型的自衡单容过程

与无自衡单容过程相比，若自衡单容过程中的计量泵改为一般手动阀门（负载阀），则液位的增加会使流出量增加，这种作用将使液位力图恢复平衡，称为自衡。储槽内的液位对象就代表单容过程，在稳态下，$Q_o = Q_i$，液位 h 保持不变。若调节阀突然开大（$Q_o < Q_i$），则液位逐渐上升；如果流出侧负载阀的开度不变，则随着液面的升高流出量逐渐增大，这时流入量和流出量之差为

$$\Delta Q_i - \Delta Q_o = \frac{\mathrm{d}V}{\mathrm{d}t} = A\frac{\mathrm{d}\Delta h}{\mathrm{d}t} \tag{3-36}$$

式中，ΔQ_i 和 ΔQ_o 为流入量和流出量的微变量；$\mathrm{d}V$ 为储存液体的微变量；A 为储槽的横截面积；Δh 为液位微变量，此外流入量的变化与调节阀的开度 Δx 有关，即

$$\Delta Q_i = k_x \Delta x \tag{3-37}$$

式中，k_x 为调节阀的流量系数，则液位和流出量之间的关系可表达为

$$Q_o = a\sqrt{h} \tag{3-38}$$

式中，a 表示比例系数，它与手动阀门的开度有关；h 表示液位。对 Q_o 进行线性化处理后，在给定的工作点有

$$\Delta Q_o = \frac{a}{2\sqrt{h_0}}\Delta h \tag{3-39}$$

可见，流量与液位是非线性的二次函数关系，过程的特性方程也将是非线性的，当只考虑液位与流量均只在有限范围内变化时，就可以认为流出量与液位变化呈线性关系，则其线性化数学模型为

$$Ap\frac{\mathrm{d}h}{\mathrm{d}t} = Q_i - \frac{a}{2\sqrt{h_0}}\Delta h \tag{3-40}$$

式中，A 表示横截面积。上式经拉普拉斯变换有

$$\left(Aps + \frac{a}{2\sqrt{h_0}}\right)\Delta h(s) = \Delta Q_i(s) = k\Delta X(s) \tag{3-41}$$

则传递函数为

$$G(s) = \frac{\Delta h(s)}{\Delta X(s)} = \frac{k}{\left(Aps + \dfrac{a}{2\sqrt{h_0}}\right)} = \frac{kR}{ApsR + 1} = \frac{K}{Ts + 1} \tag{3-42}$$

式中，$R = \dfrac{2\sqrt{h_0}}{a}$ 为水阻；$T = ApR$ 为时间常数；$K = kR$ 为过程增益。当过程具有纯延时 τ 时，其传递函数为

$$G(s) = \frac{K}{Ts + 1}\, e^{-\tau s} \tag{3-43}$$

该过程的传递函数为一阶惯性环节，是稳定的自衡系统，其中时间常数 T 的大小决定了系统反应的快慢。时间常数越小，系统对输入的反应越快；反之，时间常数越大（即容器面积越大），则反应较慢。

由式（3-43）可得出单容过程的阶跃响应为

$$\Delta h = K\Delta x\left(1 - e^{-\frac{t}{T}}\right) \tag{3-44}$$

显然，过程的特性与放大系数 K 和时间常数 T 有关。

（1）放大系数 K。过程输出量变化的新稳态值与输入量变化值之比，称为过程的放大系数。自衡单容过程中，流入量的大小以调节阀的开度变化 Δx 表示，即当调节阀的开度增加 Δx 时，液位相应升高 $\Delta h(\infty)$ 并稳定不变。

（2）时间常数 T。时间常数是指被控变量保持起始速度不变而达到稳定值所经历的时间。

3.3.3　多容过程建模 ▶▶ ▶

多容过程可分为有相互影响的多容过程和无相互影响的多容过程。双容过程是最简单的多容过程，下面以双容过程为例，分析多容过程的数学模型。

1. 有自衡能力的双容过程

有自衡能力的双容过程要求建立输入变量 q_1 与输出变量 h_2 的双容过程传递函数。有相互影响的双容过程如图 3-9 所示。

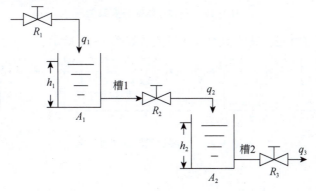

图 3-9　有相互影响的双容过程

根据物料平衡关系，对槽 1 有

$$q_1 - q_2 = A_1 \frac{dh_1}{dt} \Rightarrow \Delta q_1 - \Delta q_2 = A_1 \frac{d\Delta h_1}{dt} \tag{3-45}$$

式中，Δq_1、Δq_2、Δh_1 分别为偏离某一平衡状态 q_{10}、q_{20}、h_0 的增量。

当只考虑液位与流量均只在有限小的范围内变化时，就可以认为流出量与液位变化呈

线性关系 $\Delta q_2 = \dfrac{a}{2\sqrt{h_0}}\Delta h_1$，令 $1/R_2 = a/(2\sqrt{h_0})$，经线性化处理，有

$$\Delta q_2 = \frac{\Delta h_1}{R_2} \tag{3-46}$$

式中，R_2 为阀门 2 的液阻。经过拉普拉斯变换，得到如下公式：

$$\Delta Q_1(s) - \Delta Q_2(s) = A_1 s \Delta H_1(s) \tag{3-47}$$

$$\Delta Q_2(s) = \frac{\Delta H_1(s)}{R_2} \tag{3-48}$$

同理，对于槽 2，由拉普拉斯变换得到如下公式：

$$\Delta Q_2(s) - \Delta Q_3(s) = A_2 s \Delta H_2(s) \tag{3-49}$$

$$\Delta Q_3(s) = \frac{\Delta H_2(s)}{R_3} \tag{3-50}$$

则得到此双容过程的传递函数为

$$G_o(s) = \frac{\Delta H_2(s)}{\Delta Q_1(s)} = \frac{R_3}{(A_1 R_2 s + 1)(A_2 R_3 s + 1)} = \frac{K}{(T_1 s + 1)(T_2 s + 1)} \tag{3-51}$$

式中，$T_1 = A_1 R_2$，$T_2 = A_2 R_3$ 分别为槽 1 的时间常数和槽 2 的时间常数；K 为双容过程的放大系数。

双容过程的各变量关系如图 3-10 所示。

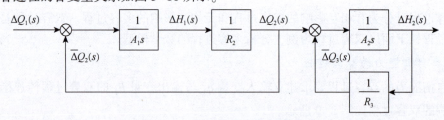

图 3-10　双容过程的各变量关系

由此延伸到多容过程，其类似的各变量关系如图 3-11 所示。

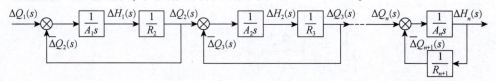

图 3-11　多容过程的各变量关系

其传递函数为

$$G_o(s) = \frac{\Delta H_n(s)}{\Delta Q_1(s)} = \frac{R_{n+1}}{(A_1 R_2 s + 1)(A_2 R_3 s + 1)\cdots(A_n R_{n+1} s + 1)} \tag{3-52}$$

$$= \frac{K}{(T_1 s + 1)(T_2 s + 1)\cdots(T_n s + 1)}$$

如果 $T_1 = T_2 = \cdots = T_n = T$，则

$$G_o(s) = \frac{K}{(Ts + 1)^n} \tag{3-53}$$

若其还具有纯延迟，则

$$G_o(s) = \frac{K}{(Ts + 1)^n} e^{-\tau_0 s} \tag{3-54}$$

2. 无自衡能力的双容过程

一个有自衡能力的单容过程和一个无自衡能力的单容过程的串联，即无自衡能力的双容过程，如图 3-12 所示。

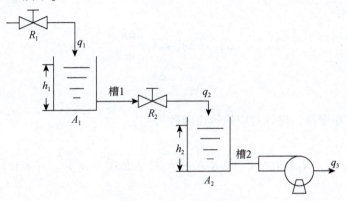

图 3-12　无自衡能力的双容过程

利用前面的知识，有

$$G_{o1}(s) = \frac{\Delta Q_2(s)}{\Delta Q_1(s)} = \frac{1}{A_1 R_2 s + 1}, \quad G_{o2}(s) = \frac{\Delta H_2(s)}{\Delta Q_2(s)} = \frac{1}{A_2 s} \tag{3-55}$$

则得到

$$G_o(s) = \frac{\Delta H_2(s)}{\Delta Q_1(s)} = \frac{1}{A_1 R_2 s + 1} \frac{1}{A_2 s} = \frac{1}{T_1 s + 1} \frac{1}{T_2 s} \tag{3-56}$$

在有纯延时的情况下为

$$G_o(s) = \frac{1}{T_1 s + 1} \frac{1}{T_2 s} e^{-\tau_0 s} \tag{3-57}$$

3. 相互作用的双容过程

相互作用的双容过程如图 3-13 所示。

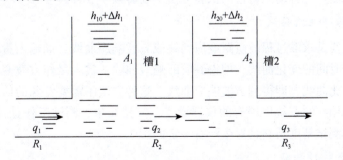

图 3-13　相互作用的双容过程

要求建立输入变量 q_1、输出变量 q_3 的双容过程的传递函数，平衡时：

$$h_{10} = h_{20}, \quad q_1 = q_2 = q_3 \tag{3-58}$$

当输入出现扰动后，对于槽1，有

$$\Delta q_1 - \Delta q_2 = A_1 \frac{d\Delta h_1}{dt} \tag{3-59}$$

$$\Delta q_2 = \frac{\Delta h_1 - \Delta h_2}{R_2} \tag{3-60}$$

对于槽2，有

$$\Delta q_2 - \Delta q_3 = A_2 \frac{d\Delta h_2}{dt} \tag{3-61}$$

$$\Delta q_3 = \frac{\Delta h_2}{R_3} \tag{3-62}$$

通过拉普拉斯变换，得到对应的传递函数为

$$G_o(s) = \frac{\Delta Q_3(s)}{\Delta Q_1(s)} = \frac{1}{R_2 A_1 R_3 A_2 s^2 + (R_2 A_1 + R_3 A_2 + R_3 A_1)s + 1} = \frac{1}{(T_1 s + 1)(T_2 s + 1)} \tag{3-63}$$

若以 Δh_2 为被控参数，则有

$$\frac{\Delta H_2(s)}{\Delta Q_1(s)} = \frac{R_2}{(T_1 s + 1)(T_2 s + 1)} \tag{3-64}$$

3.4　试验建模法

▶▶▶3.4.1　试验建模法的分类 ▶▶▶

以上我们讨论的过程都比较简单，而实际生产中的过程大多为复杂过程，这些过程用数学推导的方法求其数学模型比较困难。由于在推导和估算过程中常用一些假设和近似，而且一般也不会很准确，所以在工程上常用试验法测定其动态特性。应当指出，用试验测定的方法会对生产产生微小的影响。

目前，用来测定过程动态特性的试验方法主要有以下3种。

1. 测定动态特性的时域方法

这种方法主要是求取过程的阶跃响应曲线或方波响应曲线，如输入量作阶跃变化，测出过程输出量随时间的变化曲线，即得到阶跃响应曲线；输入量作方波变化，测出过程输出量随时间的变化曲线，即得到方波响应曲线。这种方法不需要特殊的信号发生器，在很多情况下可以利用控制系统中原有的仪器设备，方法简单，测试工作量较小，应用甚广。此方法的缺点是测试精度不高且对生产有一定的影响。

2. 测定动态特性的频域方法

在过程中输入一种正弦波或近似正弦波，测出输入量与输出量的幅值比和相位差，于是就获得了这个过程的频率特性。这种方法在原理和数据处理上都是比较简单的。由于输

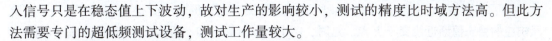

入信号只是在稳态值上下波动，故对生产的影响较小，测试的精度比时域方法高。但此方法需要专门的超低频测试设备，测试工作量较大。

3. 测定动态特性的统计研究方法

在过程输入端加上某种随机信号或直接利用过程输入端本身存在的随机噪声，观察和记录它们所引起的过程各参数的变化，从而研究过程的动态特性。这种方法称为统计研究方法，所用的随机信号有白色噪声、随机开关信号等。由于随机信号是在稳态值上下波动，或者无须加上人为扰动，故此方法对生产的影响很小，试验结构不受干扰影响，精度高。但此方法要求积累大量数据，并用相关仪表和计算机对这些数据进行计算和处理。

试验建模法是通过对过程加一人为扰动后，求取不同的响应曲线，然后通过数据处理得到其数学模型的方法。

▶▶▶ 3.4.2　时域法建模 ▶▶▶

时域法建模分为阶跃响应曲线法和矩形脉冲响应曲线法，下面主要对阶跃响应曲线法进行简单介绍。该方法是在被控对象上人为地加入非周期信号后，测定被控对象的响应曲线，然后根据曲线的特征参数，求出被控对象的传递函数。为了得到可靠的测试结果，应注意以下事项。

（1）合理选择阶跃信号的幅度，既不能太大，以免影响正常生产，也不能过小，以防止被控过程的不真实性。通常取阶跃信号值为正常输入信号的 $5\% \sim 15\%$，以不影响生产为准。

（2）试验应在相同的测试条件下重复几次，须获得两次以上的比较接近的响应曲线，从而减少干扰的影响。

（3）试验应在阶跃信号作正、反方向变化时分别测出其响应曲线，以检验被控过程的非线性程度。

（4）在试验前，即在输入阶跃信号前，被控过程必须处于稳定的工作状态。在一次试验完成后，必须使被控过程稳定一段时间再施加测试信号进行第二次试验。

（5）试验结束后，应对获得的测试数据进行处理，剔除其中明显不合理的数据。

现假设已经测得控制过程的阶跃响应如图 3-14 所示 S 形的单调曲线，下面分 3 种情况对其进行拟合，并求出相应的特征参数值。

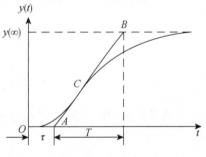

图 3-14　用作图法确定参数 T 和 τ

1. 用切线法确定一阶惯性加纯滞后环节的特征参数

对于式（3-3）来讲，其特征参数有 3 个：K、T、τ。其中，K 为过程的静态放大系数（也称增益），T 为时间常数，τ 为纯滞后时间。

设阶跃信号的输入幅值为 Δu，阶跃响应的初始值和稳态值分别为 $y(0)$ 和 $y(\infty)$，则 K 值可用下式求取：

$$K = \frac{y(\infty) - y(0)}{\Delta u} \tag{3-65}$$

为了求得 T 和 τ 的值，如图 3-14 所示，在拐点 C 处作切线，它与时间轴交于 A 点，与阶跃响应的稳态值渐近线交于 B 点。这时，图中所标出的 T 和 τ 即式(3-3)中的 T 和 τ 的值。

显然，这种切线法的拟合度较差。一方面，与式(3-3)所对应的阶跃响应是一条向后平移了 τ 时刻的指数曲线，它不可能准确地拟合一条 S 形曲线；另一方面，在作图过程中，切线的画法也有较大的随意性，这直接关系到 T 和 τ 的取值。然而，曲线法十分简单，直观明了，而且实践表明它可以成功地应用于 PID 控制器参数的整定，故应用得也较广泛。

2. 用两点法确定一阶惯性加纯滞后环节的特征参数

针对切线法不够准确的缺点，现利用阶跃响应曲线上的两点来计算出 T 和 τ 的值，而 K 值的计算仍按式(3-65)完成。

为了便于处理，首先将 $y(t)$ 转换成无量纲形式 $y^*(t)$，即

$$y^*(t) = \frac{y(t)}{y(\infty)} \tag{3-66}$$

这样，与式(3-3)相对应的阶跃响应的无量纲形式为

$$y^*(t) = \begin{cases} 0 & (t < \tau) \\ 1 - e^{-\frac{t}{T}} & (t \geq \tau) \end{cases} \tag{3-67}$$

为了求出式(3-67)中的两个参数 T 和 τ，需要建立两个方程联立求解。为此，需选择两个时刻 t_1 和 t_2，并且 $t_2 > t_1 \geq \tau$。现从测试结果中读出 $y^*(t_1)$ 和 $y^*(t_2)$，列出如下方程组：

$$\begin{cases} y^*(t_1) = 1 - e^{-\frac{t_1 \tau}{T}} \\ y^*(t_2) = 1 - e^{-\frac{t_2 \tau}{T}} \end{cases} \tag{3-68}$$

由上述方程组可以解出 T 和 τ 的值：

$$T = \frac{t_2 - t_1}{\ln[1 - y^*(t_1)] - \ln[1 - y^*(t_2)]} \tag{3-69}$$

$$\tau = \frac{t_2 \ln[1 - y^*(t_1)] - t_1 \ln[1 - y^*(t_2)]}{\ln[1 - y^*(t_1)] - \ln[1 - y^*(t_2)]} \tag{3-70}$$

为了计算方便，现取 $y^*(t_1) = 0.39$，$y^*(t_2) = 0.63$，则可得

$$T = 2(t_2 - t_1) \tag{3-71}$$

$$\tau = 2t_1 - t_2 \tag{3-72}$$

由此计算出的 T 和 τ 正确与否，需另取两个时刻进行如下校验：

当 $t_3 = 0.8T + \tau$ 时，有

$$y^*(t_3) = 0.55 \tag{3-73}$$

当 $t_4 = 2T + \tau$ 时，有

$$y^*(t_4) = 0.87 \tag{3-74}$$

为了克服两点选择过程中带来的误差，一般要对所得到的结果进行仿真验证，并与试验曲线相比较。

3. 用两点法确定二阶惯性加纯滞后环节的特征参数

对于图 3-14 所示的 S 形曲线，也可以用式(3-4)去拟合。由于它包含两个一阶惯性环节，所以可以期望拟合得更好。

式(3-4)中增益 K 的计算仍按式(3-65)完成。纯滞后时间 τ 可以根据阶跃响应曲线从起点开始，到出现变化的时刻为止的这段时间来确定，如图 3-15 所示。然后去除纯滞后部分，并将其转换为无量纲形式的阶跃响应 $y^*(t)$。

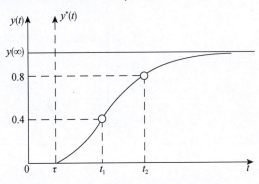

图 3-15 用作图法确定参数 T_1 和 T_2

这样，$y^*(t)$ 对应的传递函数为

$$W(s) = \frac{1}{(T_1 s + 1)(T_2 s + 1)} \quad (T_1 \geqslant T_2) \tag{3-75}$$

与式(3-75)对应的阶跃响应为

$$y^*(t) = 1 - \frac{T_1}{T_1 - T_2} e^{-\frac{t}{T_1}} - \frac{T_2}{T_2 - T_1} e^{-\frac{t}{T_2}} \tag{3-76}$$

或

$$1 - y^*(t) = \frac{T_1}{T_1 - T_2} e^{-\frac{t}{T_1}} - \frac{T_2}{T_1 - T_2} e^{-\frac{t}{T_2}} \tag{3-77}$$

根据式(3-77)，在图 3-15 所示的阶跃响应曲线上取两个数据点 $[t_1, y^*(t_1)]$ 和 $[t_2, y^*(t_2)]$，分别代入式(3-76)或式(3-77)进行联立求解，确定出参数 T_1 和 T_2。

为了使计算简单，不妨取 $y^*(t_1) = 0.4$、$y^*(t_2) = 0.8$，然后从曲线上定出 t_1 和 t_2，如图 3-15 所示，就可得到如下方程组：

$$\begin{cases} \dfrac{T_1}{T_1 - T_2} e^{-\frac{t_1}{T_1}} - \dfrac{T_2}{T_1 - T_2} e^{-\frac{t_1}{T_2}} = 0.6 \\[3mm] \dfrac{T_1}{T_1 - T_2} e^{-\frac{t_2}{T_1}} - \dfrac{T_2}{T_1 - T_2} e^{-\frac{t_2}{T_2}} = 0.2 \end{cases} \tag{3-78}$$

求得式(3-77)的近似解为

$$T_1 + T_2 \approx \frac{1}{2.16}(t_1 + t_2) \tag{3-79}$$

$$\frac{T_1 T_2}{(T_1 + T_2)^2} \approx 1.74 \frac{t_1}{t_2} - 0.55 \tag{3-80}$$

可见，从图 3-15 中查得 t_1 和 t_2 后，代入上面两式就能求得参数 T_1 和 T_2。

【例 3-5】 确定一阶惯性加纯滞后环节的特征参数。

为了测定某物料干燥器的对象特性，在 t_0 时刻突然将蒸汽流量从 25 m³/h 增加到 28 m³/h，物料出口温度记录仪得到的阶跃响应曲线，即物料干燥器蒸汽流量阶跃响应曲线，如图 3-16 所示。

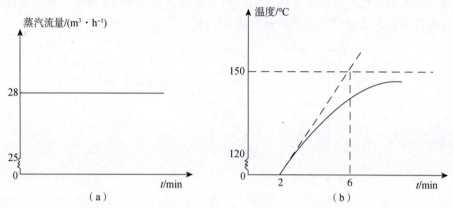

图 3-16　物料干燥器蒸汽流量阶跃响应曲线
(a)蒸汽流量变化；(b)温度变化

试写出描述物料干燥器特性的微分方程(温度变化量作为输出变量，蒸汽流量的变化量作为输入变量)；温度测量仪表的测量范围为 0~200 ℃；流量测量仪表的测量范围为 0~40 m³/h。

由图 3-16 所示的阶跃响应曲线可知：

系统的静态放大系数为

$$K = \frac{\dfrac{150 - 120}{200}}{\dfrac{28 - 25}{40}} = 2 \tag{3-81}$$

时间常数为

$$T = 4 \tag{3-82}$$

纯滞后时间为

$$\tau = 2 \tag{3-83}$$

阶跃响应曲线法是一种应用比较广泛的方法。但是，对于有些不允许长时间偏离正常操作条件的被控过程，可以采用矩形脉冲响应曲线法。另外，当阶跃信号的幅值受生产条件限制而影响过程的模型精度时，就要改用矩形脉冲信号作为过程的输入信号，其响应曲线即矩形脉冲响应曲线。有关这部分的详细介绍可以参阅有关文献。

►►► 3.4.3　频域法建模 ►►► ►

在上面时域法建模的基础上，继续介绍频域法建模。这时，被控对象的动态特性采用频域方法来描述，它与传递函数及微分方程一样，也表征了系统的运动规律：

$$G(j\omega) = \frac{y(j\omega)}{u(j\omega)} = |G(j\omega)| \angle G(j\omega) \tag{3-84}$$

上式可以通过频率特性测试的方法来得到，在所研究对象的输入端加入某个频率的正弦波信号，同时记录输入和输出的稳定波形，在所选定的各个频率点重复上述测试，便可测得该被控对象的频率特性。

利用正弦波的输入信号测定对象频率特性的优点在于，能直接从记录曲线上求得频率特性，并且由于是正弦的输入、输出信号，因此容易在试验过程中发现干扰的存在和影响。稳态正弦激励试验利用线性系统具有的频率保持特性，即在单一频率强迫振动时系统的输出也是单一频率，并且把系统的噪声干扰及非线性因素引起输出畸变的谐波分量都看作干扰。因此，测量装置应能滤出与激励频率一致的有用信号，并显示其响应幅值和相对于激励信号的相移，以便画出在该测量点处系统响应的奈氏图。

在频率特性测试中，幅频特性较易测得，而相移信息的精确测量比较困难。这是由于通用的精确相位计要求被测波形失真小，而在实际测试中，测试对象的输出常伴有大量的噪声，有时甚至把有用信号都淹没了。这就要求采取有效的滤波手段，在噪声背景下提取有用信号。例如，国产的 BT-6 型频率特性测试仪就是按相关原理设计的，能起到较好的滤波效果。其基本原理：输入的激励信号经波形变换后可得到幅值恒定的正、余弦参考信号，然后把参考信号与被测信号进行相关处理（即相乘和平均），所得常值（直流）部分保存了被测信号同频分量（基波）的幅值和相移信息。频率特性的相关测试原理图如图 3-17 所示，图中 A 为被测对象响应 $G(\mathrm{j}\omega)$ 的同相分量；B 为被测对象响应 $G(\mathrm{j}\omega)$ 的正交分量；R 为输出的基波幅值；θ 为对象输入与输出的相位差；$\lg R$ 为输出的基波幅值的对数值。

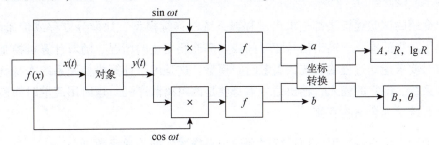

图 3-17　频率特性的相关测试原理图

其相关测试原理的数学表达式如下：
$$x(t) = R_1 \sin \omega t, \quad y(t) = R_2 \sin(\omega t + \theta) \tag{3-85}$$
式中，R_1、R_2 分别为对象输入、输出信号的幅值；θ 为对象输入与输出的相位差。

考虑到系统存在干扰的情况：
$$y(t) = R_2 \sin(\omega t + \theta) = \frac{a_0}{2} + \sum_{k=1}^{\infty}(a_k \sin k\omega t + b_k \cos k\omega t) + n(t) \tag{3-86}$$
式中，$n(t)$ 为随机噪声。

现将该输出信号 $y(t)$ 分别与 $\sin \omega t$ 及 $\cos \omega t$ 进行相关运算，有
$$\frac{2}{NT}\int_0^{NT} y(t) \sin \omega t \mathrm{d}t = \frac{2}{NT}\int_0^{NT} \frac{a_0}{2}\sin \omega t \mathrm{d}t + \frac{2}{NT}\int_0^{NT}\sum_{k=1}^{\infty} a_k \sin k\omega t \sin \omega t \mathrm{d}t +$$
$$\frac{2}{NT}\int_0^{NT}\sum_{k=1}^{\infty} b_k \cos k\omega t \sin \omega t \mathrm{d}t + \frac{2}{NT}\int_0^{NT} n(t) \sin \omega t \mathrm{d}t \tag{3-87}$$
$$= a_1 + \frac{2}{NT}\int_0^{NT} n(t) \sin \omega t \mathrm{d}t \approx a_1$$

式中，假定

$$\frac{2}{NT}\int_0^{NT} n(t)\sin \omega t\mathrm{d}t = 0 \tag{3-88}$$

同理可得

$$\frac{2}{NT}\int_0^{NT} y(t)\cos \omega t\mathrm{d}t = b_1 + \frac{2}{NT}\int_0^{NT} n(t)\cos \omega t\mathrm{d}t \approx b_1 \tag{3-89}$$

式中，a_1 为系统输出一次谐波的同相分量；b_1 为系统输出一次谐波的正交分量；T 为周期；N 为正整数。

设被测对象响应 $G(\mathrm{j}\omega)$ 的同相分量为 A，正交分量为 B，则

$$A = \frac{a_1}{R_1}, \quad B = \frac{b_1}{R_1} \tag{3-90}$$

由于一般工业控制对象的惯性都比较大，所以测定对象的频率特性需要持续很长的时间。而在测试时，将有较长的时间使生产过程偏离正常运行状态，这在实际现场往往是不允许的，故采用频率特性的方法在线求取对象的动态数学模型将受到一定限制。当然，该方法的优点是简单、测试方便且具有一定的精度。

▶▶▶ 3.4.4　最小二乘法 ▶▶ ▶

以上介绍的试验建模法都是求出过程或系统的连续模型，如微分方程或传递函数等，它们描述了过程的输入、输出信号随时间或频率连续变化的情况。随着计算机控制技术的发展，有时要求建立过程或系统的离散时间模型，这是由于计算机控制系统本身就是一个离散时间系统，即它的输入、输出信号本身就是两组离散序列，这时用离散时间模型来描述过程或系统更为合适与直接。

对于连续系统来说，可以用连续时间模型来描述，如传递函数 $W(s) = \dfrac{Y(s)}{U(s)}$；也可以用离散时间模型来描述，如脉冲传递函数 $W(z) = \dfrac{Y(z)}{U(z)}$ 或差分方程。如果对过程的输入信号 $u(t)$、输出信号 $y(t)$ 进行采样（采样周期为 T），则可得到一组输入序列和一组输出序列，即 $u(k)$ 与 $y(k)$。现用差分方程表示为

$$a_0 y(k) + a_1 y(k-1) + \cdots + a_n y(k-n) = b_0 u(k) + b_1 u(k-1) + \cdots + b_n u(k-n)$$

式中，k 为采样次数；$u(k)$ 为过程输入序列；$y(k)$ 为过程输出序列；a_0，a_1，$\cdots$，a_n 及 b_0，b_1，$\cdots$，b_n 为常系数；n 为模型阶次。

如果用 $W(z)$ 表示，则再对这两组序列进行 z 变换，其比值就是脉冲传递函数：

$$W(z) = \frac{Y(z)}{U(z)} = \frac{b_0 + b_1 z^{-1} + \cdots + b_n z^{-n}}{1 + a_1 z^{-1} + \cdots + a_n z^{-n}} \tag{3-91}$$

因此，对于一个实际过程或系统来讲，既可以建立连续模型，也可以建立离散时间模型。从使用模型来看，有时需要连续模型，有时需要离散时间模型。下面介绍的最小二乘法就是一种简单而实用的过程离散时间模型的建模方法，它根据过程的输入、输出试验数据来推算出结构模型中的参数值。

可见，过程建模或系统建模（辨识）的任务如下：一是确定模型的结构（如阶次）；二是确定模型结构中的参数值（也称参数估计，如纯滞后时间和各种系数等）。

最小二乘法的基本出发点是在获得过程或系统的输入、输出数据后，希望求得最佳的参数值，以使系统方程在最小方差意义上与输入、输出数据相拟合，采用实际观测值代替模型的输出。因此，对于一个单输入、单输出的线性 n 阶定常过程或系统，当模型的输出即过程或系统的输出受噪声污染，而其输入不受噪声污染时，可用如下差分方程表示：

$$y(k) + a_1 y(k-1) + a_2 y(k-2) + \cdots + a_n y(k-n)$$
$$= b_1 u(k-1) + b_2 y(k-2) + \cdots + b_n u(k-n) + e(k)$$

参数估计就是在已知输入序列 $u(k)$ 和输出序列 $y(k)$ 的情况下，求取上述方程中的参数 a_1，a_2，$\cdots$，a_n 与 b_1，b_2，$\cdots$，b_n 的具体数值。

若对过程的输入和输出观察了 $n+N$ 次，则可得到输入、输出序列为

$$\{u(k), \ y(k), \ k = 1, \ 2, \ \cdots, \ N+n\}$$

为了估计上述 $2n$ 个未知数，需要构造出如下 N 个观察方程：

$$y(n+1) = -a_1 y(n) - \cdots - a_n y(1) + b_1 u(n) + \cdots + b_n u(1) + e(n+1)$$
$$y(n+2) = -a_1 y(n+1) - \cdots - a_n y(2) + b_1 u(n+1) + \cdots + b_n u(2) + e(n+2)$$
$$\vdots$$
$$y(n+N) = -a_1 y(n+N-1) - \cdots - a_n y(N) + b_1 u(n+N-1) + \cdots + b_n u(N) + e(n+N)$$

式中，$N \geqslant 2n+1$。

将此观察方程组用矩阵形式表示为

$$\boldsymbol{Y}(N) = \boldsymbol{X}(N)\boldsymbol{\theta}(N) + \boldsymbol{e}(N) \tag{3-92}$$

或

$$\boldsymbol{Y} = \boldsymbol{X}\boldsymbol{\theta} + \boldsymbol{e} \tag{3-93}$$

式中，$\boldsymbol{Y}(N)$ 为输出向量；$\boldsymbol{X}(N)$ 为输入向量；$\boldsymbol{\theta}(N)$ 为所要求解的参数向量；$\boldsymbol{e}(N)$ 为模型残差向量。这些向量的具体内容如下：

$$\boldsymbol{Y}(N) = \begin{bmatrix} y(n+1) \\ y(n+2) \\ \vdots \\ y(n+N) \end{bmatrix}$$

$$\boldsymbol{X}(N) = \begin{bmatrix} u^{\mathrm{T}}(n+1) \\ u^{\mathrm{T}}(n+2) \\ \vdots \\ u^{\mathrm{T}}(n+N) \end{bmatrix}$$

$$= \begin{bmatrix} -y(n) & -y(n-1) & \cdots & -y(1) & u(n) & u(n-1) & \cdots & u(1) \\ -y(n+1) & -y(n) & \cdots & -y(2) & u(n+1) & u(n) & \cdots & u(2) \\ \vdots & \vdots & \vdots & \vdots & \vdots & \vdots & & \vdots \\ -y(n+N-1) & -y(n+N-2) & \cdots & -y(N) & u(n+N-1) & u(n+N-2) & \cdots & u(N) \end{bmatrix}$$

$$\boldsymbol{\theta}(N) = \begin{bmatrix} a_1 \\ \vdots \\ a_n \\ b_1 \\ \vdots \\ b_n \end{bmatrix}, \ e(N) = \begin{bmatrix} e(n+1) \\ e(n+2) \\ \vdots \\ e(n+N) \end{bmatrix} \tag{3-94}$$

上式就是 $n+N$ 个数据的最小二乘估计公式。可见，最小二乘参数估计的基本原理就是从式(3-92)所示的一类模型中找出一个匹配模型，并且过程参数向量 $\boldsymbol{\theta}$ 的估计值 $\hat{\boldsymbol{\theta}}$ 能使模型的误差尽可能地小，也就是要求估计出来的参数使观察方程组的残差(误差)平方和最小，即损失函数最小。损失函数表达式如下：

$$J = \sum_{k=n+1}^{n+N} e^2(k) = \boldsymbol{e}^{\mathrm{T}} \boldsymbol{e} = \mathrm{Min} \tag{3-95}$$

由式(3-93)得 $\boldsymbol{e} = \boldsymbol{Y} - x\boldsymbol{\theta}$，代入式(3-95)可得

$$J = (\boldsymbol{Y} - \boldsymbol{X}\boldsymbol{\theta})^{\mathrm{T}} (\boldsymbol{Y} - \boldsymbol{X}\boldsymbol{\theta}) = \mathrm{Min} \tag{3-96}$$

为了求得模型中的未知数，必须求解如下方程组：

$$\frac{\partial \boldsymbol{J}}{\partial a_i} = 0, \ \frac{\partial \boldsymbol{J}}{\partial b_i} = 0$$

式中，$i = 1, 2, \cdots, n$。

如果对式(3-96)求导，并令 $\left. \dfrac{\partial \boldsymbol{J}}{\partial \boldsymbol{\theta}} \right|_{\boldsymbol{\theta} = \hat{\boldsymbol{\theta}}} = 0$，可得

$$\frac{\partial \boldsymbol{J}}{\partial \boldsymbol{\theta}} = \frac{\partial}{\partial \hat{\boldsymbol{\theta}}} [(\boldsymbol{Y} - \boldsymbol{X}\hat{\boldsymbol{\theta}})^{\mathrm{T}} (\boldsymbol{Y} - \boldsymbol{X}\hat{\boldsymbol{\theta}})] = -2\boldsymbol{X}^{\mathrm{T}} (\boldsymbol{Y} - \boldsymbol{X}\hat{\boldsymbol{\theta}}) = 0$$

$$\boldsymbol{X}^{\mathrm{T}} \boldsymbol{X} \hat{\boldsymbol{\theta}} = \boldsymbol{X}^{\mathrm{T}} \boldsymbol{Y}$$

因此，最小二乘估计值 $\hat{\boldsymbol{\theta}}$ 为

$$\hat{\boldsymbol{\theta}} = (\boldsymbol{X}^{\mathrm{T}} \boldsymbol{X})^{-1} \boldsymbol{X}^{\mathrm{T}} \boldsymbol{Y}$$

通常认为 $\boldsymbol{X}^{\mathrm{T}} \boldsymbol{X}$ 为非奇异矩阵，有逆矩阵存在，所以就可以利用上式求得估计值 $\hat{\boldsymbol{\theta}}$。

以上介绍的最小二乘法是在测取一批数据后再进行计算的。如果新增加一组采样数据，则需将新数据附加到原数据上再重新计算一遍，因此工作量大，不适合在线辨识。为了解决这个问题，可以采用递推算法。当增加一组新的采样数据后，只要把原来的参数估计值 $\hat{\boldsymbol{\theta}}$ 加以修正，就能得到新的参数估计值，这样就适用于在线辨识。

另外，上面介绍的最小二乘参数估计是假设模型阶次 n 已知，并且没有纯滞后时间($\tau = 0$)的情况。事实上，模型的阶次很难预先准确知道，而实际工业生产过程的纯滞后时间也不一定为0，所以对此也必须加以辨识。由于篇幅所限，因此有关这方面的估计可参阅有关文献。

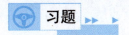 **习题**

3-1 常见工业过程的特性有哪几种？常见的模型都有哪些？

3-2 已知某换热器的被控变量为出口温度 T，控制变量是蒸汽流量 q。当蒸汽流量作阶跃变化时，其出口温度的响应曲线如图 3-18 所示。试用计算法求其数学模型。

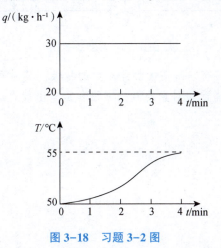

图 3-18 习题 3-2 图

3-3 为什么要建立被控对象的数学模型？稳态数学模型和动态数学模型有什么不同？

3-4 如图 3-19 所示的液位过程的流入量为 q_1，流出量为 q_2、q_3，液位 h 为被控参数，A 为储槽的横截面积，并设 R_1、R_2 和 R_3 均为线性液阻。

(1) 列出该过程的微分方程组。

(2) 画出该过程的方框图。

(3) 求出该过程的传递函数 $\dfrac{H(s)}{Q_1(s)}$。

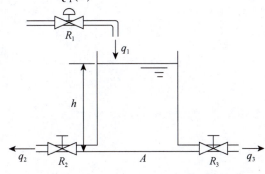

图 3-19 习题 3-4 图

3-5 如图 3-20 为两个串联在一起的液体储罐，来水首先进入储罐 1，然后通过储罐 2 流出。

(1) 求出传递函数 $\dfrac{H_2(s)}{Q_i(s)}$。

(2) 画出串联液体储罐的方框图。

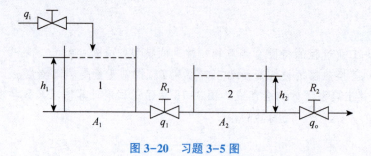

图 3-20　习题 3-5 图

3-6　已知一个对象具有一阶惯性加纯滞后的特性，其时间常数为 5，放大系数为 10，纯滞后时间为 2。试写出描述该对象的微分方程和传递函数表达式。

第4章
简单控制系统设计

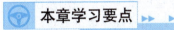

本章学习要点

本章主要介绍简单控制系统的设计与控制器参数的整定方法。学完本章后，应能达到如下要求。

(1) 了解简单控制系统的设计任务及开发步骤。

(2) 掌握控制目标、控制参数的选取原则。

(3) 掌握控制系统设计的硬件选取方法。

(4) 了解控制规律对控制质量的影响，熟悉控制规律和控制器作用方式的选择方法。

(5) 熟悉执行器的选择方法。

(6) 掌握控制器参数的整定方法与试验技能，重点掌握控制器参数的整定方法。

4.1 控制系统的设计任务及步骤

由于实际的生产过程是多种多样的(如电力、机械、石油、化工、轻工、冶金、水利等)，不同的生产过程又具有不同的工艺参数(如液位、温度、压力、流量、湿度、成分等)，因此控制系统的设计方案也会多种多样。控制系统的设计作为工程设计的一个重要环节，设计的正确与否，直接影响到工程能否投入正常运行。只有正确运用控制理论，合理选用自动化技术工具，才能设计出技术先进、经济合理、符合生产要求的控制系统。

控制过程是由生产工艺的要求所决定的，一经确定就不能随意改变。控制系统设计的主要任务就在于如何确定合理的控制方案、选择正确的参数检测方法与检测仪表及过程控制仪表的选型和控制器参数的整定等。其中，控制方案的确定、仪表的选型、控制器参数的整定是控制系统设计的重要内容。

控制系统开发设计的主要步骤如下。

1. 熟悉控制系统的技术要求或性能指标

控制系统的技术要求或性能指标通常是由用户或被控过程的设计制造单位提出的。控制系统设计者对此必须全面了解和掌握，这是系统的控制方案设计的主要依据之一。控制系统的技术要求或性能指标必须切合实际，否则就很难制订出切实可行的控制方案。

2. 建立控制系统的数学模型

控制系统的数学模型是控制系统理论分析和设计的基础。只有用符合实际的数学模型来描述系统(尤其是被控过程)，系统的理论分析和设计才能深入进行。因此，建立数学模型的工作就显得十分重要，必须给予其足够的重视。从某种意义上讲，系统控制方案是否合理在很大程度上取决于系统数学模型的精度高低。模型的精度越高、越符合被控过程的实际，方案设计就越合理；反之亦然。

3. 确定系统的控制方案

确定系统的控制方案包括确定系统的构成、控制方式和控制规律，这是控制系统设计的关键。控制方案的确定不仅要依据被控过程的特性、技术指标和控制任务的要求，还要考虑方案的简单性、经济性及技术实施的可行性等，并进行反复研究与比较，这样才能制订出比较合理的控制方案。

4. 根据系统的动态和静态特性进行分析与综合

在确定了系统控制方案的基础上，根据要求的技术指标和系统的动、静态特性进行分析与综合，以确定各组成环节的有关参数。系统理论分析与综合的方法有很多，如经典控制理论中的频率特性法和根轨迹法，现代控制理论中的优化设计法等，而计算机仿真或试验研究为系统的理论分析与综合提供了更加方便快捷的手段，应尽可能采用。

5. 系统仿真与试验研究

系统仿真与试验研究是检验系统理论分析与综合正确与否的重要步骤。许多在理论设计中难以考虑或考虑不周的问题，可以通过仿真与试验研究加以解决，以便最终确定系统的控制方案和各环节的有关参数。MATLAB 是进行系统仿真的有效工具之一，应尽可能地加以熟练应用。

6. 工程设计

工程设计是在合理设计控制方案、各环节的有关参数已经确定的基础上进行的。它涉及的主要内容包括测量方式与测量点的确定、仪器仪表的选型与定购、控制室及仪表盘的设计、仪表供电与供气系统的设计、信号连锁与安全保护系统的设计、电缆的敷设及保证系统正常运行的有关软件的设计等。在此基础上，绘制出具体的施工图。

7. 工程安装

工程安装是依据施工图对控制系统的具体实施。系统安装前、后，均要对每个检测和控制仪表进行调校，以及对整个控制回路进行联调，以确保系统能够正常运行。

8. 控制器参数的整定

控制器参数的整定是在系统的控制方案设计合理、仪器仪表工作正常、系统安装正确无误的前提下，使系统运行在最佳状态的重要步骤，也是系统设计的重要内容之一。

一个简单控制系统开发设计的全过程如图 4-1 所示。

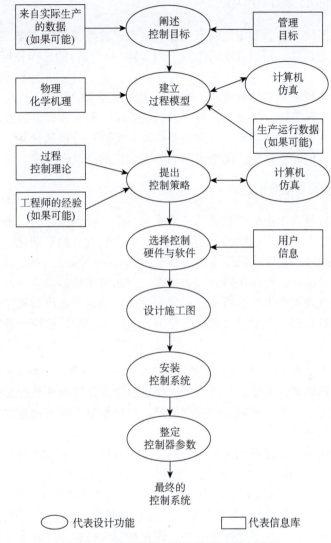

图 4-1　简单控制系统开发设计的全过程

简单控制系统开发设计中还需要注意的有关问题如下。

(1) 认真熟悉过程特性。

(2) 明确各生产环节之间的约束关系。

(3) 重视对测量信号的预处理。

(4) 采取安全保护措施，必要时还需设计多层次、多级别的安全保护系统。

综上所述，控制系统的设计是一件细致而又复杂的工作，尤其是从工程角度考虑，需要注意的问题更是多方面的。对具体的控制系统设计者而言，只有通过认真调查研究，熟悉各个生产工艺过程，具体问题具体分析，才能获得预期的效果。

4.2 控制方案的确定

对于简单控制系统，控制方案的确定主要包括系统被控参数的选择、测量信息的获取及变送、控制参数的选择、控制规律的选取、调节阀（执行器）的选择和控制器正、反作用的确定等内容。

在工程实际中，控制方案的确定是一项涉及多方面因素的复杂工作。它既要考虑到生产工艺过程控制的实际需要，又要满足技术指标的要求，同时要顾及客观环境及经济条件的约束。一个好的控制方案的确定，一方面要依赖有关理论分析和计算，另一方面要借鉴许多实际工程经验。因此，这里只能给出控制方案确定的一般性原则。

►►► 4.2.1 控制目标的确定 ►►► ►

控制系统的设计是为工业生产服务的，因此它与生产流程设计、设备选型及设备调试等有密切关系。现代工业生产过程的类型有很多，生产装置日趋复杂化、大型化，这就需要更复杂、更可靠的控制装置来保证生产过程的正常运行。因此，对于具体系统，设计人员必须熟悉生产工艺流程、操作条件、设备性能、产品质量指标等，并与生产人员一起研究各操作单元的特点及整个生产装置工艺流程的特性，确保产品质量和生产安全的关键参数。根据系统控制目标和生产要求，系统变量被分为输入变量、被控变量等。

1. 输入变量

工业过程的输入变量有两类：控制（或操作）变量和扰动变量。在生产过程中，干扰是客观存在的，它是影响系统平稳运行的因素，而控制变量是克服干扰的影响，使控制系统重新稳定运行的因素。因此，正确选择控制变量，可使控制系统有效克服干扰的影响，以保证生产过程平稳运行。

控制变量是可由操作者或控制机构调节的变量，选择的基本原则如下。

（1）选择对所选定的被控变量影响较大的输入变量作为控制变量。

（2）选择变化范围较大的输入变量作为控制变量，以便易于控制。

（3）选择对被控变量作用效应较快的输入变量作为控制变量，使控制的动态响应较快。

（4）在复杂系统中，存在多个控制回路，即存在多个控制变量和多个被控变量，所选择的控制变量应直接影响对应的被控变量，而对其他输出变量的影响应该尽可能小，以便使不同控制回路之间的关联性比较弱。

2. 被控变量

根据工艺要求选择被控变量是控制系统设计的重要内容。被控变量的选择对于稳定生产、提高产品的产量和质量、安全生产、改善劳动条件、保护环境及生产过程的经济运行等具有决定性意义。如果被控变量选择不当，则很难达到预期的控制效果。因此，应该从生产过程对控制系统的要求出发，深入分析工艺过程，合理选择被控变量。

选择被控变量的基本原则如下。

（1）选择对控制目标起重要影响的输出变量作为被控变量。

（2）选择可直接控制目标质量的输出变量作为被控变量。

（3）选择与控制变量之间的传递函数比较简单、动态特性和静态特性较好的输出变量作为被控变量。

（4）被控变量应能测量且具有较大灵敏度。

（5）当无法获得直接控制指标信号，或者其测量或传送滞后很大时，可选择与直接控制指标有单值函数对应关系的变量作为间接被控变量。

▶▶▶ 4.2.2 控制参数的选取 ▶▶▶ ▶

控制目标及被控变量和控制变量确定之后，就可以根据需求设计控制方案。控制方案应该包括控制结构和控制规律。控制方案的选取是控制系统设计中重要的部分，它决定了整个控制系统中信息所经过的运算处理，也就决定了控制系统的基本结构和基本组成，所以对控制质量起决定性的影响。以单回路闭环控制系统为例进行分析，其方框图如图4-2所示。

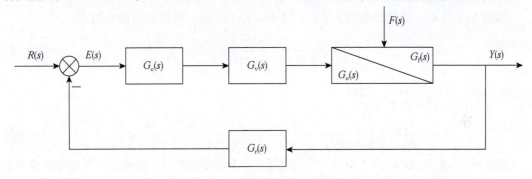

$G_c(s)$ —控制器传递函数；$G_v(s)$ —执行器传递函数；$G_o(s)$ —控制过程传递函数；
$G_f(s)$ —扰动输入传递函数；$G_r(s)$ —反馈通道传递函数。

图4-2 单回路闭环控制系统的方框图

1. 扰动输入对控制系统的影响

扰动输入与系统输出之间的传递函数为

$$\frac{Y(s)}{F(s)} = \frac{G_f(s)}{1 + G_c(s) G_v(s) G_o(s) G_r(s)} \tag{4-1}$$

如果 $G_f(s)$ 是一单容过程，则其传递函数为

$$G_f(s) = \frac{K_f}{T_f s + 1} \tag{4-2}$$

将式（4-2）代入式（4-1）可得

$$\frac{Y(s)}{F(s)} = \frac{1}{1 + G_c(s) G_v(s) G_o(s) G_r(s)} \frac{K_f}{T_f s + 1} \tag{4-3}$$

若考虑到扰动输入具有滞后时间 τ_f，则

$$\frac{Y(s)}{F(s)} = \frac{G_f(s)}{1 + G_c(s) G_v(s) G_o(s) G_r(s)} e^{-\tau_f s} \tag{4-4}$$

根据上述公式，扰动输入对控制系统的影响分析如下。

1）扰动输入静态增益 K_f 的影响

由式（4-3）可知，K_f 越大，扰动输入对控制系统的影响也越大，被控参数设定值就越多，从而导致系统难以控制。因此，在控制系统的设计过程中，应尽可能选择静态增益较小的干扰通道。如果 K_f 无法改变，则可以通过增强控制作用来减小扰动所引起的偏差，

抵消扰动的影响；或者采用干扰补偿，及时消除扰动所引起的被控参数的变化。

2）干扰通道 T_f 的影响

由式（4-2）可知，$G_f(s)$ 为惯性环节，对扰动输入具有"滤波"作用，并且"滤波"效果与 T_f 成正比。因此，干扰通道的时间常数 T_f 越大，干扰对被控参数的动态影响就越小，从而越有利于系统控制质量的提高。

3）扰动输入滞后时间 τ_f 的影响

由式（4-4）与式（4-3）或式（4-2）对比，干扰通道滞后并不影响系统的稳定性。滞后时间对系统的影响仅仅会使系统的输出变化推迟一段时间。由于扰动输入的随机性，所以其不会影响到反馈控制系统的质量，但对前馈控制系统具有一定的影响。

4）扰动输入的位置的影响

如图 4-2 所示，假设扰动输入 $F(s)$ 位于 $G_o(s)$ 之前，则扰动传递函数为

$$\frac{Y(s)}{F(s)} = \frac{G_f(s)G_o(s)}{1 + G_c(s)G_v(s)G_o(s)G_r(s)} \tag{4-5}$$

假设 $G_o(s) = \dfrac{K_o}{T_o s + 1}$，则有

$$\frac{Y(s)}{F(s)} = \frac{1}{1 + G_c(s)G_v(s)G_o(s)G_r(s)} \frac{K_f}{T_f s + 1} \frac{K_o}{T_o s + 1} \tag{4-6}$$

对比式（4-3）和式（4-6），增加一个滤波项后，干扰要多经过一次滤波才对被控变量产生影响。因此，可以提高系统的抗干扰性能，并且扰动输入进入系统的位置离被控变量越远，控制系统的稳定性越好。式（4-6）增加了一个比例系数 K_o，当 $K_o > 1$ 时，会增大扰动输入引起的被控参数偏离设定值的偏差，这对控制系统的稳定是不利的，因此需要权衡选择。

2. 控制通道特性对控制系统的影响

控制通道设计的目标是尽量使被控变量与理论值一致，它是控制系统的核心。下面仅针对控制通道特性对控制质量的影响着重从物理意义上进行定性的分析。

1）比例系数 K_o 的影响

一定的条件下，比例系数 K_o 越大，控制作用越大，系统的抗干扰能力越强，稳态误差越小，被控变量响应越迅速、越灵敏；但是当系统比例增益 K_c 为定值时，K_o 越大，会导致系统的闭环稳定性越差。因此，在控制系统设计的过程中，要综合考虑系统的稳定性、快速性和准确性。

2）控制通道时间常数 T_o 的影响

被控变量是由控制器通过控制通道来影响的，如果控制通道的时间常数 T_o 过大，控制器的调节作用不够及时，将导致系统的过渡过程时间延长，控制质量下降；如果控制通道时间常数 T_o 过小，控制器的调节作用过于灵敏，则容易引起系统振荡，同样不利于保证控制质量。因此，在控制系统设计过程中，应选择合适的控制通道时间常数 T_o。如果 T_o 过大而又无法减小时，可以考虑在控制通道中增加微分环节。

3）控制通道滞后时间 τ_o 的影响

控制通道滞后时间 τ_o 产生的原因：信号传输时延，信号的测量变送滞后，执行器的动作滞后。

在过程控制中，通常用 τ_o / T_o 的大小作为反映过程控制难易程度的一个指标。一般认

为，当 $\tau_o / T_o \leqslant 0.3$ 时，系统比较容易控制；当 $\tau_o / T_o > 0.3$ 时，系统较难控制，需要采取特殊措施，例如，当 τ_o 难以减小时，可设法增加 T_o 以减小 τ_o / T_o 的比值，以确保系统能有良好的控制效果。

4）控制通道时间常数匹配的影响

在实际生产过程中，广义被控过程可近似看作由几个一阶惯性环节串联而成。当存在多个时间常数时，最大的时间常数往往对应生产过程的核心设备，不一定能随意改变。因此，通常采用减小广义被控过程的其他时间常数的办法，将时间常数尽量错开，这也是选择广义被控过程控制参数的重要原则之一。

综上所述，可将过程控制系统控制参数选择的一般性原则归纳如下。

（1）比例系数 K_o 尽可能大。

（2）选择适当的控制通道时间常数 T_o，控制通道滞后时间 τ_o 应尽可能小，并且 τ_o / T_o 的值一般应小于 0.3。当其比值大于 0.3 时，应采取特殊措施。

（3）当广义被控过程包含多个串联的一阶惯性环节时，应该尽可能使几个一阶惯性环节的时间常数具有较大的分布，特别是最大与最小时间常数的比值要尽可能大。

（4）在确定控制参数时，还应考虑工艺操作的合理性、可行性与经济性等因素。

▶▶▶ 4.2.3　过程控制系统硬件的选择 ▶▶▶

根据过程控制的输入变量、输出变量及控制要求，需选用合适的系统硬件，包含控制装置、检测仪表、传感器、保护装置、执行器等部件。其中，控制装置是过程控制系统的核心，负责根据传感器收集的信息进行处理，生成控制量；检测仪表和传感器是过程控制系统的关键，负责给控制器反馈全面且精准的信息。这两部分硬件直接决定了整个控制系统的精度、稳定性和高效性。

1. 控制装置的选取原则

对于简单的过程控制系统，可以选择单回路控制器或简单的显示调节仪作为控制器，比较复杂的系统则需要用计算机控制。目前常用的计算机过程控制系统有单片机系统、微型计算机系统、DCS、PLC 系统等。

2. 检测仪表和传感器的选取原则

在过程控制系统中，检测仪表相当于生物的感官系统，它直接感受被测部分参数的变化，提取被测信息，然后将被测信息转换成标准信号供显示和作为控制的依据。根据控制方案选择检测仪表和传感器，并遵循以下原则。

1）可靠性

可靠性是指产品在一定的条件下，能长期而稳定地完成规定功能的能力。可靠性是测量变送仪表最重要的选型原则。

2）先进性

随着自动化技术的飞速发展，测量变送仪表的技术更新周期越来越短，价格却越来越低。在可能的条件下，应该尽量采用先进的设备。

3）经济实用性

实用性是指完成具体功能要求的能力和水平，选型既要保证功能的实现又要兼顾考虑经济性，并非功能越强越好。

▶▶▶ 4.2.4　PID 控制规律对控制质量的影响及其选择 PID 控制的原则 ▶▶▶ ▶

1. 比例控制(P 控制)

P 控制的控制器输出信号 u 与输入偏差信号 e 呈比例关系, 即

$$u(t) = K_c e(t) + u_0 \tag{4-7}$$

式中, K_c 为比例增益; u_0 为控制器输出信号的起始值。由式(4-7)可知, $e(t)$ 既是增量, 又是实际值。当偏差 $e(t)$ 为 0 时, 控制器的输出就是其起始值 u_0。 u_0 的大小是可以通过调整控制器的工作点加以改变的, 若 $u_0 = 0$, 则 P 控制器的传递函数可以表示为

$$K_c = G_c(s) = \frac{U(s)}{E(s)} \tag{4-8}$$

P 控制的特点如下。

(1)P 控制是有差控制。

(2)P 控制的稳态误差随比例带的增大而增大。

(3)对于定值控制系统, 采用 P 控制可以实现被控变量对设定值的有差跟踪。但是对于随动控制系统, 其跟踪误差将会随时间的变化而增大。因此, P 控制不适用于随动控制系统。

2. 积分控制(I 控制)

在 I 控制中, 控制器输出信号的变化速度 $\dfrac{\mathrm{d}u}{\mathrm{d}t}$ 与输入偏差信号 e 成正比, 即

$$\frac{\mathrm{d}u}{\mathrm{d}t} = S_o e \tag{4-9}$$

I 控制器的传递函数可以表示为

$$U_o = \frac{S_o}{s} E(s) \tag{4-10}$$

式中, S_o 为积分速度, 可视情况取正值或负值。I 控制器的输出不仅与偏差信号的大小有关, 还与偏差存在的时间长短有关。只要偏差存在, 控制器的输出就会不断变化, 一直到偏差为 0。

I 控制的特点如下。

(1)与 P 控制的有差控制相比, I 控制的特点是无差控制。

(2)I 控制的稳定作用比 P 控制差。

(3)对于同一个被控对象, 采用 I 控制时其调节过程的进行总比采用 P 控制时慢。当积分速度无穷大时, I 控制就可以及时对偏差加以响应, 否则会滞后于偏差的变化, 从而难以对扰动进行及时控制。因此, 在工业上很少单独使用 I 控制。

3. 微分控制(D 控制)

由于被控变量的变化速度可以反映当时或稍前一些时间输入和输出之间的不平衡情况, 所以 D 控制能够根据被控变量的变化速度来移动调节阀, 而不要等到被控变量已经出现较大偏差后才开始动作, 相当于赋予了控制器某种程度的预见性, 此时控制器的输出与被控(变)量或其偏差对于时间的导数成正比, 即

$$u = T_D \frac{de}{dt} \tag{4-11}$$

D 控制器的传递函数可以表示为

$$U_s = T_D s E(s) \tag{4-12}$$

式中，T_D 为微分时间。D 控制器的输出与系统被控变量偏差的变化率成正比。由于变化率（包括大小和方向）能反映系统被控（变）量的变化趋势，所以 D 控制不是等被控变量出现偏差之后才动作，而是根据变化趋势提前动作。这有利于防止系统被控（变）量出现较大动态偏差。

D 控制的特点如下。

（1）当微分时间较小时，增加微分时间可以减小偏差，缩短响应时间，减小振荡程度，从而能改善控制系统的质量；但当微分时间较大时，有可能会使测量噪声放大，或者使系统响应产生振荡。因此，在实际应用中应该选择合适的微分时间。

（2）单独的 D 控制器是不能工作的，在实际使用过程中，往往将它与 P 控制或 PI 控制结合成 PD 或 PID 控制器。

4. 比例微分控制（PD 控制）

采用 PD 控制器时，控制器的输出信号 u 与输入偏差信号 e 之间存在以下控制规律：

$$u = K_c e + K_D T_D \frac{de}{dt} \text{ 或 } u = \frac{1}{\delta} \left(e + T_D \frac{de}{dt} \right) \tag{4-13}$$

式中，K_c 为比例增益；K_D 为微分增益；T_D 为微分时间；δ 为比例带且 $\delta = \frac{1}{K_c}$。

PD 控制器的传递函数为

$$G_c(s) = \frac{1}{\delta}(1 + T_D s) \tag{4-14}$$

PD 控制的特点如下。

（1）PD 控制是有差控制。

（2）PD 控制能提高系统的稳定性，抑制过渡过程的动态偏差（或超调）。

（3）PD 控制有利于减小系统静差（稳态误差），提高系统的响应速度。

（4）PD 控制一般只适用于时间常数较大或多容过程，不适用于变量变化剧烈的过程；同时，当 T_D 较大时，会导致系统中调节阀的频繁开启，容易造成系统振荡。因此，PD 控制通常以 P 控制为主、D 控制为辅。

需要说明的是，D 控制对于纯滞后过程是无效的。

5. 比例积分控制（PI 控制）

PI 控制就是综合 P 控制和 I 控制两种控制的优点，利用 P 控制快速抵消干扰的影响，同时利用 I 控制消除残差。它的控制规律为

$$u = K_c e + S_I \int_0^t e dt \text{ 或 } G_c(s) = \frac{1}{\delta} \left(e + \frac{1}{T_I} \int_0^t e dt \right) \tag{4-15}$$

式中，T_I 为积分时间；S_I 为积分速度。

如图 4-3 所示，在施加阶跃输入的瞬间，PI 控制器立即输出一个幅值为 $\frac{\Delta e}{\delta}$ 的阶跃响应，然后以固定速度 $\frac{\Delta e}{\delta T_I}$ 变化。当 $t = T_I$ 时，控制器的总输出为 $2\frac{\Delta e}{\delta}$。同时，可以确定 T_I

和 δ 的数值。

根据图 4-4 所示的 PI 控制器对过程负荷变化的响应，可以得出如下结论。

(1) 当 $t < t_0$ 时，被控系统稳定，控制偏差为 0，控制器输出为恒定值。

(2) 当 $t = t_0$ 时，系统负荷突然发生阶跃变化，假设控制偏差为负（如图 4-4 中曲线 a 所示），P 控制立即响应偏差变化，产生正的跃变，I 控制则从 0 开始累计偏差（如图 4-4 中曲线 b 所示）。在两者的共同作用下，PI 控制的总输出持续增加。

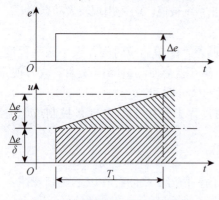

图 4-3　控制器的阶跃响应曲线　　　　图 4-4　PI 控制器对过程负荷变化的响应

(3) 当 $t = t_1$ 时，系统开始响应，控制偏差开始减小，P 控制的作用紧跟着也减小，但由于控制偏差仍存在且方向不变，所以继续 I 控制，PI 控制的综合结果仍持续增大，使控制偏差进一步减小。

(4) 当 $t = t_2$ 时，控制偏差减小至 0，P 控制的作用彻底消失，I 控制的作用也停止增长。

(5) $t_2 \sim t_3$ 阶段，在反向偏差存在的情况下，P 控制作用反向，I 控制作用也由增加变为减小，于是 PI 控制的整体作用表现为减小，直至从超调位置下降到系统要求的作用点，控制系统达到新的平衡。

PI 控制的特点如下。

(1) PI 控制引入积分动作消除系统残差，同时降低了原有系统的稳定性。

(2) PI 控制本质上是比例增益随偏差的时间进程而不断变化的比例作用。

6. PID 控制规律对控制质量的影响

当控制对象的容量滞后较多，同时要求无稳态误差时，可以将比例、积分和微分组合，构成 PID 控制。PID 控制的控制规律为

$$u = K_c e + K_I \int_0^t e\,dt + K_D \frac{de}{dt} \tag{4-16}$$

或写成

$$u = K_c\left(e + \frac{1}{T}\int_0^t e\,dt + T_D\frac{de}{dt}\right) = \frac{1}{\delta}\left(e + \frac{1}{T_I}\int_0^t e\,dt + T_D\frac{de}{dt}\right) \tag{4-17}$$

式中，K_c 为比例增益；e 为输入偏差信号；K_I 为积分增益；K_D 为微分增益；δ 为比例带，可视情况取正值或负值；T_I 为积分时间；T_D 为微分时间。

其对应的传递函数为

$$G_c(s) = \frac{1}{\delta}\left(1 + \frac{1}{T_I s} + T_D s\right) \tag{4-18}$$

由式(4-18)可知，PID 控制集合了 P 控制的快速反应功能、I 控制的消除误差功能及 D 控制的预测功能等优点，并弥补了三者的不足，是一种比较理想的复合控制规律。从控制理论的观点分析可知，与 PD 控制相比，PID 控制提高了系统的无差度；与 PI 控制相比，PID 控制多了一个零点，为动态性能的改善提供了可能。但这并不意味着在任何情况下采用 PID 控制都是合理的。PID 控制器有 3 个需要整定的参数，若参数的整定不适合控制系统，则不仅不能发挥各种控制动作应有的作用，还有可能导致系统性能的降低。

控制规律的选择应根据对象特性、负荷变化、主要干扰及控制要求等具体情况具体分析，同时兼顾控制系统的经济性及系统投入运行方便等因素，因此，这里只能给出选择控制规律的一般性原则。

(1)当广义过程控制通道时间常数较大或容量滞后较大时，应引入 D 控制；当工艺要求允许有静差时，应选用 PD 控制；当工艺要求无静差时，应选用 PID 控制。

(2)当广义过程控制通道时间常数较小、负荷变化不大且工艺要求允许有静差时，应选用 P 控制，如储罐压力、液位等过程控制。

(3)当广义过程控制通道时间常数较小、负荷变化不大且工艺要求无静差时，应选用 PI 控制，如管道压力和流量的控制等。

(4)当广义过程控制通道时间常数很大且纯滞后也较大、负荷变化剧烈时，应采用其他控制方案。

(5)若广义过程的传递函数为 $G_o(s) = \dfrac{K_o}{T_o s + 1} e^{-\tau_o s}$，则可以根据 $\dfrac{\tau_o}{T_o}$ 的值来选择控制规律：当 $\dfrac{\tau_o}{T_o} < 0.2$ 时，可以选择 P 或 PI 控制；当 $0.2 \leqslant \dfrac{\tau_o}{T_o} < 1.0$ 时，可以选择 PID 控制；当 $\dfrac{\tau_o}{T_o} \geqslant 1.0$ 时，简单控制系统一般难以满足要求，应采用其他控制系统。

▶▶▶ 4.2.5 执行器的选择 ▶▶ ▶

执行器是过程控制系统的重要组成部分，执行器选用的合理性将直接影响系统的控制质量、安全性和可靠性。

1. 执行器的选型

执行器的执行机构部分，被广泛应用的是气动和电动执行机构。阀体的选择要充分考虑流体性质、工艺条件和保证系统安全等因素，根据各种阀体的特点和使用场合，兼顾经济性和工艺要求。

2. 气动执行器气开、气关的选择

气动执行器分为气开、气关两种形式，它的选择首先应根据控制器输出信号为 0(或气源中断)时使生产处于安全状态的原则确定；在保证安全的前提下，还应根据是否有利于节能和可靠性，是否有利于开车、停车等进行选择；在满足设计要求的前提下，要充分考虑到执行机构选型的经济性。

3. 调节阀尺寸的选择

调节阀的尺寸主要指调节阀的开度和口径，调节阀口径选择的合适与否，将直接影响

工艺操作能否正常进行及控制质量。若调节阀口径选择过小，当系统扰动输入过大时，系统会出现暂时失控现象；若调节阀口径选择过大，则在运行过程中阀门会经常处于小开度状态，容易造成流体对阀芯和阀座的频繁冲蚀，导致阀门损坏。

4. 调节阀流量特性的选择

调节阀的流量特性是指流体流过阀门的流量与阀门开度之间的关系。为保证系统在整个工作范围内都具有良好的品质，应使系统总的开环增益在整个工作范围内都基本为常数。为使非线性特性的被控过程达到系统总的增益近似线性的目的，通常需要通过选择调节阀的非线性流量特性来补偿被控过程的非线性特性。正因为如此，具有对数流量特性的调节阀得到了广泛应用。实际应用中，应先根据系统的特点确定阀门预期的工作流量特性，然后根据工艺管道情况选择理想流量特性。

►►► 4.2.6　控制器作用方式的确定 ►►► ►

由于过程控制系统中的执行器(调节阀)有气开与气关两种形式，因此，为了与此相对应，通常把被控过程和控制器也分为正作用与反作用两种类型。当被控过程的输入量增加(或减小)时，过程的输出量(即被控参数)也随之增加(或减小)，则称为正作用被控过程；反之则称为反作用被控过程。当反馈到控制器输入端的系统输出增加(或减小)时，控制器的输出也随之增加(或减小)，则称为正作用控制器；反之，则称为反作用控制器。与此相适应，正作用被控过程的静态增益 K_o 规定为正值，反作用被控过程的静态增益 K_o 规定为负值；正作用控制器的静态增益 K_c 规定为负值，反作用控制器的静态增益 K_c 规定为正值。气开式调节阀的静态增益 K_v 规定为正，气关式调节阀的静态增益 K_v 则为负。测量变送环节的静态增益 K_m 规定为正值。

根据反馈控制的基本原理，对于图 4-2 所示的过程控制系统，要使该系统能够正常工作，构成系统开环传递函数静态增益的乘积必须为正。由此可得控制器正、反作用类型的确定方法：首先根据生产工艺要求及安全等原则确定调节阀的气开、气关形式，以确定 K_v 的正、负；然后根据被控过程特性确定其属于正、反作用哪一种类型，以确定 K_o 的正、负；最后根据系统开环传递函数中各环节静态增益的乘积必须为正这一原则确定 K_c 的正、负，进而确定控制器的正、反作用类型。

在工程实际中，控制器正、反作用的实现并不困难。若是电动控制器，则可以通过正、反作用选择开关来实现。若是气动控制器，则调节换接板即可改变控制器的正、反极性。

4.3　PID 控制器的参数工程整定

►►► 4.3.1　参数整定理论的基本原则 ►►► ►

PID 控制器参数的整定是过程控制系统设计的核心内容之一。它的任务是根据被控过程特性和系统要求，确定 PID 控制器中的比例带 δ、积分时间 T_I 和微分时间 T_D。

PID 控制器参数的整定通常以系统瞬态响应的衰减率 $\varphi = 0.75 \sim 0.9$(衰减比 $n = 4:1 \sim 10:1$)为主要指标，以保证系统具有一定的稳定裕量。另外，在保证主要指标 φ 的前提下，还应尽量满足系统的稳态误差、最大动态偏差(或超调量)和过渡过程时间等其他指标。由于不同的工艺过程对控制质量的要求有不同的侧重点，所以也可用系统响应的平方误差积分（Integral of Square Error，ISE）、绝对误差积分（Integral of Absolute Error，IAE）、时间乘以绝对误差积分（Integral of Time and Absolute Error，ITAE）等分别取极小值作为指标或根据 Ziegler-Nichols(Z-N)经验公式来整定控制器参数。PID 控制器参数的整定应遵循以下基本原则。

(1)为保证系统稳定运行，系统比例增益 K_c 和惯性环节增益 K_o 的乘积应为固定值，即两者为反比关系。同时，通常取 $2\tau_o = T_I$、$\dfrac{\tau_o}{2} = T_D$；当 $\dfrac{\tau_o}{T_o}$ 的值较大时，不利于系统稳定，则需相应减少 K_c。

(2)在调试 PID 控制器参数时，按照先比例、后积分、再微分的引入顺序。

(3)I 控制参数一般选为 $2\tau_o = T_I$ 或 $T_I = (0.5 \sim 1)T_p$，T_p 为振荡周期。在引入积分环节后，K_c 相较于采用 P 控制时应减小 10%左右；同时，T_I 越大，过渡过程越平缓，消除稳态误差速度越慢。

(4)D 控制参数一般选为 $T_D = \dfrac{\tau}{2}$ 或 $T_D = (0.25 \sim 0.5)T_I$。在引入微分环节后，K_c 相较于采用 P 控制时应增加 10%左右；同时，T_D 越大，过渡过程越稳定，最大动态偏差越小。

PID 控制器参数的整定方法可以分为以下 3 类。

(1)理论计算整定法。它主要是依据系统的数学模型，采用控制理论中的根轨迹法、频率特性法等，经过理论计算确定控制器参数的数值。这种方法不仅计算烦琐，而且过分依赖数学模型，所得到的计算数据必须通过工程实践进行调整和修改。因此，理论计算整定法一般只有理论指导意义，工程实际中较少采用。

(2)工程整定法。它主要依靠工程经验，直接在过程控制系统的试验中进行。该方法简单、易于掌握，但是由于是人为按照一定的计算规则完成的，所以要在实际工程中经过多次反复调整。常用的工程整定法有动态特性参数法（反应曲线法）、稳定边界法（临界比例带法）和衰减曲线法等。

(3)自整定法。它是对运行中的控制系统进行 PID 参数的自动调整，以使系统在运行过程中始终具有良好的控制质量。

▶▶ 4.3.2　PID 参数的工程整定方法 ▶▶▶

1. 动态特性参数法

动态特性参数法以被控对象控制通道的阶跃响应为依据，通过一些经验公式求取控制器最佳参数整定值的开环整定。这种方法是由齐格勒(Ziegler)和尼科尔斯(Nichols)于 1942 年首先提出的。使用该方法的前提是，广义被控对象的阶跃响应可用一阶惯性环节加纯滞后来近似，即

$$G(s) = \frac{Ke^{-\tau s}}{Ts + 1} \qquad (4-19)$$

式中，3 个参数 K、T、τ 从被控对象的阶跃响应曲线获取，如图 4-5 所示。

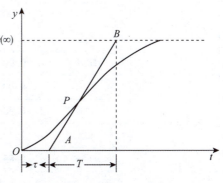

图 4-5　阶跃响应曲线

有了数据 K、T、τ，就可以用表 4-1 中的整定公式计算 PID 控制器的参数。经过改进，总结出相应的 PID 控制器最佳参数整定公式。这些公式均以衰减率（$\varphi = 0.75$）为系统的性能指标，其中广为流行的是柯恩（Cohen）-库恩（Coon）整定公式。

表 4-1 动态特性参数法控制器参数的整定公式

控制规律	比例带 $\delta / \%$	积分时间 T_I / min	微分时间 T_D / min
P	$K(\tau/T)$	—	—
PI	$1.1 K(\tau/T)$	3.3τ	—
PID	$0.85 K(\tau/T)$	2.0τ	0.5τ

P 控制器：

$$K_c K = (\tau/T)^{-1} + 0.333 \tag{4-20}$$

PI 控制器：

$$K_c K = 0.9 (\tau/T)^{-1} + 0.082 \tag{4-21}$$

$$T_I/T = [3.33(\tau/T) + 0.3 (\tau/T)^2]/[1 + 2.2(\tau/T)] \tag{4-22}$$

PID 控制器：

$$K_c K = 1.35 (\tau/T)^{-1} + 0.27 \tag{4-23}$$

$$T_I/T = [2.5(\tau/T) + 0.5 (\tau/T)^2]/[1 + 0.6(\tau/T)] \tag{4-24}$$

$$T_I/T_D = 0.37(\tau/T)/[1 + 0.2(\tau/T)] \tag{4-25}$$

其中，K、T、τ 为被控对象的动态特性参数。

随着计算机仿真技术的发展，在衰减率 $\varphi = 0.75$ 的最佳整定准则下，对广义被控过程分别提出 IAE、ISE 和 ITAE 极小化准则，通过计算机仿真，得到控制器参数的最佳整定的计算公式为

$$K_c K = A (\tau/T)^{-B} \tag{4-26}$$

$$T_I/T = C (\tau/T)^D \tag{4-27}$$

$$T_I/T_D = E (\tau/T)^F \tag{4-28}$$

式中，A、B、C、D、E、F 的值可由表 4-2 查出。

表 4-2 控制器整定参数值

控制规律	性能指标	A	B	C	D	E	F
P	Z-N	1.000	1.000				
	IAE	0.902	0.985	—	—	—	—
	ISE	1.411	0.917				
	ITAE	0.904	1.084				
PI	Z-N	0.900	1.000	3.333	1.000		
	IAE	0.984	0.986	1.644	0.707	—	—
	ISE	1.305	0.959	2.033	0.739		
	ITAE	0.859	0.977	1.484	0.680		

控制规律	性能指标	A	B	C	D	E	F
PID	Z-N	1.200	1.000	2.000	1.000	0.500	1.000
	IAE	1.435	0.921	1.139	0.749	0.482	1.137
	ISE	1.495	0.945	0.917	0.771	0.560	1.006
	ITAE	1.357	0.947	1.176	0.738	0.381	0.995

2. 稳定边界法

稳定边界法基于纯比例控制系统临界振荡试验所得数据，即临界比例带 δ_{pr} 和临界振荡周期 T_{pr}，利用一些经验公式，求取控制器的最佳参数值，是一种闭环的整定方法。其整定计算公式如表 4-3 所示。

表 4-3 稳定边界法参数整定的计算公式

控制规律	整定参数		
	比例带 $\delta /\%$	积分时间 T_I /min	微分时间 T_D /min
P	$2\delta_{pr}$	—	—
PI	$2.2\delta_{pr}$	$0.85 T_{pr}$	—
PID	$1.67\delta_{pr}$	$0.50 T_{pr}$	$0.125 T_{pr}$

稳定边界法整定 PID 控制器参数的具体步骤如下。

(1)先将控制器的积分时间 T_I 置于最大 $(T_I = \infty)$，微分时间 T_D 置零 $(T_D = 0)$，比例带 δ 设置为较大的数值，使系统投入闭环运行。

(2)等系统运行稳定后，对设定值施加一个阶跃扰动，并减小，直到系统出现图3-4(c)所示的等幅振荡过程为止，即临界振荡过程。记录下此时的 δ_{pr}（临界比例带）和等幅振荡周期 T_{pr}。

(3)根据所记录的 δ_{pr} 和 T_{pr}，按表4-3给出的经验公式计算出控制器的 T_D、T_I 及 δ。

需要注意的是，采用稳定边界法整定控制器参数时会受到一定的限制，有些过程控制系统不允许进行反复振荡试验，也就不能应用此方法；某些时间常数较大的单容过程，采用 P 控制时根本不可能出现等幅振荡，即不能应用此方法。

3. 衰减曲线法

衰减曲线法是一种闭环整定方法，整定的依据也是在纯比例控制作用下使系统响应曲线按特定的衰减比(通常为 4∶1 或 10∶1)振荡，之后就与稳定边界法一样，也是利用一些经验公式，求取控制器相应的整定参数。衰减比为 4∶1 的衰减曲线法的具体步骤如下。

(1)先将控制器的积分时间 T_I 置于最大 $(T_I = \infty)$，微分时间 T_D 置零 $(T_D = 0)$，比例带 δ 设置为较大的数值，使系统投入闭环运行。

(2)等系统运行稳定后，对设定值施加一个阶跃扰动，然后观察系统的响应。若响应振荡衰减太快，则减小比例带 δ；反之，则增大 δ。如此反复，直到出现图4-6(a)所示的衰减比 $n = 4∶1$ 的振荡过程，或者图4-6(b)所示的衰减比 $n = 10∶1$ 的振荡过程时，记录下此时的比例带(记为 δ_s)，以及相应的衰减振荡周期 T_s 或输出响应的峰值时间 t_p。

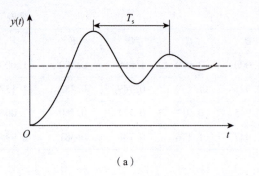 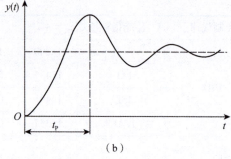

（a）　　　　　　　　　　　　　　（b）

图 4-6　系统的衰减振荡过程

（a）$n=4:1$ 衰减曲线；（b）$n=10:1$ 衰减曲线

（3）根据所记录的 δ_s、T_s 或 t_p，按表 4-4 中的经验公式计算出控制器的 δ、T_I 及 T_D。

表 4-4　衰减曲线法整定计算公式

控制规律	整定参数			
	衰减率 φ	$\delta/\%$	$T_I/\min$	$T_D/\min$
P		δ_s	—	—
PI	0.75	$1.2\delta_s$	$0.5T_s$	—
PID		$0.8\delta_s$	$0.3T_s$	$0.1T_s$
P		δ_s	—	—
PI	0.90	$1.2\delta_s$	$2t_p$	—
PID		$0.8\delta_s$	$1.2t_p$	$0.4t_p$

4. 经验整定法

经验整定法实质上是一种经验试凑法，它不需要进行上述方法所要求的试验和计算，而是根据运行经验，先确定一组 PID 控制器参数，并将系统投入运行，然后人为加入阶跃扰动（通常为 PID 控制器的设定值扰动），观察被控变量或控制器输出的阶跃响应曲线，并依照控制器各参数对调节过程的影响，改变相应的整定参数值，一般先 δ 后 T_I 和 T_D。如此反复试验多次，直到获得满意的阶跃响应曲线为止。

表 4-5 和表 4-6 分别给出了设定值扰动下 PID 控制器各参数对调节过程的影响及对不同对象控制器参数的经验数据，有些系统会超出此范围，但是该经验数据为经验整定法提供了凑试范围。若这种方法使用得当，则同样可以获得满意的 PID 控制器参数，获得最佳的控制效果。而且此方法省时，对生产影响小。

表 4-5　设定值扰动下整定参数对调节过程的影响

性能指标	整定参数		
	$\delta\downarrow$	$T_I\downarrow$	$T_D\uparrow$
最大动态偏差	$\uparrow$	$\uparrow$	$\downarrow$
残差	$\downarrow$	—	—

续表

性能指标	整定参数		
	$\delta \downarrow$	$T_I \downarrow$	$T_D \uparrow$
衰减率	$\downarrow$	$\downarrow$	$\uparrow$
振荡频率	$\uparrow$	$\uparrow$	$\uparrow$

表4-6 经验整定法控制器参数估计值

被控对象	整定参数		
	比例带 δ /%	积分时间 T_I /min	微分时间 T_D /min
液位	20~80	—	—
流量	40~100	0.1~1	—
压力	30~70	0.4~3	—
温度	20~60	3~10	0.5~3

▶▶▶ 4.3.3 PID 参数的自整定方法 ▶▶▶

以上介绍的几种 PID 参数的工程整定方法均属人工离线的方法，这些方法对 PID 参数的选择给出了很好的指导，但实际过程中，每个生产过程都有其具体特点，所需的 PID 参数还有必要进行在线的修正，而且有些生产过程的特性还经常变动。因此，多年来广大工程技术人员一直关注着 PID 参数自整定的研究和开发。

现有的 PID 参数的自整定方法有很多。考虑到无论是工程整定还是理论计算，都需要知道过程的特性参数，许多 PID 参数的自整定技术采用了同一种思路，即首先设法辨识出过程的特性，然后按某种规律对控制参数进行整定。依据这一思路实现的 PID 参数的自整定方法又称自适应 PID 参数的整定方法。继电器型反馈的极限环法是一种常用的简单可靠的自适应 PID 参数的整定方法。它是由瑞典学者 Astrom 于 1984 年首先提出的。

继电器型反馈的极限环法的基本思想是，在控制系统中设置测试和控制两种模式，在测试模式下利用继电器的时滞环使系统处于等幅振荡，从而测取系统的振荡周期和振幅，然后利用稳定边界法的经验公式（表4-3）计算出 PID 控制参数；在控制模式下，控制器使用整定后的参数对系统的动态过程进行调节。如果对象特性发生变化，则可重新进入测试模式，再进行测试，以求得新的整定参数。继电器型反馈的极限环法的原理框图如图4-7所示。

如图4-8所示，根据继电器的时滞特性，稳定边界法所需的临界比例带 δ_{pr} 可以按下式求出：

$$\delta_{pr} = \frac{A\pi}{4d} \qquad (4-29)$$

式中，A 为系统等幅振荡的幅值；d 为继电滞环的幅值。

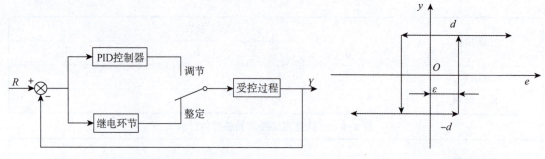

图 4-7　继电器型反馈的极限环法的原理框图　　　图 4-8　继电环节的时滞特性

可以看出，继电器型反馈的极限环法所需的与控制过程有关的参数（临界振荡周期 T_{pr} 和比例带 δ_{pr}）可根据过程的变化在线获取，这在很大程度上提高了控制参数的自适应性，改善了控制器的控制性能。

与普通稳定边界法相同，使用继电器型反馈的极限环法也有一定的局限性，因为被控过程需要在继电环节的作用下产生等幅振荡，这在有些实际的生产环节中是不允许的。对于时间常数较大的被控对象，整定过程将很费时；对一些干扰因素比较多且频繁出现的系统，则要求振荡幅度足够大，严重时将影响稳定等幅振荡的形成，从而无法加以整定。

▶▶▶ 4.3.4　数字 PID 参数的整定 ▶▶▶

近年来，随着计算机技术的飞速发展，由计算机实现的数字 PID 控制器正在逐渐取代由模拟仪表构成的模拟 PID 控制器。在数字 PID 控制器中，可以参照模拟 PID 控制器参数的整定方法进行参数整定，只是数字 PID 控制器参数的整定中多了一个采样周期 T 的确定。对数字 PID 控制而言，其中的积分项和微分项都与采样周期 T 有关，T 太小，两次采样偏差就会太小，这样会使积分和微分作用不明显。因此，在数字 PID 控制中，采样周期的选择应综合考虑。

根据香农采样定理，采样频率 ω_s 必须大于或等于系统最高频率 ω_{max} 的 2 倍，这样才能保证信号的正常恢复。但系统的最高频率 ω_{max} 往往难以确定，实际确定采样周期（频率）时主要考虑以下几个方面。

1. 被控对象的特性

若被控对象是慢速的热工或化工对象，则采样周期一般取得较大；若被控对象是较快速的系统（如机电系统），则采样周期应取得较小。通常要求 $\omega_s \geq 10\omega_b$，ω_b 是系统闭环带宽。

2. 设定值的变化频率

系统的设定值的变化频率越高，采样频率应越高。这样，设定值的改变可以迅速通过采样得到反映。

3. 执行机构的类型

若执行机构的动作惯性大，则采样周期也应大一些，否则执行机构来不及反应数字控制器输出值的变化。例如，用步进电动机时，采样周期应较小；用气动、液压机构时，采样周期应较大。

4. 控制的回路数

控制的回路数 n 与采样周期 T 有下列关系：

$$T \geqslant \sum_{j=1}^{n} T_j \tag{4-30}$$

式中，T_j 是指第 j 个回路控制程序的执行时间和输入、输出时间之和。

以上的考虑因素有些是相互矛盾的，须根据具体情况和系统要求综合考虑。工程实践中，人们总结了常见被控变量采样周期经验值，如表 4-7 所示。

表 4-7　常见被控变量采样周期经验值

被控变量	采样周期/s	备注
流量	1~5	优先选 1~2 s
压力	3~10	优先选 6~8 s
液位	6~8	
温度	15~20	取纯滞后时间常数
成分	15~20	

4.4　简单控制系统设计实例

▶▶▶ 4.4.1　温度控制系统设计 ▶▶▶ ▶

图 4-9 为乳化物干燥过程示意。由于乳化物属于胶体物质，激烈搅拌易固化，也不能用泵抽送，因而采用高位槽。浓缩的乳液由高位槽流经过滤器 A 或 B，滤去凝结块和其他杂质，并从干燥器顶部由喷嘴喷下；鼓风机将一部分空气送至换热器，用蒸汽进行加热，并与来自鼓风机的另一部分空气混合，经风管送往干燥器；在干燥器内，混合空气由下而上吹出，以便蒸发掉乳液中的水分，使之成为粉状物，由底部送出进行分离。生产工艺对干燥后的产品质量要求很高，水分含量不能波动太大，因而需要对干燥的温度进行严格控制。试验表明，若温度波动在±2 ℃以内，则产品质量符合要求。

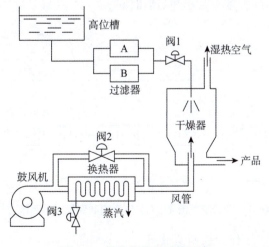

图 4-9　乳化物干燥过程示意

1. 被控变量的选择

根据上述生产工艺情况，水分含量(产品质量)与干燥温度密切相关。考虑到一般情况下测量水分的仪表精度较低，测量延时较大，故选用干燥的温度为被控变量，且水分含量与温度具有一一对应关系。因此，必须将温度控制在一定范围内。

2. 控制变量的选择

由工艺可知，影响干燥器温度的主要因素有乳液流量$f_1(t)$、旁路空气流量$f_2(t)$和加热蒸汽流量$f_3(t)$。可选其中任意一个变量作为控制变量，构成温度控制系统。

1) 乳液流量$f_1(t)$作为控制变量

对图4-10所示的系统方框图进行分析可知，乳液直接进入干燥器，控制通道的滞后最小，对被控温度的校正作用最灵敏，并且干扰进入系统的位置远离被控变量，所以将乳液流量作为控制变量应该是最佳的控制方案。但是，由于乳液流量是生产负荷，工艺要求必须稳定，若作为控制变量，则很难满足工艺要求。因此，应尽可能避免采用将乳液流量作为控制变量的控制方案。

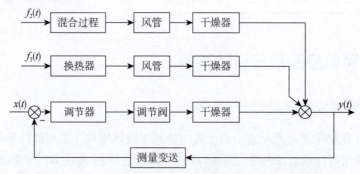

图4-10　乳液流量$f_1(t)$作为控制变量时的系统方框图

2) 旁路空气流量$f_2(t)$作为控制变量

如图4-11所示，旁路空气量与热风量混合，经风管进入干燥器，它与图4-10所示的控制方案相比，控制通道存在一定的纯滞后，对干燥温度校正作用的灵敏度虽然差一些，但可通过缩短传输管道的长度来减小纯滞后时间。

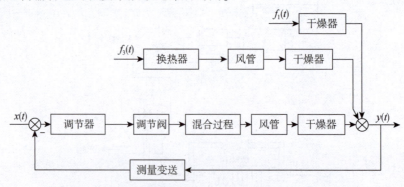

图4-11　旁路空气流量$f_2(t)$作为控制变量时的系统方框图

3) 加热蒸汽流量$f_3(t)$作为控制变量

如图4-12所示，蒸汽需经过换热器的热交换，才能改变空气温度。由于换热器的时间常数较大，而且该方案的控制通道既存在容量滞后又存在纯滞后，因而对干燥温度校正作用的灵敏度最差。

根据以上分析可知，选择旁路空气流量作为控制变量的方案比较适宜，如图 4-13 所示。

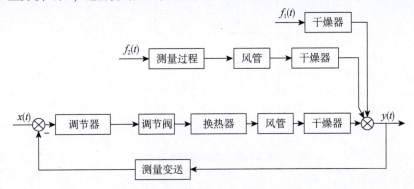

图 4-12　加热蒸汽流量 $f_3(t)$ 作为控制变量时的系统方框图

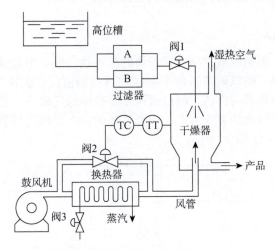

图 4-13　温度控制系统原理图

3. 仪表的选择

因干燥器温度通常在 600 ℃ 以下，所以选用热电阻温度检测仪表。为提高检测精度，采用三线制接法，配接 DDZ-Ⅲ 型温度变送器。根据生产工艺安全的原则，应选用气关式调节阀；根据过程特性与控制要求，应选用对数流量特性的调节阀；根据被控介质流量的大小及调节阀流通能力与其尺寸的关系，选择合适的公称直径和阀座的直径。

4. 控制器的选择

根据过程特性与工艺要求，宜选用 PI 或 PID 控制规律；由于选用的调节阀为气关式，所以 K_v 为负；当给被控过程输入的空气量增加时，干燥器的温度降低，因此 K_o 为负；测量变送器的 K_m 为正。为使整个系统中各环节静态增益的乘积为正，则控制器的 K_o 应为正，因此选用反作用控制器。

▶▶▶ 4.4.2　液位控制系统设计 ▶▶▶

在工业生产中，液位过程控制的应用十分普遍，为了保证生产的正常进行，生产工艺要求储槽内的液位维持在某个设定值上，或者只允许在某一小范围内变化。与此同时，为确保生产过程的安全，还要绝对保证液体不产生溢出。液体储槽原理图如图 4-14 所示。

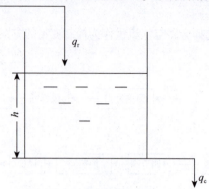

图 4-14　液体储槽原理图

1. 被控变量的选择

因为液位测量一般比较方便，而且工艺指标要求并不高，所以可直接选择储槽的液位作为直接被控变量。

2. 控制变量的选择

储槽的液位有两个影响因素，一个是液体的流入量，另一个是液体的流出量。因为液体储槽是一个单容过程，所以调节这两个参数均可控制液位，无论是流入量还是流出量，它们对被控变量的影响都是一样的，所以这两个参数中的任何一个都可作为控制变量。但是，从保证液体不产生溢出的要求考虑，选择液体的流入量作为控制变量更为合理。液位控制系统原理图如图 4-15 所示。

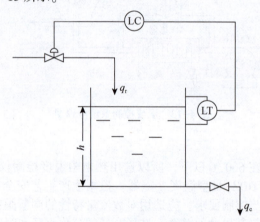

图 4-15　液位控制系统原理图

3. 仪表的选择

可选用差压式传感器（如膜盒）与 DDZ-Ⅲ型差压变送器来实现储槽液位的测量和变送。根据生产工艺安全原则，宜选用气开式调节阀；由于储槽具有单容特性，故选用对数流量特性的调节阀。

4. 控制器的选择

若储槽对控制精度要求不高，则可选用简单易行的 P 控制规律即可；若储槽需要精确控制液位，即需要消除稳态误差，则可选用 PI 控制规律。对于该过程，当液体的流入量增加时，液位输出亦增加，故为正作用过程，K_o 为正；因调节阀选为气开式，故 K_v 也为正；测量变送环节的 K_m 一般为正。因此，根据单回路系统的各部分增益乘积应为正的原则，控制器的 K_o 应为正，即选用反作用控制器。

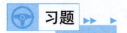

习题 ▶▶ ▶

4-1 过程控制系统的输入变量和被控变量的选取原则是什么？

4-2 过程控制系统的控制变量选择的一般性原则有哪些？

4-3 检测仪表和传感器的选取原则是什么？

4-4 控制规律选择的一般性原则有哪些？

4-5 常用的 PID 参数的工程整定方法有哪些？

4-6 简述调节阀气开、气关形式的选择原则。

4-7 温度控制系统的控制变量的选择有哪些？各自的特点是什么？

4-8 试确定图4-16所示各系统的控制器正反作用。已知燃料调节阀为气开式，给水调节阀为气关式。

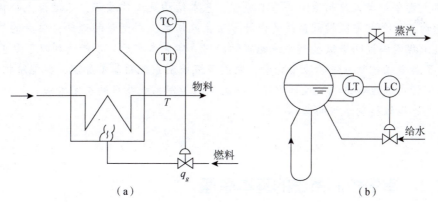

图4-16 习题4-8图

(a)加热炉温度控制系统；(b)锅炉汽包液位控制系统

4-9 如图4-17所示的热交换器，用蒸汽将进入其中的冷水加热到一定温度。生产工艺要求热水温度维持在一定范围($-1\ ℃\leqslant\Delta T\leqslant 1\ ℃$)，试设计一个简单的温度控制系统，并指出控制器正反作用。

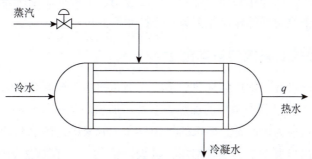

图4-17 习题4-9图

第5章
串级控制系统

本章学习要点 ▶▶ ▶

本章主要介绍串级控制系统的基本原理、基本结构及工作过程，从理论上分析串级控制系统的特点，介绍串级控制系统的设计方法，包括主、副变量的选择，参数的整定方法等，通过工程实例说明串级控制系统的实际应用。学完本章后，应能达到以下要求。

(1) 了解串级控制系统的应用背景，熟悉串级控制系统的基本原理、典型结构和特点。

(2) 掌握串级控制系统的设计方法，熟悉串级控制系统参数的整定方法。

(3) 熟悉串级控制系统的工业应用。

5.1 串级控制系统的基本原理

随着工业技术的发展，控制系统越来越复杂，产品的工艺要求越来越高，简单的单回路控制系统已不能满足需求。当对象容量滞后或纯滞后较大，负荷干扰变化比较剧烈而频繁，或者是工艺对产品质量提出的要求很高(如有的产品纯度要求达到 99%)时，采用单回路控制系统就不太有效，于是出现了一种串级控制系统。串级控制是改善过程控制系统品质的一种有效方式，已经在实际中得到了广泛应用。串级控制系统是由两个控制器串联起来工作，其中一个控制器的输出作为另一个控制器的设定值的系统。

▶▶▶ 5.1.1 串级控制系统的基本概念 ▶▶▶ ▶

下面以工业生产过程中常用的加热炉系统为例介绍串级控制系统的基本概念和原理。

图 5-1 是工业生产过程中常用的加热炉示意。加热炉是一种直接受热式加热设备，冷物料通过加热炉加热成为温度符合要求的热物料。一般来讲，热物料的温度要求为一个定值，因此常选物料出口温度 T 为被控对象，其设定值为 T_0。在加热炉中影响 T_0 的因素有很多，主要有冷物料的初始温度、流量、压力、比热容，燃料的热值及其变化、流量和燃烧值等，此外还有加热炉本身的材质等因素。在这里冷物料的流量和燃料的流量是影响物

料出口温度 T 的主要因素。

图 5-2 是一个简单的控制方案，是以出口的物料温度为被控变量、燃料的流量为控制变量的简单控制系统，系统中的扰动均在回路中，假定进入加热炉的冷物料流量维持在某一恒定值，在燃料入口处安装一个调节阀，用来控制进入加热炉内的燃料的流量，调节阀开度的大小由出口的热物料温度决定，以此构成一个加热炉出口温度单回路控制系统，系统方框图如图 5-3 所示。

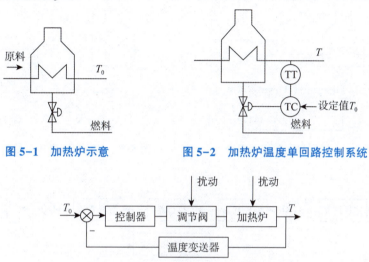

图 5-1　加热炉示意　　　图 5-2　加热炉温度单回路控制系统

图 5-3　加热炉出口温度单回路控制系统方框图

从理论上讲，所有扰动系统的温度控制器都能实现控制。当系统出现扰动时，影响加热炉出口温度的各种扰动因素使 T 会偏离设定值 T_0，控制器根据温度偏差给出相应的调节量，通过调节阀调节燃料的流量，从而调节出口温度回到 T_0。该控制方案结构简单、方便实现，但是在实际应用过程中，不能满足对控制要求较高的控制系统的控制要求，也达不到生产工艺的要求。其主要原因是加热炉内管较长，离出口比较远，并且比热容较大，因此系统的控制通道的时间常数和容量滞后较大，这是一个典型的一阶惯性加纯滞后过程。若采用单回路控制系统，由于加热炉内管较长，所以需要一定的时间，出口温度才能有变化且变化缓慢。当燃料管道压力不稳导致燃料流量变化时，尽管燃料调节阀的开度不变，但物料出口的热物料温度会发生变化，因此就会出现控制系统不及时、出口的热物料温度超调量大、稳定性变差等问题。

针对上述问题，为了及时检测到燃料流量的变化，采用进口燃料流量检测的控制方案。在该方案中，加热炉的出口热物料温度不再是被控变量，而是选择燃料流量为被控量，燃料调节阀的开度为控制变量，如图 5-4 所示。

这个方案的优点是对燃料流量进行控制后，有效克服了图 5-2 所示方案中存在的较大时间常数和滞后问题，保证了燃料流量的恒定，出口的热物料温度变成了间接控制变量，该方案在冷物料温度及流量稳定时是可行的。但是，当负荷发生自扰时，出口热物料温度将发生变化，导致控制系统无法保证温度的恒定。

综合上述分析不难看出，上述两种单回路控制方案的控制效果较差，很难达到满意的效果。若要统筹兼顾，考虑多种主要因素的影响，可将这两种方案综合，即选取出口的热物料温度为主被控变量，燃料管道流量为副被控变量，燃料调节阀的开度为控制变量的串级控制方案，如图 5-5 所示。控制器 FC 用于克服燃料流量波动对出口的热物料温度的影响，这样使燃料管道压力扰动引起的流量波动很快被消除，从而使出口的热物料温度 T 基本不受影响，即由控制器 TC 根据 T 与设定值的偏差自动改变 FC 的设定值，通过将 TC 和 FC 串联在一起工作，组成加热炉串级控制系统，系统方框图如图 5-6 所示。

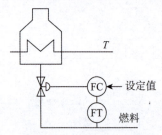

图 5-4　流量单回路控制系统

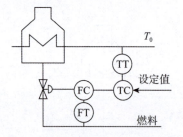

图 5-5　加热炉温度串级控制系统

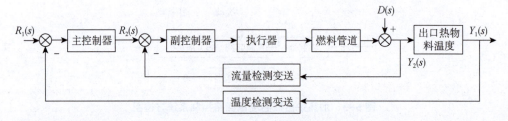

图 5-6　加热炉串级控制系统方框图

所谓串级控制系统，就是采用两个控制器串联工作，主控制器的输出作为副控制器的设定值，由副控制器的输出去操纵执行器（如调节阀），从而对主被控变量具有更好的控制效果。

▶▶▶ 5.1.2　串级控制系统的组成 ▶▶▶

由图 5-6 可以推得串级控制系统的标准原理方框图，如图 5-7 所示。

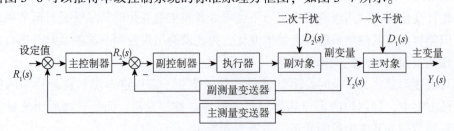

图 5-7　串级控制系统的标准原理方框图

在上述方框图中涉及以下几个组成部分和名词术语。

主变量——在串级控制系统中起主导作用的被控变量，也称主被控变量。

副变量——串级控制系统中为了稳定主被控变量而引入的中间辅助变量，也称副被控变量。

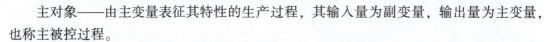

主对象——由主变量表征其特性的生产过程，其输入量为副变量，输出量为主变量，也称主被控过程。

副对象——由副变量作为输出的生产过程，其输入量为控制变量，也称副被控过程。

主控制器——按主变量的测量值与设定值的偏差进行工作的控制器，其输出为副控制器的设定值。

副控制器——按副变量的测量值与主控制器输出量的偏差进行工作的控制器，其输出直接控制执行器动作。

主回路(主环)——在外围的闭合回路，一般由主控制器、副回路、主对象和主测量变送器组成。

副回路(副环)——在内围的闭合回路，一般由副控制器、副对象和副测量变送器组成。

主测量变送器——检测和变送主变量的变送器。

副测量变送器——检测和变送副变量的变送器。

一次干扰/扰动——不包括在副回路内的扰动。

二次干扰/扰动——包括在副回路内的扰动。

▶▶▶ 5.1.3　串级控制系统的工作过程 ▶▶▶ ▶

串级控制系统从整体上看仍然是一个定值控制系统，主变量在扰动作用下的过渡过程和单回路定值控制系统的过渡过程具有相同的品质指标。但是，串级控制系统通过在结构上从对象中引出了一个中间变量(副变量)构成了一个副回路，从而提高系统的性能。

在串级控制系统中，主控制器的输出改变副控制器的设定值，当负荷发生变化时，主控制器的输出值发生改变，此时，副控制器能及时跟踪并控制副变量。因此，副回路是一个随动控制系统，其允许存在一定的余差，具有"粗调"的作用；主回路是定值控制系统，具有"细调"的作用。在主、副回路的共同作用下，系统的控制质量得到进一步提高。

当扰动发生时，系统的稳定状态被破坏了，串级控制系统的主、副控制器开始工作。根据扰动作用点的不同，扰动分为一次扰动和二次扰动：一次扰动是作用在主对象上的，即不包括在副回路范围内的扰动；二次扰动是作用在副对象上的，即包括在副回路范围内的扰动。与单回路控制系统相比，串级控制系统增加的仪表数量不多，只是在结构上增加了一个包含二次扰动的副回路，取得了更好的控制质量。

5.2　串级控制系统的特点

串级控制系统与简单控制系统相比，只是在结构上增加了一个副回路，但是实践证明，对于相同的干扰，串级控制系统具有更好的控制质量。下面以图5-8所示的串级控制系统方框图为例，说明串级控制系统的特点。

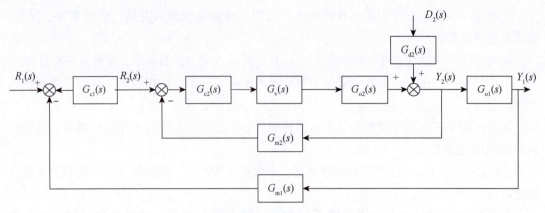

图 5-8　串级控制系统方框图

在图 5-8 中，$G_{c1}(s)$、$G_{c2}(s)$ 是主、副控制器传递函数；$G_{o1}(s)$、$G_{o2}(s)$ 是主、副对象传递函数；$G_{m1}(s)$、$G_{m2}(s)$ 是主、副测量变送器传递函数；$G_v(s)$ 是执行器传递函数；$G_{d2}(s)$ 是二次干扰通道的传递函数。

串级控制系统具有以下 3 个特点。

1. 增强了系统的抗干扰能力

由于串级控制系统中的副回路具有快速响应作用，因此它能够有效克服二次扰动的影响，可以说串级控制系统主要是用来克服进入副回路的二次干扰的。

在图 5-8 所示的串级控制系统方框图中，当二次干扰 D_2 经过干扰通道环节 $G_{d2}(s)$ 后，进入副回路，首先影响副变量 Y_2，于是副控制器立即动作，力图削弱干扰对 Y_2 的影响。显然，干扰经过副回路的抑制后进入主回路，对主变量 Y_1 的影响将有较大的减弱。可以写出二次干扰 D_2 至主变量 Y_1 的传递函数为

$$\frac{Y_1(s)}{D_2(s)}\Big|_{\text{串}} = \frac{\dfrac{G_{d2}(s)G_{o1}(s)}{1 + G_{c2}(s)G_v(s)G_{o2}(s)G_{m2}(s)}}{1 + G_{c1}(s)G_{o1}(s)G_{m1}(s)\dfrac{G_{c2}(s)G_v(s)G_{o2}}{1 + G_{c2}(s)G_v(s)G_{o2}(s)G_{m2}(s)}}$$

$$= \frac{G_{d2}(s)G_{o1}(s)}{1 + G_{c2}(s)G_v(s)G_{o2}(s)G_{m2}(s) + G_{c1}(s)G_{c2}(s)G_v(s)G_{o1}(s)G_{o2}(s)G_{m1}(s)}$$

$$(5-1)$$

在图 5-9 所示的单回路控制系统方框图中，单回路控制下 D_2 至 Y_1 的传递函数为

$$\frac{Y_1(s)}{D_2(s)}\Big|_{\text{单}} = \frac{G_{d2}(s)G_{o1}(s)}{1 + G_c(s)G_v(s)G_{o1}(s)G_{o2}(s)G_m(s)} \qquad (5-2)$$

对比式(5-1)和式(5-2)，首先假定 $G_c(s) = G_{c1}(s)$，在单回路控制系统中的 $G_m(s)$ 就是串级控制系统中的 $G_{m1}(s)$，可以看到，串级控制系统中 $Y_1(s)/D_2(s)$ 分母中多了一项，即 $G_{c2}(s)G_v(s)G_{o2}(s)G_{m2}(s)$。在主回路的工作频率下，这项乘积的数值一般比较大，并且随着副控制器比例增益的增大而增大；在式(5-1)的分母中第三项比式(5-2)分母中第二项多了一个 $G_{c2}(s)$。一般情况下，副控制器的比例增益是大于 1 的。因此可以说，串级控制系统的结构使二次干扰 D_2 对主变量 Y_1 这一通道的动态增益明显减小。当出现二次干扰时，副控制器很快就可以克服，从而大大减小二次干扰对主变量的影响，与单回路控制

系统相比，被控变量受二次干扰的影响往往可以减小很多。同时，由于副回路的存在，减小了副对象的时间常数，因此对于主回路来讲，其控制通道缩短了，克服一次干扰比同等条件下的简单控制系统更加及时。

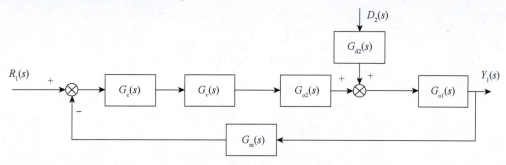

图 5-9　单回路控制系统方框图

2. 改善控制通道的动态特性

由于串级控制系统中副回路起到了改善对象动态特性的作用，所以可以加大主控制器的增益，提高工作频率。

1）减小了被控对象的等效时间常数

分析比较图 5-8 和图 5-9 可知，串级控制系统中的副回路代替了单回路控制系统中的一部分过程，如果把整个副回路等效成一个环节，则其等效传递函数用 $G'_{o2}(s)$ 表示，记作

$$G'_{o2}(s) = \frac{Y_2(s)}{R_2(s)} = \frac{G_{c2}(s)G_v(s)G_{o2}(s)}{1 + G_{c2}(s)G_v(s)G_{o2}(s)G_{m2}(s)} \tag{5-3}$$

根据实际情况，假设副回路中各环节的传递函数分别为

$$G_{o2}(s) = \frac{K_{o2}}{T_{o2}s + 1}; \quad G_{c2}(s) = K_{c2}; \quad G_v(s) = K_v; \quad G_{m2}(s) = K_{m2} \tag{5-4}$$

将式（5-4）代入式（5-3）得

$$G'_{o2}(s) = \frac{\dfrac{K_{c2}K_vK_{o2}}{T_{o2}s + 1}}{1 + \dfrac{K_{c2}K_vK_{o2}K_{m2}}{T_{o2}s + 1}} = \frac{\dfrac{K_{c2}K_vK_{o2}}{1 + K_{c2}K_vK_{o2}K_{m2}}}{1 + \dfrac{T_{o2}s}{1 + K_{c2}K_vK_{o2}K_{m2}}} = \frac{K'_{o2}}{T'_{o2}s + 1} \tag{5-5}$$

式中，K'_{o2} 和 T'_{o2} 分别为等效过程的放大系数和时间常数。

比较 $G_{o2}(s)$ 和 $G'_{o2}(s)$，由于 $1 + K_{c2}K_vK_{o2}K_{m2} \gg 1$，所以可以得到 $T'_{o2} \ll T_{o2}$。

这就表明，副回路的存在，改善了控制通道的动态特性，使等效过程的时间常数（简称等效时间常数）缩小了 $1/(1 + K_{c2}K_vK_{o2}K_{m2})$，而且副控制器的比例增益越大，等效时间常数将越小，时间常数减小意味着控制通道的缩短，从而使控制作用更加及时，响应速度更快，提高了系统的控制质量。通常情况下，副对象大多为单容过程或双容过程，因而副控制器的比例增益可以取得较大，使等效时间常数可以减小到很小的数值，从而加快副回路的响应速度。

2）提高了系统的工作频率

串级控制系统的工作频率可以依据闭环系统的特征方程进行计算，串级控制系统的特征方程为

$$1 + G_{c1}(s)G_{o2}'(s)G_{o1}(s)G_{m1}(s) = 0 \tag{5-6}$$

假设 $G_{o1}(s) = \dfrac{K_{o1}}{T_{o1}s + 1}$，$G_{c1}(s) = K_{c1}$，$G_{m1}(s) = K_{m1}$，$G_{o2}'(s)$ 如式(5-5)所示，则式(5-6)变为

$$1 + \frac{K_{c1}K_{o2}'K_{o1}K_{m1}}{(T_{o2}' + 1)(T_{o1}s + 1)} = 0$$

整理后可得

$$s^2 + \frac{T_{o1} + T_{o2}'}{T_{o1}T_{o2}'}s + \frac{1 + K_{c1}K_{o2}'K_{o1}K_{m1}}{T_{o1}T_{o2}'} = 0 \tag{5-7}$$

若令

$$\begin{cases} 2\xi\omega_0 = \dfrac{T_{o1} + T_{o2}'}{T_{o1}T_{o2}'} \\[3mm] \omega_0^2 = \dfrac{1 + K_{c1}K_{o2}'K_{o1}K_{m1}}{T_{o1}T_{o2}'} \end{cases}$$

则式(5-7)可写成如下标准形式：

$$s^2 + 2\xi\omega_0 s + \omega_0^2 = 0 \tag{5-8}$$

式中，ξ 为串级控制系统的阻尼系数；ω_0 为串级控制系统的自然频率。

由反馈控制理论可知，串级控制系统的工作频率为

$$\omega_{串} = \omega_0\sqrt{1 - \xi^2} = \frac{\sqrt{1 - \xi^2}}{2\xi}\frac{(T_{o1} + T_{o2}')}{T_{o1}T_{o2}'} \tag{5-9}$$

对于同一对象，如果采用单回路控制方案，则由式(5-2)可得系统的特征方程为

$$1 + G_c(s)G_v(s)G_{o1}(s)G_{o2}(s)G_{m1}(s) = 0 \tag{5-10}$$

设各个环节的传递函数为

$$G_{o1}(s) = \frac{K_{o1}}{T_{o1}s + 1}, \quad G_{o2}(s) = \frac{K_{o2}}{T_{o2}s + 1}, \quad G_c(s) = K_c, \quad G_v(s) = K_v, \quad G_{m1}(s) = K_{m1}$$

则式(5-10)变为

$$s^2 + \frac{T_{o1} + T_{o2}}{T_{o1}T_{o2}}s + \frac{1 + K_cK_vK_{o2}K_{o1}K_{m1}}{T_{o1}T_{o2}} = 0 \tag{5-11}$$

若令

$$\begin{cases} 2\xi'\omega_0' = \dfrac{T_{o1} + T_{o2}}{T_{o1}T_{o2}} \\[3mm] \omega_0'^2 = \dfrac{1 + K_cK_vK_{o2}K_{o1}K_{m1}}{T_{o1}T_{o2}} \end{cases} \tag{5-12}$$

式中，ξ' 为单回路控制系统的阻尼系数；ω_0' 为单回路控制系统的自然频率。由此可得单回路控制系统的工作频率为

$$\omega_{单} = \omega_0'\sqrt{1 - \xi'^2} = \frac{\sqrt{1 - \xi'^2}}{2\xi'}\frac{(T_{o1} + T_{o2})}{T_{o1}T_{o2}} \tag{5-13}$$

如果使串级控制系统和单回路控制系统的阻尼系数相同，即 $\xi = \xi'$，则有

$$\frac{\omega_{\text{串}}}{\omega_{\text{单}}} = \frac{\dfrac{T_{o1} + T'_{o2}}{T_{o1} T'_{o2}}}{\dfrac{T_{o1} + T_{o2}}{T_{o1} T_{o2}}} = \frac{\dfrac{1 + T_{o1}}{T'_{o2}}}{\dfrac{1 + T_{o1}}{T_{o2}}} \tag{5-14}$$

因为 $\dfrac{T_{o1}}{T'_{o2}} \gg \dfrac{T_{o1}}{T_{o2}}$，所以可以得到 $\omega_{\text{串}} \gg \omega_{\text{单}}$，即串行控制系统的工作频率大于单回路控制系统的工作频率。

研究表明，若将主、副对象推广到一般情况，主、副控制器推广到一般情况的 PID 控制规律，上述结论依然成立。由此可知，串级控制系统由于副回路的存在，改善了对象的动态特性，提高了整个系统的工作频率。进一步研究表明，当主、副对象的时间常数 T_{o1} 和 T_{o2} 比值一定时，副控制器的放大系数 K_{c2} 越大，串级控制系统的工作频率就越高；而当副控制器的放大系数 K_{c2} 一定时，T_{o1} 和 T_{o2} 的比值越大，串级控制系统的工作频率也越高。

与单回路控制系统相比，串级控制系统工作频率的提高，使其振荡周期得以缩短，因而提高了控制质量。

3. 对负载具有一定的自适应能力

在实际生产过程中往往包含一些非线性因素。随着操作条件和负荷的变化，对象的静态增益也将发生变化。因此，在一定负荷下，即在确定的工作点情况下，按一定控制质量指标整定的控制参数只适应于工作点附近的一个小范围。如果负荷变化过大，超出这个范围，那么控制质量就会下降。在简单控制系统中，若不采取其他措施是难以解决这个问题的。但在串级控制系统中情况就不一样了，负荷变化引起副回路内各个环节参数的变化，对系统的控制质量影响较小甚至不会产生影响。如果把副回路等效为一个对象，那么副回路的等效放大系数为

$$K'_{o2} = \frac{K_{c2} K_v K_{o2}}{1 + K_{c2} K_v K_{o2} K_{m2}} \tag{5-15}$$

一般情况下，$K_{c2} K_v K_{o2} K_{m2} \gg 1$，因此，当副对象中的放大系数 K_{o2} 或 K_v 随负荷变化时，K'_{o2} 几乎不变，因而无须重新整定控制器参数。此外，由于副回路是一个随动控制系统，它的设定值是随主控制器的输出变化而改变的，因此当负荷或操作条件改变时，主控制器将改变其输出，调整副控制器的设定值，使负荷或操作条件改变时能适应其变化而保持较好的控制性能。从上述分析可知，串级控制系统能自动克服非线性的影响，对负荷和操作条件的变化有一定自适应能力。

综上所述，串级控制系统的主要特点：对进入副回路的干扰有很强的抑制能力，增强了系统的抗干扰能力；改善了控制通道的动态特性，提高系统的快速性；对非线性情况下的负荷或操作条件的变化具有一定的自适应能力。

5.3 串级控制系统设计

▶▶▶ 5.3.1 设计原则 ▶▶▶

由串级控制系统的性能分析可知：在串级控制系统中，由于引入了一个副回路，因

此，其不仅能及早克服进入副回路的扰动，而且能改善过程特性，提高系统的控制质量。但是，并不是对于所有的被控对象都需要采用串级控制系统结构，这是由于串级控制系统包含了主、副两个控制回路，因而系统结构复杂。另外，主、副回路中包含众多仪表，如副回路包含副测量变送器、副控制器、执行器等；主回路包含主测量变送器、主控制器等，导致串级控制系统费用较高且参数整定费时。因此，如果单回路控制系统能满足系统的工艺要求，那么就不需要采用串级控制方案。一般而言，串级控制系统主要用于容量滞后较大、纯滞后较大、扰动变化激烈且幅度大、参数互相关联等复杂过程。

串级控制系统的主回路是定值控制系统，其设计和单回路控制系统类似，设计过程可以按照简单控制系统设计原则进行。

副回路是随动控制系统，对包含在其中的二次扰动具有很强的抑制能力和自适应能力，二次扰动通过主、副回路的调节对主变量的影响很小，因此在选择副回路时应尽可能把对象中变化剧烈、频繁、幅度大的主要扰动包括在副回路中，尽可能包含更多的扰动。

总结归纳如下。

（1）在设计中将严重影响主变量的主要扰动包括在副回路中。

（2）尽可能将更多的变化频繁、幅度大的扰动包括在副回路中。

（3）副对象的时间常数不能太大，纯滞后时间也应尽可能小，以保持副回路的快速响应特性。

（4）要将被控对象具有明显非线性或时变特性的一部分包括在副对象中。

（5）在需要以流量实现精确跟踪时，可选流量为副变量。

可以看到此处（2）和（3）存在明显矛盾，将更多的扰动放在副回路中有可能导致副回路的滞后过大，这样就会影响副回路的响应速度，因此在实际设计过程中要合理兼顾（2）和（3），副回路包含的干扰也不是越多越好。

▶▶▶ 5.3.2　主、副回路设计方法 ▶▶▶

1．主、副变量的选择

主变量的选择原则与单回路控制系统的选择原则是一致的，即选择直接或间接反映生产过程的产品产量、质量及安全等控制目的的参数作为主变量。由于串级控制系统副回路的超前校正作用使工艺过程比较稳定，所以，在一定程度上允许主变量有一定的滞后，也就可以更加灵活地选择主变量。

串级控制系统的优点都是因为增加了副回路，可以说，副回路的设计质量是保证发挥串级控制系统优点的关键。副回路的设计首先就是如何从对象的多个变量中选择一个变量作为副变量。副变量的选择一般应使主要干扰和更多的干扰落入副回路，不仅要物理可测，还能对干扰作用迅速作出反应。

由前面的分析可知，串级控制系统的副回路具有动作快、抗干扰能力强的特点，所以在设计串级控制系统时，应尽可能地把更多的干扰纳入副回路，特别是那些变化剧烈、幅度较大、频繁出现的主要干扰。主要干扰一旦出现，副回路首先把它们降到最低，减小对主变量的影响，从而提高控制质量。为此，在设计串级控制系统之前应对生产工艺中各种干扰的来源及其影响程度进行必要的深入研究。

在此以管式加热炉温度串级控制系统为例,说明系统副变量的选择过程。管式加热炉利用燃料在炉膛内燃烧时产生的高温火焰与烟气作为热源,来加热管路中流动的油品,使其达到工艺规定的温度,以供给原油或油品进行分馏、裂解和反应等加工过程中所需要的热量,保证生产正常进行。

为了延长加热炉的寿命,保持出口的热原料油温度的稳定是加热炉操作中重要的控制指标,因此选择出口的热原料油温度作为主变量。可供选择的副变量有燃料油的阀前压力、燃料油的流量及炉膛温度。

如果燃料油的压力波动为生产过程中的主要干扰,则选择燃料油的阀前压力作为副变量,构成管式加热炉温度-压力串级控制系统,如图5-10所示。

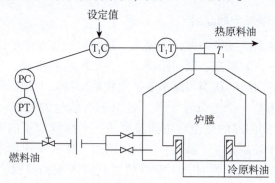

图5-10 管式加热炉温度-压力串级控制系统

如果燃料油的流量是生产过程中的主要干扰,则选择燃料油的流量作为副变量,构成管式加热炉温度-流量串级控制系统,如图5-11所示。

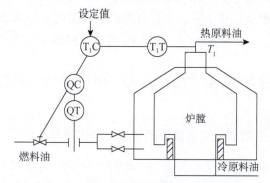

图5-11 管式加热炉温度-流量串级控制系统

如果燃料油的压力和流量都比较稳定,而生产过程中原料油的流量频繁波动,或者入口的冷原料油温度受外界影响波动较大,则上述两种方案均不可行,因为没有将主要干扰包含在副回路中。此时,将炉膛温度作为副变量,构成图5-12所示的管式加热炉温度-温度串级控制系统更为合理。该副回路中包含了更多的二次干扰,如燃料油热值的变化、原料油组分的变化、助燃风流量的波动、烟囱抽力的变化等。

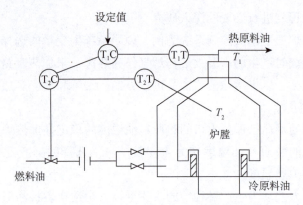

图 5–12　管式加热炉温度–温度串级控制系统

2. 主、副回路工作频率的选择

为了避免串级控制系统发生共振，应使主、副对象的工作频率匹配。

在串级控制系统中，如果主、副回路都是一个二阶振荡系统，那么主、副回路是两个相互独立又密切相关的回路。从副回路来看，主控制器持续向副回路输送信号，即副回路一直受到从主回路过来的一个连续性干扰，这个干扰信号的频率就是主回路的工作频率 ω_{d1}。从主回路来看，副回路的输出对主回路也是一个持续作用的干扰，这个干扰信号的频率就是副回路的工作频率 ω_{d2}。如果主、副回路的工作频率很接近，彼此就会落入对方的广义共振区，那么在受到干扰时，主变量的变化进入副回路时会引起副变量振幅的增加，而副变量的变化传送回主回路后，又迫使主变量的变化幅度的增加，如此循环往复，就会使主、副变量长时间地大幅度波动，这就是串级控制系统的共振现象。一旦发生共振，系统就会失去控制，因此在设计时必须将主、副回路的工作频率错开。

为确保串级控制系统不受共振现象的威胁，一般取 $\omega_{d2} = (3 \sim 10)\,\omega_{d1}$，由于系统的工作频率与时间常数近似成反比关系，所以在选择副变量时，应考虑主、副回路时间常数的匹配关系，通常取 $T_{o1} = (3 \sim 10)\,T_{o2}$（其中 T_{o1} 为主回路的振荡周期；T_{o2} 为副回路的振荡周期）。

当然为了满足上述条件，除了在副回路设计中加以考虑，还可以考虑主、副回路的整定参数。

在实际应用中，$\dfrac{T_{o1}}{T_{o2}}$ 的取值应根据对象的情况和控制系统的控制目的进行设计。如果串级控制系统的目的是克服对象的主要干扰，则副回路的时间常数小一点为好，只需将主要干扰包含在副回路中；如果串级控制系统的目的是克服主被控对象的时间常数过大和滞后，以便改善对象特性，则副回路的时间常数可适当大一些；如果想利用串级控制系统克服对象的非线性，则主、副被控对象的时间常数应相差得大一些。

3. 主、副控制器控制规律的选择

在串级控制系统中，由于主、副控制器的任务不同，生产工艺对主、副变量的控制要求也不同，所以主、副控制器的控制规律的选择也不同，一般来说有如下几种情况。

（1）主变量是生产工艺的重要指标。控制质量要求较高，超出规定范围就要产生次品或发生事故。副变量的引入主要是通过闭合的副回路来保证和提高主变量的控制精度。由

于生产工艺对主变量的控制要求较高，所以主控制器可以选择 PI 控制器。有时为了克服对象的容量滞后，进一步提高主变量的控制质量，可再加入微分作用，即选择 PID 控制。因为对副变量的控制要求不高，所以副控制器一般选择 P 控制器就可以，此时如果引入积分作用反而削弱了副回路的快速性。

（2）生产工艺对主、副变量的控制要求都较高。为了使主变量在外界干扰作用下不至于产生余差，主控制器选择 PI 控制器；同时，为了克服进入副回路干扰的影响，保证副变量也能达到一定的控制质量要求，副控制器也选择 PI 控制器。

（3）对主变量的控制要求不高，允许在一定范围内波动，但要求副变量能够迅速、准确地跟随主控制器的输出而变化。显然，此时主控制器可选择 P 控制器，而副控制器选择 PI 控制器。

（4）对主、副变量的控制要求都十分严格。此时采用串级控制仅仅是为了相互兼顾，主、副控制器均可选择 P 控制器。

（5）当副变量为响应较快的变量时，副控制器常常采用 PI 控制。

4. 主、副控制器正、反作用方式的选择

串级控制系统中，主、副控制器的正、反作用方式选择的方法：首先根据工艺要求决定调节阀的气开、气关形式，并决定副控制器的正、反作用方式；然后依据主、副对象的正、反形式最终确定主控制器的正、反作用方式。

由控制理论的知识可知，要使一个控制系统能够正常稳定运行，必须采用负反馈，即保证系统总的放大系数为正。对串级控制系统而言，主、副控制器正、反作用方式的选择结果同样要使整个系统为负反馈控制结构，即主回路各环节放大系数的乘积必须为正。各环节放大系数极性的确定与单回路控制系统设计中的方法完全相同。现以图 5-5 所示的加热炉温度串级控制系统为例，说明主、副控制器正、反作用方式的确定过程。

从生产过程的安全性出发，调节阀选用气开式（K_v 为正），这是因为控制系统一旦出现故障，调节阀必须全关，以便切断加热炉的燃料的进入，确保设备安全；由产生工艺可知，当调节阀的开度增大时，炉膛温度升高，故 K_{o2} 为正；为保证副回路为负反馈，K_{c2} 应为正，即控制器为反作用控制器；当炉膛温度升高时，加热炉出口温度也随之升高，故 K_{o1} 也为正；为保证主回路为负反馈，K_{c1} 应为正，即控制器为反作用控制器。

▶▶▶ 5.3.3 控制器抗积分饱和措施 ▶▶▶

对于具有积分作用的控制器，当系统长时间存在偏差而不能消除时，控制器将出现积分饱和现象。这一现象将造成系统控制质量下降甚至失控。在串级控制系统中，如果副控制器只是 P 控制，而主控制器是 PI 或 PID 控制，则出现积分饱和现象的条件与简单控制系统相同，利用外部积分反馈法，只要在主控制器的反馈回路中加一个间歇单元就可以有效防止积分饱和。

但是如果主、副控制器均具有积分作用，那么就存在两个控制器的输出分别达到极限值的可能，此时，积分饱和的情况显然比简单控制系统要严重得多。虽然利用间歇单元可以防止副控制器的积分饱和，但对主控制器却无所助益。如果由于其他原因，副控制器不能对主控制器的输出变化作出响应，那么主控制器将会出现积分饱和。同样，如果副控制器逐渐地到达饱和，那么主控制器的输出无须达到极限值，主回路就会开环，在这种情况

下，必须采取其他抗积分饱和措施。

图 5-13 为串级控制系统抗积分饱和原理方框图，副变量 $Y_2(s)$ 作为主控制器的外部反馈信号，反馈通道时间常数为 T_n，可视为一阶惯性环节。在动态过程中，主控制器的输出为

$$R_2(s) = K_{c1} E_1(s) + \frac{1}{T_n s + 1} Y_2(s)$$

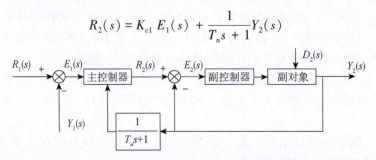

图 5-13 串级控制系统抗积分饱和原理方框图

当系统处于正常工作时，副回路的输出值 $Y_2(s)$ 应该不断地跟踪副回路的输入值 $R_2(s)$，即有 $Y_2(s) = R_2(s)$，此时主控制器的输出为

$$R_2(s) = K_{c1}(1 + \frac{1}{T_n s}) E_1(s) \tag{5-16}$$

从式(5-16)可以看到，主控制器实现 PI 控制，与通常采用 $R_2(s)$ 作为正反馈信号时相同。当副回路受到某种约束而出现长期偏差，即 $Y_2(s) \neq R_2(s)$ 时，主控制器的输出 $R_2(s)$ 与输入 $E_1(s) = R_1(s) - Y_1(s)$ 之间存在比例关系，而由 $Y_2(s)$ 决定其偏置项。此时主控制器失去积分作用，在稳态时，有 $t \to \infty$ 或 $s \to 0$，故 $R_2(\infty) = K_{c1}E_1(\infty) + Y_2(\infty)$ 或 $R_2(0) = K_{c1} E_1(0) + Y_2(0)$。显然，$R_2$ 不会因副回路偏差的长期存在而发生积分饱和。

这种方案的另一个特点是将副回路包围在主控制器的正反馈回路之中，实现了补偿反馈，这必定会改善主回路的性能。

 ## 5.4 串级控制系统的参数整定

串级控制系统参数的整定比单回路控制系统要复杂，这是因为两个控制器串联在一个系统中工作，不可避免地会产生相互影响。系统在运行过程中，主回路和副回路的工作频率是不同的。通常是副回路的工作频率较高，主回路的工作频率较低。工作频率的高低主要取决于对象的动态特性，但也与主、副控制器的整定参数有关。在整定时应尽量加大副控制器的增益，以提高副回路的工作频率，从而使主、副回路的工作频率尽可能错开，以减少相互间的影响。

从整体上看，串级控制系统的主回路是一个定值控制系统，要求主变量有较高的控制精度，其对控制质量的要求与简单定值控制系统对控制质量的要求相同；但就一般情况而言，串级控制系统的副回路是为提高主回路的控制质量而引入的一个随动控制系统，因此对副回路没有严格的控制质量的要求，只要求副变量能够快速、准确地跟踪主控制器的输出变化，作为随动控制系统考虑。这样对副控制器的整定要求不高，从而可以使整定过程简化。由于两个控制器完成任务的侧重点不同，对控制质量的要求也就不同。因此，必须根据各自完成的任务和控制质量要求去确定主、副控制器的参数。

在工程实践中，串级控制系统常用的参数整定方法有逐步逼近法、两步整定法、一步整定法等。

1. 逐步逼近法

对于主、副对象的时间常数相差不大的串级控制系统，由于主、副回路的动态联系比较紧密，所以系统参数的整定必须反复进行、逐步逼近。

逐步逼近法的具体步骤如下。

(1)在主回路开环、副回路闭环的情况下，把副回路看作一个单回路控制系统，整定副控制器的参数。可采用第4章给出的任意一种参数整定方法，求得副控制器的整定参数，记为 $[G_{c2}(s)]_1$。

(2)将副控制器的参数设置在 $[G_{c2}(s)]_1$ 上，把主回路闭合，副回路等效成一个环节。这样，主回路又成为一个单回路控制系统，采用第4章给出的参数整定方法，求得主控制器的整定参数，记为 $[G_{c1}(s)]_1$。

(3)将主控制器的参数设置在 $[G_{c1}(s)]_1$ 上，在主回路闭合的情况下，按相同方法求取副控制器的整定参数 $[G_{c2}(s)]_2$，至此完成了一次逼近循环。观察系统在 $[G_{c1}(s)]_1$、$[G_{c2}(s)]_2$ 作用下的过程控制曲线，如果已满足工艺要求，则 $[G_{c1}(s)]_1$、$[G_{c2}(s)]_2$ 即所求控制器的整定参数值；否则，将副控制器的参数置于 $[G_{c2}(s)]_2$，再按上述方法求取主控制器的整定参数 $[G_{c1}(s)]_2$，如此反复逐步逼近，直到获得满意的控制质量指标为止。该参数的整定方法需要反复进行，因而往往费时。

2. 两步整定法

当串级控制系统中主、副对象的时间常数相差较大，即 $\dfrac{T_1}{T_2}$ 在 $3\sim10$ 范围内时，主、副回路的动态联系较小，可以忽略不计。此时，副控制器的参数按单回路控制系统的整定方法获得后，可以将副回路作为主回路的一个环节，按单回路控制系统的整定方法整定主控制器的参数，而不用再考虑主控制器参数的变化对副回路的影响。基于该思想，两步整定法的具体步骤如下。

(1)在生产工艺稳定，主、副回路都处于闭合的情况下，主、副控制器均采用纯比例控制，并且将主控制器的比例带 δ_1 置于100%。采用衰减曲线法整定副控制器的参数。例如，采用4∶1的衰减曲线法，求得副控制器在4∶1衰减比下的比例带 δ_1 和振荡周期 T_{2s}。

(2)在副控制器的比例带为 δ_2 的情况下，将副回路等效为主回路的一个环节，采用同样的方法整定主回路，求得副控制器的比例带 δ_{1s} 和振荡周期 T_{1s}。

(3)根据求得的 δ_2、T_{2s} 和 δ_{1s}、T_{1s}，结合主、副控制器的选型并按照单回路控制系统参数整定的经验公式，计算出主、副控制器的最佳比例带、积分时间和微分时间。

(4)按照"先副后主、先比例再积分后微分"的顺序，将整定后的系统投入运行，观察过渡过程曲线，对系统再次做适当的调整，直至控制系统的性能满足要求。

3. 一步整定法

两步整定法虽然比逐步逼近法简便，但仍然要分两步进行整定，要寻求两个衰减比为4∶1的衰减振荡过程，因而仍比较麻烦。人们在采用两步整定法整定参数的实践中，对两步整定法反复进行总结、简化，从而得到了一步整定法。所谓一步整定法，就是根据经验先确定副控制器的比例带，然后按照简单控制系统的整定方法整定主控制器的参数。一步整定法的整定准确性虽然比两步整定法低，但由于方法更简便，易于操作和掌握，所以在工程上得到了广泛的应用。

理论研究表明，在过程特性不变的条件下，主、副控制器的放大系数在一定范围内可以任意匹配，即在 $0 < K_{c1}K_{c2} \leq 0.5$ 的条件下，当主、副对象的特性一定时，$K_{c1}K_{c2}$ 为一常数。一步整定法是该理论成果在主、副控制器参数整定中的应用。

一步整定法的具体步骤如下。

（1）当控制系统的主、副控制器均在比例作用下时，先根据 $K_{c1}K_{c2} \leq 0.5$ 的约束条件或由经验确定 K_{c2}，并将其设置在副控制器上。

（2）将副回路等效成一个环节，按照单回路控制系统的衰减曲线法，整定主控制器的参数。

（3）观察控制过程，根据 K_{c1} 与 K_{c2} 在 $K_{c1}K_{c2} \leq 0.5$ 的条件下可任意匹配的原则，适当调整主、副控制器的参数，使控制指标满足工艺要求。

 ## 5.5 串级控制系统工业应用实例

对于有较大的容量滞后或纯滞后的工艺过程，单回路控制系统往往不具有良好的动态性能。此外，一般工业生产过程都具有一定的非线性特性。当负荷变化时，过程特性会发生变化，从而引起工作点的漂移。如果采用串级控制系统，则可以有效提高控制效果。总体来说，串级控制系统的特点主要如下。

（1）在结构上，它是由两个串联工作的控制器构成的双闭环控制系统，其中主回路是定值控制系统，副回路是随动控制系统。

（2）引入副回路，提高了系统的抗干扰能力，尤其是大大克服了二次扰动对系统被控（度）量的影响，抑制了变化剧烈且幅度大的扰动。

（3）引入副回路，提高了整个系统的响应速度，同时，由于副回路改善了对象的动态特性，所以加大了主控制器的增益，提高了系统的工作频率。

（4）对负荷或操作条件的变化具有一定的自适应能力，其原因是副回路的作用使等效对象的增益接近常数。

基于以上特点，串级控制系统主要应用于对象滞后和时间常数很大、干扰作用强而频繁、负荷变化大、对控制质量要求较高的场合。尽管串级控制系统应用广泛，但是必须根据具体情况，充分利用其优点进行系统设计，这样才能具有良好的控制效果。不能因为串级控制系统比单回路控制系统的优点多，就对所有的被控对象采用串级控制，而摒弃单回路控制。由于在实际应用过程中，串级控制涉及的仪表众多、费用高、参数整定复杂等问题，所以能用单回路控制解决的问题，尽量不用串级控制解决。下面列举了一些串级控制系统实例，来说明串级控制系统的特点及适用范围。

1. 用于容量滞后较大的过程

当被控过程的容量滞后较大时，可以选择一个滞后较小的辅助变量组成副回路，使被控过程的等效时间常数减小，以提高系统的工作频率，加快响应速度，从而提高控制质量。因此，对于很多以温度或质量指标为被控变量的工业过程，其容量滞后往往比较大，而生产中对这些参数的控制质量的要求又比较高，此时宜采用串级控制系统。

例如，如图 5-5 所示的加热炉温度串级控制系统。为了使加热炉出口温度保持一定，选取燃料的流量为控制变量。但是，由于加热炉的容量滞后较大，干扰因素较多，单回路控制系统不能满足工艺对加热炉出口温度的要求。为此，可以选择容量滞后较小的炉膛温度作为副变量，构成加热炉出口温度对炉膛温度的串级控制系统，利用副回路的快速作用，有效提高控制质量，从而满足工艺要求。

2. 用于纯滞后较大的过程

当被控过程的纯滞后时间较长、单回路控制系统不能满足工艺要求时，可以考虑用串级控制系统来改善控制质量。通常的做法是，在离调节阀较近、纯滞后时间较短的位置选择一个辅助变量作为副变量，构成一个纯滞后较小的副回路，由它来实现对主要干扰的及时控制。

图 5-14 为造纸厂纸浆由混合箱送往网前箱的工艺流程。调配好中等浓度的纸浆由泵从储槽送至混合箱，在混合箱中与网部滤下的白水混合，配制成低浓度纸浆悬浮液，并被蒸汽加热至 72 ℃左右。经过立筛、圆筛除去杂质后送至网前箱，再以一定速度喷向造纸网脱水。为了保证纸张质量，工艺要求网前箱的纸浆温度为 (61 ± 1) ℃。因此，将网前箱的纸浆温度作为被控变量，蒸汽的流量作为控制变量。从混合箱到网前箱的纯滞后较大。用单回路控制系统，如果纸浆的流量为 35 kg/min，那么网前箱纸浆温度的最大偏差将达8.5 ℃，过渡过程时间长达450 s，根本无法满足生产工艺的要求。经分析，尽管混合箱到网前箱的纯滞后较大，但进入回路的干扰因素较少，干扰因素大多集中在混合箱。因此，选择混合箱纸浆出口温度为副变量，组成串级控制系统，将大多数干扰包括在副回路中，而将纯滞后时间置于主对象中。主、副控制器都选用 PI 控制，经过最佳参数整定后，纸浆的流量同样为 35 kg/min，网前箱纸浆温度的最大偏差没有超过 1 ℃，过渡过程时间降为200 s，完全满足工艺要求。

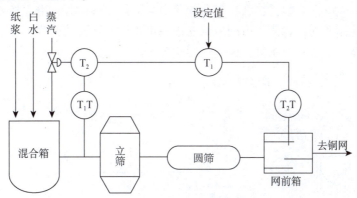

图 5-14　造纸厂纸浆由混合箱送往网前箱的工艺流程

3. 用于干扰变化剧烈且幅度大的过程

由于串级控制系统的副回路对于进入其中的干扰具有较强的抑制能力，所以，在设计系统时，只要将变化剧烈且幅度大的干扰包括在副回路中，并将副控制器的比例增益整定得较大，就可以大大减小干扰对主变量的影响。

图 5-15 为锅炉三冲量液位-流量串级控制系统。汽包锅炉给水自动控制的任务是，使

锅炉的给水流量适应锅炉的蒸发量,以维持汽包液位在规定的范围内。汽包液位过高,则会影响汽包内汽水分离装置的正常工作,造成出口蒸汽水分过多而使过热器管壁结垢,容易烧坏过热器,同时会使过热蒸汽的温度产生急剧变化,直接影响机组运行的安全性和经济性。汽包液位过低,则可能破坏锅炉水循环,造成水冷壁管烧坏而破裂。该系统的工艺要求是控制汽包液位。由于锅炉容量小,蒸汽流量与水压变化频繁且剧烈,所以将蒸汽流量作为副变量,构成锅炉三冲量液位–流量串级控制系统。该串级控

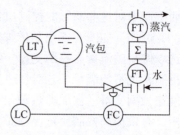

图 5–15　锅炉三冲量液位–流量串级控制系统

制系统的主、副控制器的任务不同,主控制器保证液位无静差,输出信号和给水流量、蒸汽流量信号都作用到副控制器。副控制器的任务是消除给水压力波动等因素引起的给水流量的自发性干扰,以及当蒸汽负荷改变时迅速控制给水流量,以保证给水流量和蒸汽流量平衡。

4. 用于非线性的被控过程

在过程控制中,一般的被控过程都存在一定的非线性。这会导致当负荷发生变化时整个系统的特性发生变化,影响控制系统的动态特性。单回路控制系统往往不能满足生产工艺的要求,由于串级控制系统的副回路是随动控制系统,具有一定的自适应性,因此在一定程度上可以补偿非线性对系统动态特性的影响。

图 5-16 为合成反应器温度–温度串级控制系统。为了确保合成气体的质量,反应器中部的温度是主要的控制指标,因而选其作为被控变量。醋酸和乙炔的混合气体要经过两个换热器后进入反应器,因此控制通道中包括了两个换热器和一个合成反应器。换热器是一个典型的非线性设备,当醋酸和乙炔的混合气体的流量发生变化时,进气口温度将随负荷的减小而显著升高。如果将进气口温度作为副变量组成图 5-16 所示的串级控制系统,把两个换热器包括在副回路中,那么当负荷变化引起工作点移动时,由主控制器的输出自动地重新设置副控制器的设定值,由副控制器进一步调整调节阀的开度。虽然这样会影响副回路的控制质量,但对整个系统的稳定性影响较小。

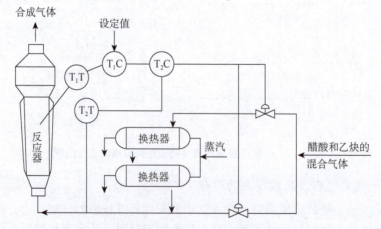

图 5-16　合成反应器温度–温度串级控制系统

5. 用于参数互相关联的被控过程

在有些生产过程中，对两个互相关联的参数需要用同一种介质进行控制。在这种情况下，若采用单回路控制系统，则需要安装两套装置，即在同一管道上安装两个调节阀。这样，既不经济又无法工作。对这样的过程，可以根据互相关联的主次，组成串级控制系统，以满足工艺要求。

现以图5-17所示的常压塔一线温度-塔顶温度串级控制系统为例加以说明。由炼油工艺可知，通过精馏将进入常压塔的油品分离成塔顶汽油、一线航空煤油等产品，其中塔顶出口温度是保证塔顶产品纯度的重要指标，而一线温度是保证一线产品质量的重要指标，两者均通过塔顶的回流量进行控制。若采用单回路控制系统，则显然是困难的。如果采用图5-17所示的串级控制系统，则既可行又能满足工艺要求。

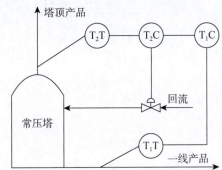

图5-17　常压塔一线温度-塔顶温度串级控制系统

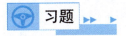 **习题**

5-1　什么是串级控制系统？请画出串级控制系统的经典方框图。

5-2　串级控制系统中主、副变量如何选择？

5-3　如何防止主控制器积分饱和？其工作原理是什么？

5-4　串级控制系统多用于哪些场合？

5-5　图5-18为聚合釜温度控制系统。

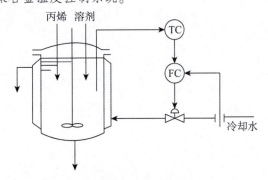

图5-18　习题5-5图

(1)这是一个什么类型的控制系统？试画出它的方框图。

(2)确定主、副控制器的正、反作用。

（3）简述当冷却水压力变化时的控制过程。

5-6 图 5-19 是串级控制系统示意，试画出该系统的方框图。如果调节阀选择为气开式，试确定 LC 和 FC 控制器的正、反作用。

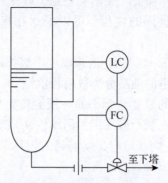

图 5-19 习题 5-6 图

第6章
复杂控制系统

 本章学习要点

采用复杂控制系统对提高控制质量、扩大自动化应用范围起着关键性作用。常用的复杂控制系统有前馈控制系统、比值控制系统、均匀控制系统、分程控制系统、自动选择性控制系统等。学完本章后，应能达到以下要求。

(1) 了解前馈控制的原理及使用场合。

(2) 掌握前馈补偿器的设计方法，熟悉前馈–反馈复合控制的特点及工业应用。

(3) 了解比值控制系统的工业应用背景，熟悉比值控制系统的结构类型。

(4) 掌握比值控制系统中比值控制器参数的计算方法。

(5) 了解比值控制系统中的非线性补偿、动态补偿及其实施方案等。

(6) 了解均匀控制系统的特点及设计方法。

6.1 前馈控制系统

前馈控制系统是根据扰动或设定值的变化按补偿原理而工作的控制系统，其特点是当扰动产生以后，被控变量还未变化之前，根据扰动作用的大小进行控制，以补偿扰动作用对被控变量的影响。理想的过程控制要求被控变量在过程特性呈现大滞后（包括容量滞后和纯滞后）和多干扰的情况下，必须持续保持在工艺所要求的数值上。但是，反馈控制永远不能实现这种理想的控制效果。这是因为，控制器只有在输入被控变量与设定值之差产生后才能发出控制指令。这就是说，系统在控制过程中必然存在偏差，因而不可能得到理想的控制效果。与反馈控制不同，前馈控制直接按干扰大小进行控制。理论上，前馈控制能实现理想的控制效果。

本节将讨论前馈控制系统的特性、典型结构、设计原则及工业应用等问题。

▶▶▶ 6.1.1　前馈控制系统的基本概念 ▶▶▶ ▶

前馈控制又称干扰补偿控制。它与反馈控制不同，前馈控制是依据引起被控变量变化的干扰大小进行控制的。在这种控制系统中，当干扰刚刚出现而又能测出时，前馈控制器（亦称前馈补偿器）便发出控制信号使控制变量做相应的变化，使控制作用与干扰作用及时抵消于被控变量产生偏差之前。因此，前馈控制对干扰的克服要比反馈控制快。

图 6-1 是换热器出口物料温度的前馈控制流程。图中，加热蒸汽通过换热器中排管的外表面，将热量传递给排管内部流过的被加热液体。出口的热物料温度用蒸汽管路上调节阀开度的大小进行调节。引起出口温度变化的干扰有冷物料的流量、初始温度和蒸汽压力等，其中最主要的干扰是冷物料的流量 q。

当冷物料的流量 q 发生变化时，出口的热物料温度 T 就会产生偏差。若采用反馈控制（如图 6-1 中虚线所示），则控制器只能等到 T 变化后才能动作，使蒸汽流量调节阀的开度产生变化以改变蒸汽的流量。此后，还要经过换热器的惯性滞后，才能使出口温度做相应变化以体现出调节效果。由此可见，从干扰出现到实现调节需要较长的时间，而较长时间的调节过程必然会导致出口温度产生较大的动态偏差。如果采用前馈控制（如图 6-1 中实线所示），则可直接根据冷物料流量的变化，通过前馈补偿器（图 6-1 中为 FC）使调节阀产生控制动作，这样即可在出口温度尚未变化时就对冷物料的流量 q 的变化进行预先补偿，以便将出口温度的变化消灭在萌芽状态，实现理想的控制效果。前馈控制系统的一般方框图如图 6-2 所示。

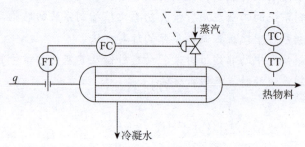

图 6-1　换热器出口物料温度的前馈控制流程

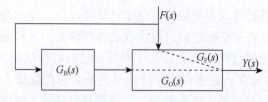

图 6-2　前馈控制系统的一般方框图

由图 6-2 可知，干扰作用 $F(s)$ 一方面通过干扰通道的传递函数 $G_F(s)$ 产生干扰作用影响输出量 $Y(s)$，另一方面通过前馈补偿器 $G_B(s)$、控制通道传递函数 $G_O(s)$ 产生补偿作用影响输出量 $Y(s)$。当补偿作用和干扰作用对输出量的影响大小相等、方向相反时，$Y(s)$ 就不会随干扰而变化。

由图 6-2 可以得出干扰 $F(s)$ 对输出 $Y(s)$ 的传递函数为

$$\frac{Y(s)}{F(s)} = G_F(s) + G_B(s) G_O(s) \tag{6-1}$$

若适当选择前馈补偿器的传递函数 $G_B(s)$，使 $G_F(s) + G_B(s)G_O(s) = 0$，即可使 $F(s)$ 对 $Y(s)$ 不产生任何影响，从而实现 $Y(s)$ 的完全不变性。实现 $Y(s)$ 完全不变性的条件为

$$G_B(s) = -\frac{G_F(s)}{G_O(s)} \tag{6-2}$$

▶▶▶ 6.1.2 前馈控制的特点和局限性 ▶▶ ▶

1. 前馈控制的特点

由图 6-2 不难得出前馈控制具有如下特点。

(1)前馈控制是一种开环控制。如图 6-1 所示，当测量到冷物料流量变化的信号后，通过前馈补偿器，其输出信号直接控制调节阀的开度，改变加热蒸汽的流量，以控制加热器出口温度，但控制的效果如何却不能得到检验。因此，前馈控制是一种开环控制。

(2)前馈控制比反馈控制及时。这是因为前者是在干扰刚刚出现时，即可通过前馈补偿器产生的补偿作用及时有效地抑制干扰对被控变量的影响，后者则要等被控变量产生变化后才能产生控制作用。

(3)前馈补偿器为专用控制器。前馈补偿器的动态特性与常规 PID 控制器的动态特性不同，它是由式(6-2)的过程特性所决定的。不同的过程特性，前馈补偿器的动态特性是不同的。

2. 前馈控制的局限性

前馈控制虽然是克服干扰对输出影响的一种及时有效的方法，但实际上，它做不到对干扰的完全补偿，这是因为有如下限制因素。

(1)前馈控制只能抑制可测干扰对被控变量的影响，对不可测的干扰则无法实现前馈控制。

(2)在实际生产过程中，影响被控变量变化的干扰因素有很多，不可能对每一个干扰设计和应用一套前馈补偿器。

(3)前馈补偿器的数学模型是由过程的动态特性 $G_F(s)$ 和 $G_O(s)$ 决定的，而 $G_F(s)$ 和 $G_O(s)$ 的精确模型很难得到；即使能够得到，由其确定的前馈补偿器在物理上的实现有时也是很难的。

鉴于以上原因，前馈控制往往不能单独使用。为了获得满意的控制效果，通常是将前馈控制与反馈控制相结合，组成前馈-反馈复合控制系统。该复合控制系统一方面利用前馈控制及时有效地减少干扰对被控变量的动态影响，另一方面则利用反馈控制使被控变量稳定在设定值上，从而保证系统有较高的控制质量。

▶▶▶ 6.1.3 前馈-反馈复合控制 ▶▶▶ ▶

图 6-3(a)为换热器前馈-反馈复合控制系统原理图；图 6-3(b)为换热器前馈-反馈复合控制系统方框图。

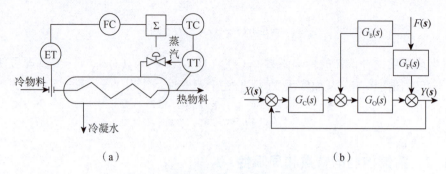

图6-3 换热器前馈-反馈复合控制系统

（a）原理图；（b）系统方框图

由图6-3可见，当冷物料（生产负荷）发生变化时，前馈补偿器立刻发出控制指令，补偿冷物料流量的变化对换热器出口温度的影响；同时，对于没有引入前馈控制的冷物料的温度、蒸汽压力等干扰对出口温度的影响，则由PID反馈控制来克服。前馈补偿作用加反馈控制作用，使换热器的出口温度稳定在设定值上，获得了比较理想的控制效果。前馈-反馈复合控制的作用机理分析如下。

在前馈-反馈复合控制系统中，给定输入$X(s)$与干扰输入$F(s)$对系统输出$Y(s)$的共同影响为

$$Y(s) = \frac{G_C(s)G_O(s)}{1 + G_C(s)G_O(s)}X(s) + \frac{G_F(s) + G_B(s)G_O(s)}{1 + G_C(s)G_O(s)}F(s) \qquad (6-3)$$

如果要实现对干扰$F(s)$的完全补偿，则上式的第二项应为0，即

$$G_F(s) + G_B(s)G_O(s) = 0 \ \text{或} \ G_B(s) = -G_F(s)/G_O(s) \qquad (6-4)$$

可见，前馈-反馈复合控制系统对干扰$F(s)$实现完全补偿的条件与开环前馈控制系统相同，所不同的是干扰对输出的影响只有开环前馈控制系统的$1/|1 + G_C(s)G_O(s)|$。这充分说明，经过前馈补偿后干扰对输出的影响已经大大减弱，再经过反馈控制则又进一步减弱了，这就充分体现了前馈-反馈复合控制的优越性。

此外，由式（6-4）可得前馈-反馈复合控制系统的特征方程为

$$1 + G_C(s)G_O(s) = 0 \qquad (6-5)$$

由式（6-5）可知，前馈-反馈复合控制系统的特征方程只与$G_C(s)$、$G_O(s)$有关，而与$G_B(s)$无关。这就表明加不加前馈补偿器与系统的稳定性无关，系统的稳定性完全由反馈控制回路决定。这一特点给系统设计带来很大方便，即在设计前馈-反馈复合控制系统时，可以先根据系统要求的稳定储备和过渡过程品质指标设计反馈控制系统而暂不考虑前馈补偿器的设计。在反馈控制系统设计好后，再根据不变性原理设计前馈补偿器，从而完成最后的设计工作。

前馈补偿器又分为静态前馈补偿器和动态前馈补偿器。所谓静态前馈补偿器，是指前馈补偿器具有静态特性，由干扰通道的静态放大系数和控制通道的静态放大系数的比值所决定，即$G_B(0) = -\dfrac{G_F(0)}{G_O(0)} = -K_B$。静态前馈补偿器的作用是使被控变量的静态偏差接近或等于0，而不考虑其动态偏差。静态前馈补偿器的物理实现非常简单，只要用DDZ-Ⅲ型仪表中的P控制器或比值控制器就能满足使用要求。在实际生产过程中，当干扰通道与控制通道的时间常数相差不大时，采用静态前馈补偿器可以获得比较满意的控制效果。

然而静态前馈补偿器的作用只能保证被控变量的静态偏差接近或等于 0，而不能保证被控变量的动态偏差接近或等于 0。当需要严格控制动态偏差时，则要采用动态前馈补偿器。动态前馈补偿器必须根据过程干扰通道和控制通道的动态特性加以确定，即 $G_B(s) = -G_F(s)/G_0(s)$。鉴于动态前馈补偿器的结构比较复杂，只有当工艺要求控制质量特别高时，才需要采用动态前馈补偿器。

▶▶▷ 6.1.4　引入前馈控制的原则 ▶▶▶ ▶

引入前馈控制的原则如下。

（1）当系统中存在变化频率高、幅值大、可测而不可控的干扰，反馈控制难以克服其影响，工艺生产对被控变量的要求又十分严格时，为了改善和提高系统的控制质量，可以考虑引入前馈控制。

（2）当过程控制通道的时间常数大于干扰通道的时间常数、反馈控制不及时而导致控制质量较差时，可以考虑引入前馈控制以提高控制质量。

（3）当主要干扰无法用串级控制使其包含于副回路或副回路滞后过大，串级控制系统克服干扰的能力又较差时，可以考虑引入前馈控制以改善控制性能。

（4）由于动态前馈补偿器的投资通常要高于静态前馈补偿器，所以，若静态前馈补偿器能够达到工艺要求，则应尽可能采用静态前馈补偿器而不采用动态前馈补偿器。

▶▶▷ 6.1.5　前馈-反馈复合控制系统的应用实例 ▶▶▶ ▶

前馈-反馈复合控制已广泛应用于石油、化工、电力、核能等各工业生产部门。下面举几个它的工业应用实例。

（1）蒸发过程的浓度控制。蒸发是借加热作用使溶液浓缩或使溶质析出的物理操作过程。它在轻工、化工等生产过程中得到广泛的应用，如造纸、制糖、海水淡化、制碱等，都要采用蒸发工艺。在蒸发过程中，对浓度的控制是必需的。下面以葡萄糖生产过程中蒸发器浓度控制为例，介绍前馈-反馈复合控制在蒸发过程中的应用。图 6-4 为葡萄糖生产过程中的蒸发器浓度控制流程。

图中，将初期蒸发浓度为 50% 的葡萄糖液，用泵送入升降膜式蒸发器，经蒸汽加热蒸发至浓度为 73% 的葡萄糖液，然后送至下一道工序。由蒸发工

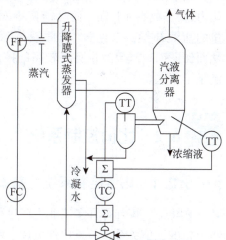

图 6-4　葡萄糖生产过程中的蒸发器浓度控制流程

艺可知，在给定压力下，溶液的浓度与溶液的沸点和水的沸点之差（即温差）有较好的单值对应关系，故以温差为间接质量指标并作为被控变量以反映浓度的高低。

由图可见，影响温差（对应为葡萄糖液的浓度）的主要因素有进料溶液的浓度、温度及流量，加热蒸汽的压力及流量等，其中对温差影响最大的是进料溶液的流量和加热蒸汽的流量。为此，采用以加热蒸汽的流量为前馈信号、以温差为反馈信号、进料溶液的流量为控制变量构成的前馈-反馈复合控制系统，经实际运行表明，该系统的控制质量能满足工艺要求。

（2）锅炉汽包液位控制。锅炉是火力发电工业中的重要设备。在锅炉的正常运行中，汽包液位是其重要的工艺指标。当汽包液位过高时，蒸汽易带液，这不仅会降低蒸汽的质量和产量，还会导致汽轮机叶片的损坏；当汽包液位过低时，轻则影响汽液平衡，重则会使锅炉烧干而引起爆炸。因此，必须严格控制汽包液位在规定的工艺范围内。

锅炉汽包液位控制的主要任务是使给水流量能适应蒸汽流量的需要，并保持汽包液位在规定的工艺范围之内。显然，汽包液位是被控变量。引起汽包液位变化的主要因素为蒸汽流量和给水流量。蒸汽流量是负荷，随发电需要而变化，一般为不可控因素；给水流量则可以作为控制变量，以此构成锅炉汽包液位控制系统。但由于锅炉汽包在运行过程中常常会出现"虚假液位"，即在燃料量不变的情况下，当蒸汽流量（即负荷）突然增加时，汽包内的压力会突然降低，导致水的沸腾程度加剧，汽泡大量增加。由于汽泡的体积比同质量水的体积大得多，因此形成了汽包内"液位升高"的假象。反之，当蒸汽流量突然减少时，由于汽包内蒸汽压力上升，水的沸腾程度降低，又导致汽包内"液位下降"的假象。无论上述哪种情况，均会引起汽包液位控制的误动作而影响控制效果。解决这一问题的有效办法之一是将蒸汽流量作为前馈信号，汽包液位作为主变量，给水流量作为副变量，构成锅炉汽包液位前馈-反馈串级控制系统，如图6-5所示。

该系统不但能通过副回路及时克服给水压力这一很强的干扰，而且能实现对蒸汽流量的前馈补偿，以克服"虚假液位"的影响，从而保证锅炉汽包液位具有较高的控制质量，满足了工艺要求。

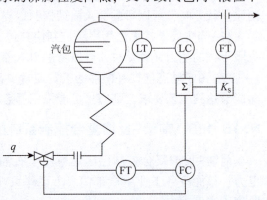

图6-5　锅炉汽包液位前馈-反馈串级控制系统

6.2　比值控制系统

▶▶▶ 6.2.1　比值控制系统的基本概念 ▶▶ ▶

在化工、炼油等许多工业生产过程中，工艺操作中常常要求两种或两种以上的物料保持一定的比值关系，一旦比例失调，就会影响产品的质量及生产的正常进行，甚至会造成生产事故。例如，在锅炉燃烧过程中，要保持送进炉膛的空气量和燃料量成一定的比例，以保证燃烧的经济性，若空气过量，则大量的热量会随烟气而损失；若空气不足，则燃料不能充分燃烧而造成浪费，还会产生环境污染。又如，在重油气化的制造生产过程中，进入气化炉的氧气和重油流量应保持一定的比例，若氧油比过高，则会因炉温过高而使喷嘴和耐火砖烧坏，严重时甚至会引起炉子爆炸；若氧油比过低，则因生成的炭黑增多，会发生堵塞现象。

凡是用来实现两个或两个以上的物料按照一定比值关系关联控制，以达到某种控制目的的控制系统，都可称为比值控制系统。

由于过程工业中大部分物料都是以气态、液态或混合的流体状态在密闭管道、容器中进行能量传递与物质交换，所以保持两种或几种物料的比例实际上是保持两种或几种物料的流量比值关系，则比值控制系统一般是指流量比值控制系统。

在需要保持比值关系的两种物料中，必有一种物料处于主导地位，这种物料称为主物料，表征这种物料特性的参数称为主动量，也常称为主流量，用 Q_1 表示；另一种物料按主物料进行配比，在控制过程中随主物料而变化，因此称为从物料，表征其特性的参数称为从动量或副流量，用 Q_2 表示。比值控制系统就是要实现副流量 Q_2 与主流量 Q_1 成一定比值关系，即

$$K = Q_2 / Q_1 \tag{6-6}$$

式中，K 为副流量与主流量的流量比值。

在实际的生产过程控制中，比值控制系统除了实现一定的物料比值关系，还能起到在扰动量影响到被控过程质量指标之前进行及时控制的作用，具有前馈控制的实质。

▶▶▶ 6.2.2 比值控制系统的分析 ▶▶▶

比值控制系统按比值的特点可分为定比值控制系统和变比值控制系统。两个或两个以上参数之间的比值是通过改变比值控制器的比值系数来实现的，一旦比值系数确定，系统投入运行后，此比值系数将保持不变（为常数），具有这种特点的系统称为定比值控制系统。如果生产上因某种原因需要对参数间的比值进行修正，则需要人工重新设置新的比值系数，这种系统的结构一般比较简单。两个或两个以上参数之间的比值不是一个常数，而是根据另一个参数的变化而不断地修正，具有这种特点的系统称为变比值控制系统，这种系统的结构一般比较复杂。

1. 定比值控制系统

定比值控制系统可分为开环比值控制系统、单闭环比值控制系统和双闭环比值控制系统 3 类。

1）开环比值控制系统

开环比值控制系统是一种结构最简单的比值控制系统，如图 6-6 所示。其中，FT 为测量变送器，FC 为比值控制器。

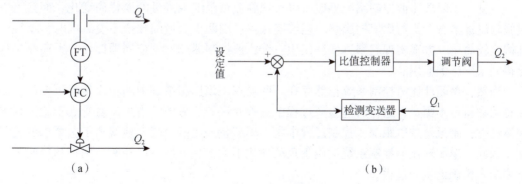

图 6-6 开环比值控制系统
(a)工艺流程；(b)方框图

系统在稳定状态时，两物料的流量满足 $Q_2 = KQ_1$ 的关系。当主流量 Q_1 由于受到干扰而发生变化时，比值控制器根据 Q_1 对设定值的偏差情况，按比例去改变调节阀的开度，

使副流量 Q_2 与变化后的 Q_1 仍保持原有的比值关系。但当 Q_2 因管线压力波动等原因而发生变化时，由于系统中 Q_2 无反馈校正，所以 Q_1 与 Q_2 的比值关系将遭到破坏。也就是说，Q_2 本身无抗干扰能力，因此开环比值控制系统仅适用于副流量较平稳且对流量比值要求不高的场合。在实际生产过程中，Q_2 的干扰常常是无法避免的，因此开环比值控制系统虽然结构简单，但一般很少应用。

2）单闭环比值控制系统

为了克服开环比值控制系统的不足，在该系统的基础上，增加了一个副流量控制回路，从而组成了单闭环比值控制系统，如图 6-7 所示。

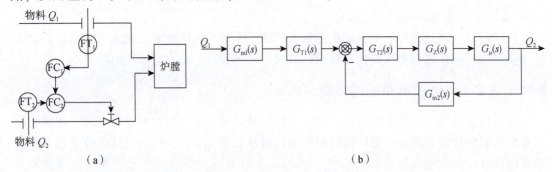

（a）　　　　　　　　　　　　　　　　（b）

图 6-7　单闭环比值控制系统
（a）工艺流程；（b）方框图

由图 6-7 可见，在稳定状态下两种物料能满足工艺要求的比值，即 $Q_2/Q_1 = K$（K 为常数）。当主流量 Q_1 不变，而副流量 Q_2 受到扰动时，可通过副流量控制回路进行定值控制。主控制器 $G_{T1}(s)$ 的输出作为副流量的设定值。当主流量 Q_1 受到扰动时，主控制器 $G_{T1}(s)$ 则按预先设置好的比值使其输出成比例变化，即改变副流量 Q_2 的设定值，副控制器 $G_{T2}(s)$ 根据设定值的变化，发出控制命令以改变调节阀的开度，使 Q_2 跟随 Q_1 而变化，从而保证原设定的比值不变。当主、副流量同时受到扰动时，副控制器 $G_{T2}(s)$ 在克服副流量扰动的同时，又根据新的设定值改变调节阀的开度，使主、副流量在新的流量数值基础上保持其原设定值的比值关系。

可见，单闭环比值控制系统不但可以实现副流量跟随主流量的变化而变化，而且可以克服副流量本身干扰对比值的影响，能够确保主、副两个流量的比值不变。同时，系统的结构比较简单，方案实现起来方便，仅用一个比值控制器或比例控制器即可，因而在工程上得到了广泛的应用。

当然，单闭环比值控制系统仍然存在一些缺点。该控制系统中的主流量是可变的，因而总的物料量不固定，这在有些生产过程中是不允许的。另外，当主流量受到干扰出现大幅波动时，副流量难以跟踪，控制过程中主、副流量的比值会较大地偏离工艺要求的流量比。因此，单闭环比值控制系统适用于负荷变化不大、主流量不可控制、两种物料间的比值要求较精确的生产过程。

3）双闭环比值控制系统

为了克服单闭环比值控制系统中主流量不受控制而引起的不足，在该系统的基础上增设一个主流量控制回路，从而构成了双闭环比值控制系统，如图 6-8 所示。

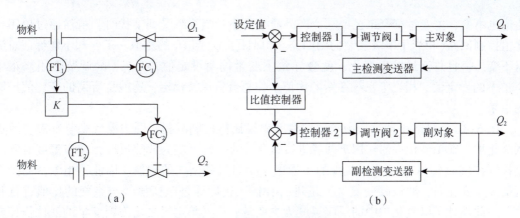

图6-8 双闭环比值控制系统
（a）工艺流程；（b）方框图

由于主流量控制回路的存在，所以双闭环比值控制系统能克服主流量扰动，实现其定值控制。副流量控制回路能抑制作用于副回路中的扰动，使副流量与主流量成比值关系。当干扰消除后，主、副流量都恢复到原设定值上，其比值不变，并且主、副流量变化平稳。当系统需要升、降负荷时，只要改变主流量的设定值，主、副流量就会按比例同时增加或减少，从而克服上述单闭环比值控制系统的缺点。

基于其优点，双闭环比值控制系统常用于主、副流量扰动频繁，工艺上经常需要升、降负荷，同时要求主、副物料总量恒定的生产过程。

在采用双闭环比值控制系统时，需要防止共振的产生。因主、副流量控制回路通过比值计算装置相互联系着，所以，当主流量进行定值调节后，主流量变化的幅值肯定大大减小，但变化的频率往往会加快，使副流量的设定值经常处于变化之中。当主流量控制的频率和副流量控制回路的工作频率接近时，有可能引起共振，使副控制回路失控以致系统无法投入运行。在这种情况下，对主控制器参数的整定应尽量保证其输出为非周期变化，以防止产生共振。

2. 变比值控制系统

在有些生产过程中，存在两种物料流量的比值随着第三个工艺参数的变化而变化的情况。变比值控制系统能很好地满足这种工艺要求。图6-9为基于除法器的变比值控制系统方框图。

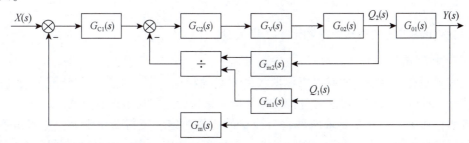

图6-9 基于除法器的变比值控制系统方框图

由图6-9可见，变比值控制系统实际上是一个以第三个参数为主变量、以两个流量之比为副变量所组成的串级控制系统。当系统处于稳态时，$G_{C1}(s)$输出不变，主、副流量的比值也不变，主变量符合工艺要求，产品质量合格；当系统受到干扰时，虽然通过单闭环比值控制回路(相当于串级控制的副回路)，保证了 Q_1 与 Q_2 的比值一定，却不能保证总流量不变。一旦总流量发生变化，就会导致主变量偏离设定值，$G_{C1}(s)$ 的调节作用修正了 $G_{C2}(s)$ 的设定值，相当于系统在新的比值上使总流量保持稳定，这就是所谓的变比值控制的由来。

图 6-10 为硝酸生产过程中氧化炉温度串级比值控制流程。图中氨气和空气混合后进入氧化炉，在铂催化剂的作用下两者进行氧化反应。该反应为放热反应，反应温度必须严格控制在(84 ± 5) ℃，而影响温度的主要因素是氨气和空气的比值。因此，当温度受到干扰而发生变化时，通过改变氨气流量进行补偿，也即通过改变氨气与空气的比值进行补偿，为此设计了以氧化炉中的反应温度为主变量、氨气与空气之比为副变量的变比值控制系统。

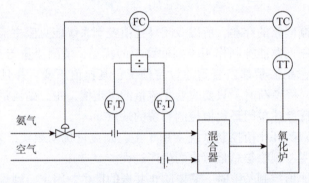

图 6-10 硝酸生产过程中氧化炉温度串级比值控制流程

▶▶▶ 6.2.3 比值控制系统的设计 ▶▶▶ ▶

1. 主、副流量的确定

(1)在工业生产过程中起主导作用的物料流量一般作为主流量，其他的物料流量作为副流量，副流量跟随主流量变化。

(2)在工业生产过程中不可控的或工艺上不允许控制的物料流量一般作为主流量，而可控的物料流量作为副流量。

(3)在生产过程中较昂贵的物料流量可作为主流量，这样不会造成浪费并可以提高产量。

(4)按生产工艺的特殊要求确定主、副流量。

2. 控制方案的选择

比值控制有多种控制方案。应根据各种方案的特点，不同生产工艺情况、负荷变化、扰动特性、控制要求和经济性等进行具体分析，选择合适的比值控制方案。

例如，如果工艺上仅要求两种物料流量的比值一定、负荷变化不大、主流量不可控制，则可选择单闭环比值控制方案。又如，在生产过程中，主、副流量扰动频繁，负荷变化较大，同时要保证主、副流量恒定，则可选择双闭环比值控制方案。再如，当生产要求两种物料流量的比值能灵活地随第三个参数的需要进行调节时，可选择串级比值控制方案。

3. 控制器控制规律的确定

比值控制系统中控制器的控制规律是根据不同的控制方案和控制要求确定的。

(1)单闭环比值控制系统中，主控制器 $G_{T1}(s)$ 接收主流量的测量信号，仅起比值计算作用，故可选择 P 控制规律或采用一个比值控制器；副控制器 $G_{T2}(s)$ 起比值控制和稳定副流量的作用，故选择 PI 控制规律。

(2)双闭环比值控制系统中，两流量不仅要保持恒定的比值，而且主流量要实现定值控制，其结果即副流量的设定值也是恒定的，所以两个控制器均应选择 PI 控制规律。

(3)串级(变)比值控制系统具有串级控制系统的一些特点，可以根据串级控制系统中控制器控制规律的选择原则确定，主控制器选择 PI 或 PID 控制规律，副控制器选择 P 控制规律。

4. 流量计或变送器的选择

流量测量是比值控制的基础，各种流量计都有一定的适用范围(一般正常流量选择在满量程的 70%左右)，必须正确选择使用。变送器的零点及量程的调整都是十分重要的，具体选用时可参考有关设计资料手册。

5. 比值控制器参数 K' 的计算

如上所述，比值控制是解决不同物料流量之间的比值关系问题。工艺要求的比值系数 K，是不同物料之间的体积流量或质量流量之比，而比值控制器参数 K' 是仪表的读数，一般情况下，它与实际物料流量的比值系数 K 并不相等。因此，在设计比值控制系统时，必须根据工艺要求的比值系数 K 计算出比值控制器参数 K'。当使用单元组合仪表时，因输入、输出参数均为统一标准信号，所以比值控制器参数 K' 必须由实际物料流量的比值系数 K 折算成仪表的标准统一信号。下面分两种情况进行讨论。

1) 流量与测量信号呈非线性关系

当采用差压式流量传感器(如孔板)测量流量时，压差与流量的二次方成正比，即 $q = C\sqrt{\Delta p}$。当物料流量从 0 变化到 q_{max} 时，压差则从 0 变化到 p_{max}。相应地，变送器的输出则由 4 mA DC 变化到 20 mA DC(对 DDZ-Ⅲ型仪表而言)。此时，任何一个流量值 q_1 或 q_2 所对应的变送器的输出电流信号 I_1 和 I_2 应为

$$\begin{cases} I_1 = \dfrac{q_1^2}{q_{1max}^2} \times 16 + 4 \\[2mm] I_2 = \dfrac{q_2^2}{q_{2max}^2} \times 16 + 4 \end{cases} \tag{6-7}$$

由于生产工艺要求 $K = \dfrac{q_2}{q_1}$，则由式(6-7)可得

$$K^2 = \frac{q_2^2}{q_1^2} = \frac{q_{2max}^2(I_2 - 4)}{q_{1max}^2(I_1 - 4)} = \frac{q_{2max}^2}{q_{1max}^2}K' \tag{6-8}$$

故比值控制器参数 K' 为

$$K' = \left(K \frac{q_{1max}}{q_{2max}}\right)^2 = \frac{I_2 - 4}{I_1 - 4} \tag{6-9}$$

式中，I_1、I_2 分别为测量 q_1、q_2 时所用变送器的输出电流（mA）。上式表明，当实际物料流量的比值系数 K 一定、流量与其测量信号呈二次方关系时，比值控制器参数 K' 与物料流量的实际比值和最大值之比的乘积也呈二次方关系。

2）流量与测量信号呈线性关系

为了使流量与测量信号呈线性关系，在设计系统时，可在差压变送器之后串联一个开方器，比值控制器参数的计算则与上述略有不同。设开方器的输出为 I'，则

$$\begin{cases} I'_1 = \dfrac{q_1}{q_{1max}} \times 16 + 4 \\[2mm] I'_2 = \dfrac{q_2}{q_{2max}} \times 16 + 4 \end{cases} \tag{6-10}$$

进而有

$$K = \frac{q_2}{q_1} = \frac{q_{2max}(I'_2 - 4)}{q_{1max}(I'_1 - 4)} = \frac{q_{2max}}{q_{1max}}K' \tag{6-11}$$

故比值控制器参数 K' 为

$$K' = K\frac{q_{1max}}{q_{2max}} = \frac{I'_2 - 4}{I'_1 - 4} \tag{6-12}$$

上式表明，当实际物料流量的比值系数 K 一定、流量与其测量信号呈线性关系时，比值控制器参数 K' 与物料流量的实际比值和最大值之比的乘积也呈线性关系。

▶▶▶ 6.2.4　比值控制系统的参数整定 ▶▶▶

同其他控制系统一样，选择适当的控制器参数是保证和提高控制质量的一个重要途径，对于比值控制系统中的控制器，根据其作用的不同，整定参数的方法也有所不同。

（1）变比值控制系统，因其结构上是串级控制系统，所以其主控制器参数的整定可按串级控制系统进行。

（2）单闭环比值控制系统、双闭环比值控制系统中的从动量回路和变比值控制系统中的变比值控制从动量回路的整定方法和要求基本相同。它们都是一个随动控制系统，对它们的要求是从动量能准确、快速地跟随主动量而变化，并且不宜有过调。因此，不能按一般定值控制系统 4∶1 衰减过程的要求进行整定，而应当将从动量回路的过渡过程整定成非周期临界情况，这时的过渡过程不振荡且反应快。因此，对从动量回路控制器参数的整定步骤可归纳如下。

① 根据工艺要求的流量比值系数 K，换算出仪表信号比值系数 K'，按照 K' 进行投运。

② 将积分时间置于最大值，由大到小逐步改变比例带 δ，直到在阶跃干扰下过渡过程处于振荡与不振荡的临界过程为止。

③ 如果有积分作用，则在适当放宽比例带（一般为 20%）的情况下，缓慢地减小积分时间，直到出现振荡与不振荡的临界过程或稍有一点过调的情况为止。

（3）双闭环比值控制系统中的主动量回路控制器是定值控制系统，原则上按单回路定值控制系统进行整定。但是，对主动量回路的过渡过程，则希望进行得慢一些，以便从动量能跟得上，所以主动量回路的过渡过程一般应整定成非周期过程。

6.3 均匀控制系统

►►► 6.3.1 均匀控制的概念及特点 ►►► ►

在过程工业中，其生产过程往往有一个"流程"，按物料流经各生产环节的先后顺序，将其分成前工序和后工序。前工序的出料即后工序的进料，而后者的出料又源源不断地输送给其他后续设备作为进料，环节间的联系较为紧密。均匀控制就是针对"流程"中协调前、后工序的物料流量而提出的。

例如，在石油裂解气深冷分离的乙烯装置中，前后串联了8个塔进行生产。为了保证精馏塔生产过程稳定地进行，总是要求每个塔的塔底液位稳定，不要超过允许范围，对此设置了液位定值控制系统，以塔底出料量为控制变量；同时，为了保证精馏塔的运行正常，每个塔也都要求它的进料量保持平稳，对此设置了流量定值控制系统，如图6-11所示。单独对每一个塔来说，这种设置是可以的，但对于相邻的、前后有物料联系的两个塔整体而言，两个控制系统将会发生矛盾：对于前塔来说，当它受到扰动而使液位偏离稳定值时，将通过出料量的调整来克服，也就是说出料量的波动是适应前塔操作所必需的；而对以前塔的出料量作为进料量的后塔来说，其流量定值控制系统要保证其进料量的稳定，将势必造成前塔液位的不稳定。也就是说，前塔的液位和后塔的进料量不可能同时都稳定不变。

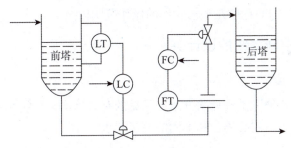

图6-11 前后精馏塔的供求控制关系

对于前、后两塔供求之间的矛盾，人们曾在前、后塔之间增设具有一定容量的缓冲罐来克服，但这会增加设备的投资和扩大装置的占地面积，并且有些化工中间产品在增加停留时间后可能会产生副反应，从而限制了这种方法的使用。

从自动化方案的设计上寻求解决方法，均匀控制系统能够有效解决这一矛盾，条件是工艺上应该允许前塔的液位和后塔的进料量在一定范围内可以缓慢变化。控制系统主要着眼于物料平衡，使前、后两塔的物料供求矛盾限制在一定范围内缓慢变化，从而满足前、后两塔的控制要求。例如，当前塔的液位受到干扰偏离设定值时，并不是采取很强的控制作用立即改变调节阀的开度，以出料量的大幅波动换取液位的稳定；而是采取比较弱的控制作用，缓慢地调节调节阀的开度，以出料量的缓慢变化来克服液位所受到的干扰。在这个调节过程中，允许液位适当偏离设定值，从而使前塔的液位和后塔的进料量都被控制在允许的范围内。因此，均匀控制系统可定义为使两个有关联的被控变量在规定范围内缓慢地、均匀地变化，使前、后设备在物料的供求上相互兼顾、均匀协调的系统，有时也称为均流控制系统。根据以上讨论，均匀控制系统具有以下特点。

（1）两个被控变量都应该是变化的。均匀控制指的是前、后设备物料供求上的均匀，因此表征前、后设备物料的被控变量都不应该稳定在某一固定数值上。图 6-12 为均匀控制中可能出现的过程曲线。

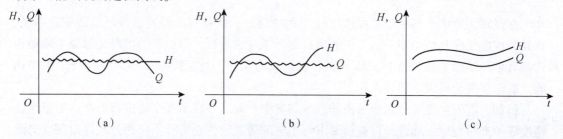

（a）　　　　　　　　　　（b）　　　　　　　　　　（c）

图 6-12　均匀控制中可能出现的过程曲线

(a)前塔液位稳定，后塔进料不稳定；(b)前塔液位不稳定，后塔进料稳定；(c)前塔液位和后塔进料均缓慢波动

图 6-12(a)表示把液位控制成比较稳定的直线，后一设备的进料量必然波动很大。图 6-12(b)表示把后面设备的进料量控制成比较稳定的直线，则前一设备的液位必然波动很大。因此，这两种过程都不应是均匀控制。只有图 6-12(c)所示的液位和流量的控制过程曲线才符合均匀控制的含义。两者都有波动，但波动比较缓慢。

（2）两个被控变量的控制过程应该是缓慢的，这与定值控制希望控制过程要短的要求是不同的。

（3）两个被控变量的变化应在工艺允许的操作范围内。

▶▶▶ 6.3.2　均匀控制系统的设计 ▶▶▶ ▶

1. 控制方案的选择

均匀控制通常有多种可供选择的方案，常见的有简单均匀控制系统、串级均匀控制系统等，它们各自适用于不同的场合和不同的控制要求。

1）简单均匀控制系统

简单均匀控制系统如图 6-13 所示。从系统的结构形式上看，它与单回路液位定值控制系统没有什么区别。但由于它们的控制目的不同，所以对控制的动态过程的要求就不同，控制器参数的整定也不一样。均匀控制系统在整定控制器参数时，比例作用和积分作用均不能太强，通常需设置较大的比例带（大于 100%）和较长的积分时间，以较弱的控制作用达到均匀控制的目的。

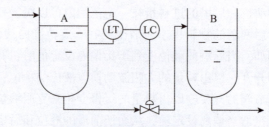

图 6-13　简单均匀控制系统

简单均匀控制系统的最大优点是结构简单、投运方便、成本低。其不足之处是，只适用于干扰较小、对控制要求较低的场合。当被控过程的自衡能力较强时，简单均匀控制的效果较差。

值得注意的是，当调节阀前后的压差变化较大时，流量大小不仅取决于调节阀开度的大小，还将受到压差波动的影响。此时，简单均匀控制已不能满足要求，需要采用较为复杂的均匀控制方案。

2）串级均匀控制系统

为了克服调节阀前后压差波动对流量的影响，设计了以液位为主变量、以流量为副变量的串级均匀控制系统，如图6-14所示。在结构上，它与一般的液位−流量串级控制系统没有什么区别。这里采用串级形式的目的并不是提高主变量液位的控制精度，而流量副回路的引入也主要是为了克服调节阀前后压差波动对流量的影响，使流量变化平缓。为了使液位的变化也比较平缓，以达到均匀控制的目的，液位控制器参数的整定与简单均匀控制系统类似，这里不再赘述。

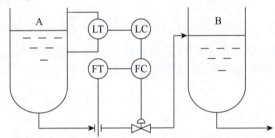

图6-14　串级均匀控制系统

2. 控制规律的选择

简单均匀控制系统的控制器及串级均匀控制系统的主控制器一般采用P或PI控制规律。串级均匀控制的副控制器一般采用P控制规律。为了使副变量变化更加平稳，也可采用PI控制规律。在所有的均匀控制系统中，都不应采用D控制规律，因为微分作用是加速动态过程的，与均匀控制的目的不符。

3. 控制器的参数整定

对简单均匀控制系统而言，控制器参数的整定如前所述；对串级均匀控制系统而言，控制器参数的整定通常采用以下两种方法。

（1）经验法：先根据经验，按照"先副后主"的原则，把主、副控制器的比例带 δ 调节到某一适当值，然后由大到小进行调节，使系统的过渡过程缓慢地、非周期衰减变化，最后根据过程的具体情况，给主控制器加上积分作用。需要注意的是，主控制器的积分时间要调得大一些。

（2）停留时间法：被控变量在允许变化的范围内，依据控制介质流过被控过程所需要的时间整定控制器参数的方法。停留时间 t（单位：min）的计算公式为

$$t = \frac{V}{q} \tag{6-13}$$

式中，q 是正常工况下的介质流量；V 是容器的有效容量。

根据停留时间整定控制器的参数，其相互关系如表 6-1 所示。

表 6-1　整定参数与停留时间的相互关系

停留时间 t/min	<20	20~40	>40
比例带 δ/%	100~150	150~200	200~250
积分时间 T_1/min	5	10	15

具体整定方法归纳如下。

（1）副控制器按简单均匀控制系统的方法整定。

（2）计算停留时间，然后根据表 6-1 确定液位控制器的整定参数。

（3）根据工艺要求，适当调整主、副控制器的参数，直到液位、流量的过程曲线都符合要求为止。

▶▶▶ 6.3.3　其他问题说明 ▶▶▶▶

1. 气体压力与流量的均匀控制

对于气相物料，前、后设备间物料的均匀控制不是液位和流量间的均匀控制，而是压力与流量间的均匀控制，但是两者的控制极为相似。需要注意的是，压力对象比液位对象的自衡作用要强得多，一般采用简单均匀控制方案不易满足要求，而需要采用串级均匀控制方案。

2. 实现均匀控制的其他方法

实现均匀控制除了使用上述的方法，也可以应用非线性控制器。这类控制器具有多种输入/输出特性，有关内容读者可参考相关资料自行研究，这里不加以详述。

为加深对均匀控制系统的认识和理解，可以进一步对均匀控制系统作理论分析。一般的分析方法是建立被控过程的数学模型，再结合系统的构成确定系统的传递函数，分析参数对系统的影响，以及被控液位过程的时间常数、自衡能力等特性在控制过程中的影响；或者把均匀控制系统看作关联控制系统进行多变量系统分析。通过把均匀控制系统作为关联控制系统进行分析，有助于从结构上加深对均匀控制的认识，对设计与维护系统会有积极的帮助。

6.4　分程控制系统

▶▶▶ 6.4.1　分程控制系统概述 ▶▶▶ ▶

在一般的过程控制系统中，通常控制器的输出只控制一个调节阀。但在某些工业生产中，根据工艺要求，需将控制器的输出信号分段，去分别控制两个或两个以上的调节阀，以便使每个调节阀在控制器输出的某段信号范围内做全行程动作，这种控制系统称为分程控制系统。

例如，间歇式化学反应过程需在规定的温度下进行，当每次加料完毕，为了达到规定的反应温度，需要用蒸汽对其进行加热；当反应过程开始后，因放热反应而产生了大量的热，为了保证反应仍在规定的温度下进行，又需要用冷水取走反应热。为此，需要设计以反应温度为被控变量、以蒸汽流量和冷水流量为控制变量的分程控制系统。间歇式化学反应器分程控制系统流程如图 6-15 所示。

在分程控制系统中，控制器输出信号的分段是通过阀门定位器来实现的。它将控制器的输出信号分成几段，不同区段的信号由相应的阀门定位器将其转换为 0.02 ~ 0.1 MPa 的压力信号，使每个调节阀都做全行程动作。图 6-16 为使用两个调节阀的分程关系曲线。

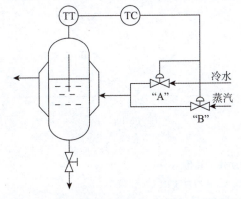

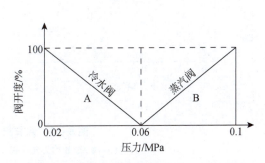

图 6-15　间歇式化学反应器分程控制系统流程　　图 6-16　使用两个调节阀的分程关系曲线

根据调节阀的气开、气关形式和分程信号区段的不同，分程控制系统可分为以下两类。

1. 调节阀同向动作

图 6-17 为调节阀同向动作示意，图 6-17(a) 表示两个调节阀都为气开式，图 6-17(b) 表示两个调节阀都为气关式。

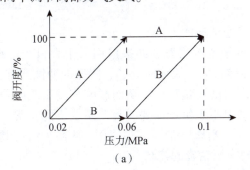

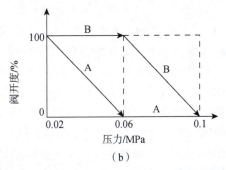

（a）　　　　　　　　　　　　　　　（b）

图 6-17　调节阀同向动作示意
(a) 阀 A、B 均为气开阀；(b) 阀 A、B 均为气关阀

由图 6-17(a) 可知，当控制器输出信号从 0.02 MPa 增大时，阀 A 开始打开，阀 B 处于全关状态；当信号增大到 0.06 MPa 时，阀 A 全开，阀 B 开始打开；当信号增大到 0.1 MPa 时，阀 B 全开。由图 6-17(b) 可知，当控制器输出信号从 0.02 MPa 增大时，阀 A 由全开状态开始关闭，阀 B 则处于全开状态；当信号增大到 0.06 MPa 时，阀 A 全关，阀 B 则由全开状态开始关闭；当信号增大到 0.1 MPa 时，阀 B 也全关。

2. 调节阀异向动作

图 6-18 为调节阀异向动作示意，图 6-18(a) 表示调节阀 A 选用气开式、调节阀 B 选用气关式，图 6-18(b) 表示调节阀 A 选用气关式、调节阀 B 选用气开式。

由图6-18(a)可知，当控制器输出信号大于0.02 MPa时，阀A开始打开，阀B处于全开状态；当信号增大到0.06 MPa时，阀A全开，阀B开始关闭；当信号增大到0.1 MPa时，阀B全关。图6-18(b)中的调节阀的动作情况与图6-18(a)相反。分程控制中调节阀同向或异向动作的选择完全由生产工艺的安全与要求决定。

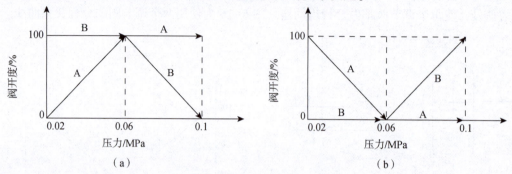

图6-18　调节阀异向动作示意图
(a)阀A、B均为气开阀；(b)阀A、B均为气关阀

▶▶▶ 6.4.2　分程控制系统的应用 ▶▶▶

1. 扩大调节阀的可调范围，改善控制质量

调节阀有一个重要指标，即阀的可调范围R。它是一项静态指标，表明调节阀执行规定流量特性(线性流量特性或对数流量特性)运行的有效范围。可调范围可用下式表示：

$$R = \frac{C_{max}}{C_{min}} \tag{6-14}$$

式中，C_{max}为阀的最大流通能力；C_{min}为阀的最小流通能力。

在过程控制中，有些场合要求调节阀的可调范围很宽。如果仅用一个大口径的调节阀，当调节阀工作在小开度时，阀门前后的压差很大，流体对阀芯、阀座的冲蚀严重，并会使阀门剧烈振荡，影响阀门的寿命，破坏阀门的流量特性，从而影响控制系统的稳定。若将调节阀换成小口径的，则其可调范围又满足不了生产需要，致使系统不能正常工作。在这种情况下，可将大小两个调节阀并联分程后当作一个调节阀使用，从而扩大可调比，改善调节阀的工作流量特性，使其在小流量时有更精确的控制。

假定并联的两个阀A、B的最大流通能力均为$C_{max} = 100$，两个阀的可调范围相同，即$R_A = R_B = 30$。根据可调范围的定义可得$C_{min} = 100/30$。

当采用两个调节阀组成分程控制时，最小流通能力不变，而最大流通能力应是两阀都全开时的流通能力，即

$$C'_{max} = C_{Amax} + C_{Bmax} = 200$$

那么，当两阀构成分程控制时，两阀组合后的可调范围R_{AB}为

$$R_{AB} = \frac{C'_{max}}{C_{min}} = \frac{200}{100/30} = 60$$

可见，两阀组合后的可调范围比一个阀的可调范围扩大了1倍。

如图6-19所示的蒸汽减压分程控制系统就是扩大调节阀可调范围的一个应用。该系统需要把压力为10 MPa、温度为482 ℃的高压蒸汽通过调节阀和节流孔板减至压力为4

MPa、温度为 362 ℃ 的中压蒸汽。如果采用单只调节阀，根据可能出现的最大流量，则需要安装一个口径很大的调节阀，而该阀在正常的生产条件下的开度很小，再加上压差大、温度高，不平衡力使调节阀振荡剧烈，严重影响调节阀的寿命和控制质量。为此，改用一个小阀和一个大阀组成分程控制，在正常的小流量时，只有小阀进行控制，大阀处于关闭状态，当流量增大到小阀全开还不够时，在分程控制信号的控制下，大阀打开参与控制，从而保证了控制精度和可调范围。

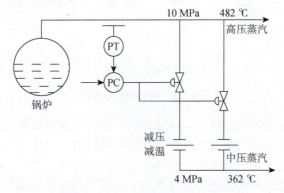

图 6-19　蒸汽减压分程控制系统

2. 用于控制两种不同的介质，以满足工艺操作上的特殊要求

图 6-20 为间歇聚合反应器分程控制系统。当配置好物料将其投入设备后，为了到达其反应温度，需先加热升温给它提供一定的热量。当达到反应温度时，随着化学反应的进行不断释放出热量，这些释放出来的热量若不及时移走，会使反应越来越剧烈，以致会有爆炸的危险。因此，对这种间歇式化学反应器既要考虑反应前的预热问题，又要考虑反应过程中及时移走反应热的问题，需要配置两种传热介质，即蒸汽和冷水，并分别安装上调节阀。同时，需要设计一个分程控制系统，用温度控制器输出信号的不同区间来控制这两个阀门。

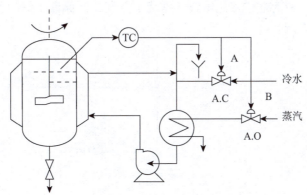

图 6-20　间歇聚合反应器分程控制系统

从安全的角度考虑，为了避免气源故障引起间歇式化学反应器温度过高，无气时输入热量要求处于最小的情况，蒸汽阀选择气开式，冷水阀选择气关式，相应的温度控制器选择反作用方式。

根据节能要求，当温度偏高时，总是先关小蒸汽阀再开大冷水阀。由于温度控制器为反作用方式,因此温度增加时其输出信号下降。两者综合起来就要求在信号下降时先关小蒸汽阀,再开大冷水阀。这就意味着蒸汽阀(B)的分程区间在高信号区(12~20 mA),冷水阀(A)的分程区间在低信号区(4~ 12 mA)。两阀的分程情况如图6-21所示。

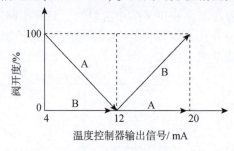

图 6-21　两阀的分程情况

其工作过程如下:当反应釜备料工作完成后,温度控制系统投入运行;由于起始温度低于设定值,所以具有反作用的温度控制器输出信号将增大,使阀B打开,用蒸汽加热以获得热水,再通过夹套对反应釜加热、升温,引起化学反应,于是就有热量放出,反应温度逐渐升高;当反应温度升高并超过设定值后,温度控制器输出信号下降,将逐渐关小阀B,乃至完全关闭。而阀A逐渐打开,通入冷水移走反应热,从而达到维持反应温度的目的。

3. 用作生产安全的防护措施

在炼油厂或石油化工厂中,有许多储罐存放着各种油晶或石油化工产品。这些储罐建造在室外,为使这些油晶或石油化工产品不与空气中的氧气接触而被氧化变质,或者引起爆炸危险,常采用罐顶充氮气(N₂)的办法,使其与外界空气隔绝。实行氮封的技术要求是要始终保持罐内的氮气气压为微正压。储罐内储存的物料量的增减将引起罐顶压力的升降,应及时进行控制,否则将会造成储罐变形。因此,当储罐内液位上升时,应停止继续补充氮气,并将罐顶压缩的氮气适量排出。反之,当储罐内液位下降时,应停止排放氮气而继续补充氮气。只有这样才能做到既隔绝了空气,又保证了储罐不变形。图6-22为罐顶氮封分程控制系统。

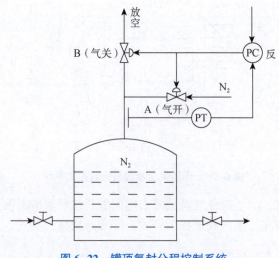

图 6-22　罐顶氮封分程控制系统

构成这一系统所用的仪表皆为气动仪表。PC 为压力控制器，具有反作用和 PI 控制规律，补充氮气的阀 A 具有气开特性，排放氮气的阀 B 具有气关特性。两阀的分程动作关系如图 6-23 所示。

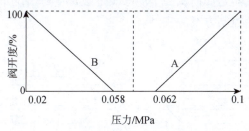

图 6-23　两阀的分程动作关系

由图 6-23 可见，阀 B 接收控制器的气动输出信号为 0.02~0.058 MPa（对应的电动输出信号为 4~11.6 mA），而阀 A 接收控制器的气动输出信号为 0.062~0.1 MPa（对应的电动输出信号为 12.4~20 mA）。因此，在两个调节阀之间存在着一个 0.004 MPa 的间歇区（即 0.8 mA），间歇区又称不灵敏区。

 ## 6.5　选择性控制系统

▶▶▶ 6.5.1　选择性控制系统概述 ▶▶ ▶

一般的过程控制系统是在正常工况下，为保证生产过程的物料平衡、能量平衡和生产安全而设计的，它们没有考虑到在事故状态下的安全生产问题，即当操作条件到达安全极限时，应有保护性措施，如大型透平压缩机的防喘振，化学反应器的安全操作及锅炉燃烧系统的防脱火、防回火等。事故状态下的保护性措施大致可分成两类，一类是自动报警，然后由人工进行处理，或者采用自动连锁、自动停机的方法进行保护，称为"硬保护"。但是由于生产的复杂性和快速性，操作人员处理事故的速度往往满足不了需要，或者处理过程容易出错。采用自动连锁、自动停机的办法又往往造成生产设备频繁的停机与开机，影响生产的连续进行。因此，一些连续生产、控制高度集中的大型企业中，"硬保护"措施满足不了生产的需要。另一类措施称为"软保护"，即所谓选择性控制系统。选择性控制是指将工艺生产过程的限制条件所构成的逻辑关系叠加到正常工况下的控制系统上而形成的一种控制方法。它的基本做法是，当生产操作趋向极限条件时，通过选择器，选择一个用于不正常工况下的备用控制系统来自动取代正常工况下的控制系统，使工况能自动脱离极限条件回到正常工作状态。此时，备用控制系统又通过选择器自动脱离工作状态重新进入备用状态，而正常工况下的控制系统又自动投入运行。

▶▶▶ 6.5.2　选择性控制系统的类型及应用 ▶▶▶

根据选择器在控制回路中的位置，选择性控制系统可分为两类：一类是选择器接在控制器与执行器之间；另一类是选择器接在变送器与控制器之间。根据被选择的变量性质，选择性控制系统也可分为以下两类。

1. 对被控变量的选择性控制系统

对被控变量的选择性控制系统，是选择性控制的基本类型。图 6-24(a)、图 6-24(b) 两图可用以说明液氨蒸发器是如何从一个能够满足正常生产情况下的控制方案，演变成为考虑极限条件下的选择性控制方案的实例。

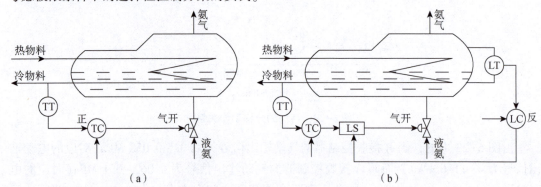

图 6-24　液氨蒸发器控制系统
(a)一般控制系统；(b)选择性控制系统

液氨蒸发器是一个换热设备，在工业上的应用极其广泛。它是利用液氨的汽化需要吸收大量的热量来冷却流经管内的热物料。在生产上，往往要求出口的冷物料温度稳定，这样就构成了以出口的冷物料温度为被控变量，以液氨流量为控制变量的控制方案，如图 6-24(a)所示。这一控制方案用的是改变传热面积来调节传热量的方法。因液位高度会影响热交换器的浸润传热面积，故液位高度间接反映了传热面积的变化。由此可见，液氨蒸发器实质上是一个单输入(液氨流量)-两输出(温度和液位)系统。液氨流量既会影响温度，也会影响液位，温度和液位有一种粗略的对应性。通过工艺的合适设计，在正常工况下，当温度得到控制后，液位也应该在一定的允许区间内。

超限现象的发生是因为出现了非正常工况。在这里，不妨假设有杂质油漏入物料管线，使传热系数猛降，为了取走同样的热量，就要大大增加传热面积。但当液位淹没了换热器的所有列管时，传热面积的增加已达极限；如果继续增加氨蒸发器内的液氨量，并不会提高传热量；但是液位的继续升高，可能带来生产事故。这是因为汽化的氨是要回收重复使用的。氨气将进入压缩机入口，若氨气带液，则液滴会损坏压缩机叶片，所以液氨蒸发器上部必须留有足够的汽化空间，以保证良好的汽化条件。为了保持足够的汽化空间，就要限制液氨的液位不得高于某一最高限值。为此，需在原有温度控制基础上，增加一个防液位超限的控制系统。

根据以上分析，这两个控制系统工作的逻辑规律如下：在正常工况下，由温度控制器操纵阀门进行温度控制；而当出现非正常工况引起液氨的液位达到高限时，即使出口的物料温度仍偏高，但为了保护氨压缩机不致损坏，此时液位控制器应取代温度控制器工作（即操纵阀门），直至引起生产不正常的因素消失、液氨的液位恢复到正常区域后才恢复温度控制器的运行。

实现上述功能的防超限控制方案，已表示在图 6-24(b)中。该系统方框图如图 6-25 所示。它具有两个控制器，通过选择器对两个输出信号进行选择来实现对调节阀的两种控制方式。在正常工况下，应选择温度控制器的输出信号，而当液位到达极限值时，应选择液位控制器的输出信号。这种控制方式，称为"选择性控制"。

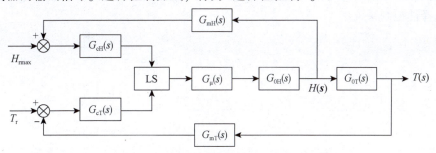

图 6-25 温度与液位选择性控制系统方框图

2. 对控制变量的选择性控制系统

对控制变量的选择性控制系统方框图如图 6-26 所示。其被控变量只有一个，而控制变量有两个，选择器对控制变量加以选择。

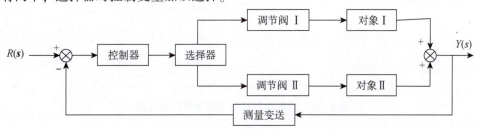

图 6-26 对控制变量的选择性控制系统方框图

图 6-27 为对燃料的选择性控制系统。当低热值燃料 A 的流量 A 没有超过上限值 A_H 时，尽量用燃料 A。当 $A > A_H$ 时，用高热值燃料 B 来补充。在正常工况下，温度控制器的输出为 m，而且 $m < A_H$，经低值选择器 LS 后作为燃料 A 流量控制器的设定值，构成以主变量为出口温度、副变量为燃料 A 流量的串级控制系统。由于 $A_r = m$，所以 $B_r = m - A_r = 0$，则燃料 B 的阀门全关。在工况变化时，若出现 $m > A_H$ 的情况，LS 选择 A_H 作为输出，使 $A_r = A_H$，则燃料 A 流量控制器 $F_A C$ 成为定值控制系统，使燃料 A 流量稳定在 A_H 值上。这时，由于 $B_r = m - A_r = m - A_H > 0$，所以构成了出口温度与燃料 B 流量的串级控制系统，打开燃料 B 的阀门，以补充燃料 A 的不足，从而保证了出口温度的稳定。

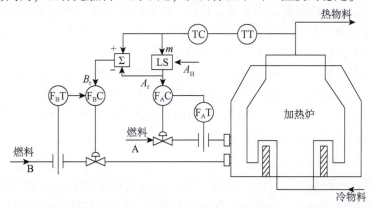

图 6-27 对燃料的选择性控制系统

将选择器接在变送器的输出端，一般用来对测量信号进行选择。图 6-28 为对温度测量值的选择性控制系统。

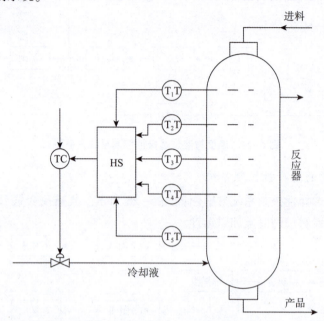

图 6-28　对温度测量值的选择性控制系统

图 6-28 中的反应器内装有固定触媒层，由于热点温度的位置可能会随着催化剂的老化、变质和流动等原因而有所移动，所以为防止反应温度过高烧坏触媒层，反应器内的各处温度都应参加比较，选择其中的最高温度用于控制。

▶▶▶ 6.5.3　选择性控制系统的设计 ▶▶▶

选择性控制系统的设计与简单控制系统设计的不同之处在于控制器控制规律的确定及控制器参数的整定、选择器的选型、防积分饱和等。

1. 控制规律的确定及控制器参数的整定

在选择性控制系统中，若采用两个控制器，则其中必有一个为正常控制器，另一个为取代控制器。对于正常控制器，由于其有较高的控制精度，故应选用 PI 或 PID 控制规律；对于取代控制器，由于其在正常生产中开环备用，仅在生产将要出现事故时，才迅速动作，以防事故发生，故一般选用 P 控制规律即可。

在进行控制器参数的整定时，因两个控制器是分别工作的，故可按单回路控制系统的参数整定方法处理。但是，当备用控制系统投入运行时，取代控制器必须发出较强的调节信号以产生及时的自动保护作用，所以，其比例带应该整定得小一些。如果需要积分作用，则积分作用应该整定得弱一些。

2. 选择器的选型

选择器是选择性控制系统中的一个重要环节。选择器有高值选择器与低值选择器两种。前者选择高值信号通过，后者选择低值信号通过。在进行选择器的选型时，先要根据调节阀的选用原则，确定调节阀的气开、气关形式，进而确定控制器的正、反作用方式，最后确定选择器的类型。确定选择器类型的原则：如果取代控制器的输出信号为高值，则选择高值选择器；反之，则选择低值选择器。

例如，在图6-24所示系统中，液氨蒸发器是一个换热设备，在工业上的应用极其广泛，它利用氨气的汽化需要吸收大量的热量来冷却流经管内的热物料。在生产上，要求出口的冷物料温度稳定，其正常工况的控制方案如图6-24(a)所示。为了防止不正常工况的发生，液氨蒸发器中液氨的液位不得超过某一极限值。为此，在图6-24(a)的基础上，设计了图6-24(b)所示的防液位超限选择性控制系统。

为液氨使蒸发器的液位不致过高而满溢，调节阀应选择气开式。相应地，温度控制器应选择正作用方式，而液位控制器选择反作用方式。当液位的测量值超过设定值时，控制器的输出信号减小，要求选择器被选中。显而易见，该选择器应为低值选择器。

3. 积分饱和

对于在开环状态下具有积分控制的控制器，由于给定值与实际值之间存在偏差，控制器的积分动作将使其输出不停地变化，一直达到某个限值(最大或最小值)并保持在该值上，这种情况称为积分饱和。

在选择性控制中，总有一个(未被选用的)控制器处于开环状态。不论哪一个控制器处于开环状态，只要有积分作用都可能产生积分饱和现象。若正常控制器有积分控制，当由取代控制器进行控制、在生产工况尚未恢复正常时(此时一定存在偏差，且一般为单一极性的大偏差)，正常控制器的输出就会积分到上限或下限值。在正常控制器输出饱和情况下，当生产工况刚恢复正常时，系统仍不能迅速切换回来，往往需要等待较长一段时间。这是因为，刚恢复正常时，若偏差极性尚未改变，控制器输出仍处于积分饱和状态，即使偏差极性已改变了，控制器输出信号仍有很大值。

若取代控制器有积分控制，则问题更大，一旦生产出现不正常工况，就要延迟一段时间才能进行切换，这样就起不到防止事故的作用。为此，必须采取措施防止积分饱和现象的产生。

一般而言，积分饱和产生的必要条件有两个：一是控制器具有积分作用；二是控制器的输入偏差长期存在。为解决上述问题，通常采用外反馈法、积分切除法、限幅法等措施加以克服。

1) 外反馈法

外反馈法是指控制器处在开环状态下不选用控制器自身的输出作为反馈，而选用其他相应的信号作为反馈以限制其积分作用的方法。图6-29为外反馈原理示意。

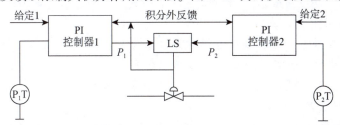

图6-29　外反馈原理示意

在选择性控制系统中，设两台PI控制器的输出分别为P_1、P_2。选择器选择其中之一送至调节阀，同时反馈到两个控制器的输入端，以实现积分外反馈。若选择器为低值选择

器，设 $P_1 < P_2$，PI 控制器 1 被选中，则其输出为

$$P_1 = K_{c1}\left(e_1 + \frac{1}{\tau_{I1}}\int e_1 \mathrm{d}t\right) \tag{6-15}$$

由图 6-29 可见，积分外反馈信号就是其本身的输出 P_1。因此，PI 控制器 1 仍保持 PI 控制规律。此时，PI 控制器 2 处于备用状态，其输出为

$$P_2 = K_{c2}\left(e_2 + \frac{1}{\tau_{I2}}\int e_1 \mathrm{d}t\right) \tag{6-16}$$

上式积分项的偏差是 e_1，并非其本身的偏差 e_2，因此不存在对 e_2 的积累而带来的积分饱和问题。当系统处于稳态时，$e_1 = 0$，PI 控制器 2 仅有比例作用。因此，处在开环状态的备用控制器不会产生积分饱和。一旦生产过程出现异常，而该控制器的输出又被选中时，其输出反馈到自身的积分环节，立即产生 PI 控制动作，投入系统运行。

2）积分切除法

所谓积分切除法，是指控制器具有 PI/P 控制规律，即当控制器被选中时具有 PI 控制规律，一旦处于开环状态，立即切除积分功能而仅保留比例功能。这是一种特殊的控制器。若用计算机对其进行选择性控制，只要利用计算机的逻辑判断功能，编制出相应的程序即可。

3）限幅法

所谓限幅法，是指利用高值或低值限幅器使控制器的输出信号不超过工作信号的最高值或最低值。至于是用高值限幅器还是用低值限幅器，则要根据具体工艺来决定。若控制器处于备用、开环状态，控制器由于积分作用而输出逐渐增大，则要用高值限幅器；反之，则用低值限幅器。

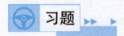 习题 ▶▶ ▶

6-1 前馈控制与反馈控制各有什么特点？为什么采用前馈-反馈复合控制系统能改善控制质量？

6-2 什么是比值控制系统？它有哪几种类型？

6-3 什么是比值控制中的非线性特性？它对系统的控制质量有何影响？在工程设计中如何解决？

6-4 已知某比值控制系统，采用孔板和差压变送器测量主、副流量，主流量变送器的最大量程为 $q_{1\max} = 12.5\,\mathrm{m^3/h}$，副流量变送器的最大量程为 $q_{2\max} = 20\,\mathrm{m^3/h}$，生产工艺要求 $K = q_2/q_1 = 1.4$，试计算：

（1）不加开方器时，DDZ-Ⅲ型仪表的比值系数 K'；

（2）加开方器后，DDZ-Ⅲ型仪表的比值系数 K'。

6-5 什么是均匀控制？常用均匀控制方案有哪几种？

6-6 试简述设置均匀控制的目的与要求。

6-7 从控制器参数的整定来看，怎样区分均匀控制和液位或流量的定值控制？均匀控制参数的整定有何特点？

第7章
先进过程控制系统

 本章学习要点 ▶▶ ▶

先进过程控制系统是指采用先进控制策略的过程控制系统。较常规 PID 过程控制系统而言，先进过程控制系统的被控对象通常更复杂，控制要求更高，须以先进的控制理论为基础，以计算机、智能传感器与仪表、总线网络为手段，实现全局优化，提高产品质量和生产效率。

先进过程控制策略是控制理论、传感技术、计算机技术、网络与总线技术等多学科的交叉与结合，强调理论与实际的结合，重视应用技术。学完本章后，应能达到以下要求。

(1) 了解多变量解耦控制系统，掌握常见的解耦方法。

(2) 了解大滞后补偿控制系统、预测控制系统、自适应控制系统。

7.1　解耦控制系统

解耦的主要任务是解除控制回路或系统变量之间的耦合。解耦可分为完全解耦和部分解耦。完全解耦的要求是，在实现解耦之后，不仅控制变量与被控变量之间可以进行一对一的独立控制，而且干扰与被控变量之间同样产生一对一的影响。目前，多变量解耦控制方法有很多，本节主要介绍 4 种常用的方法。

▶▶▶ 7.1.1　前馈补偿解耦法 ▶▶ ▶

前馈补偿解耦法是多变量解耦控制中最早使用的一种解耦方法。该方法结构简单、易于实现、效果显著，因此得到了广泛应用。图 7-1 是一个带前馈补偿器的双变量完全解耦系统方框图。

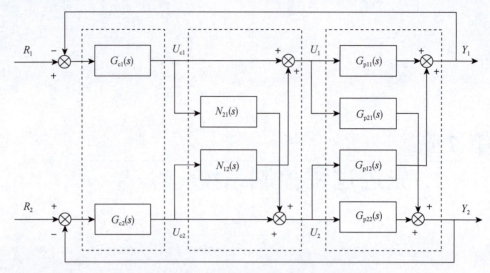

图 7-1 带前馈补偿器的双变量完全解耦系统方框图

如果要实现 U_{c1} 与 Y_2、U_{c2} 与 Y_1 之间的解耦，则根据前馈补偿原理可得

$$U_{c1}G_{p21}(s) + U_{c1}N_{21}(s)G_{p22}(s) = 0 \tag{7-1}$$

$$U_{c2}G_{p12}(s) + U_{c2}N_{12}(s)G_{p11}(s) = 0 \tag{7-2}$$

因此，前馈补偿解耦器的传递函数为

$$N_{21}(s) = -G_{p21}(s)/G_{p22}(s) \tag{7-3}$$

$$N_{12}(s) = -G_{p12}(s)/G_{p11}(s) \tag{7-4}$$

利用前馈补偿解耦还可以实现对扰动信号的解耦。图 7-2 是带解耦环节结合控制器的前馈补偿完全解耦系统方框图。

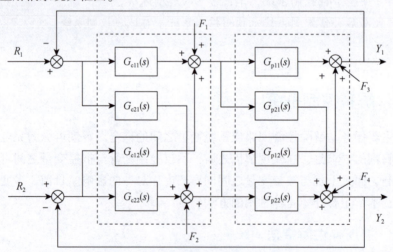

图 7-2 带解耦环节结合控制器的前馈补偿完全解耦系统方框图

如果要实现对扰动量 F_1 和 F_2 的解耦，则根据前馈补偿原理可得

$$F_1G_{p21}(s) - F_1G_{p11}(s)G_{c21}(s)G_{p22}(s) = 0 \tag{7-5}$$

$$F_2G_{p12}(s) - F_2G_{p22}(s)G_{c12}(s)G_{p11}(s) = 0 \tag{7-6}$$

于是得

$$G_{c21}(s) = \frac{G_{p21}(s)}{G_{p11}(s) G_{p22}(s)} \tag{7-7}$$

$$G_{c21}(s) = \frac{G_{p21}(s)}{G_{p11}(s) G_{p22}(s)} \tag{7-8}$$

如果要实现对参考输入量 R_1、R_2 和输出量 Y_1、Y_2 之间的解耦，则根据前馈补偿原理可得

$$R_1 G_{c21}(s) G_{p22}(s) + R_1 G_{c11}(s) G_{p21}(s) = 0 \tag{7-9}$$

$$R_2 G_{c22}(s) G_{p21}(s) + R_2 G_{c12}(s) G_{p11}(s) = 0 \tag{7-10}$$

故

$$G_{c21}(s) = - \frac{G_{p21}(s) G_{c11}(s)}{G_{p22}(s)} \tag{7-11}$$

$$G_{c12}(s) = - \frac{G_{p12}(s) G_{c22}(s)}{G_{p11}(s)} \tag{7-12}$$

比较以上分析结果，不难看出，若对扰动量能实现前馈补偿完全解耦，则参考输入与对象输出之间就不能实现解耦。因此，单独采用前馈补偿解耦一般不能同时实现对扰动量及参考输入与对象输出的解耦。

▶▶▶ 7.1.2 反馈解耦法 ▶▶▶

反馈解耦法是多变量解耦控制的有效方法。在反馈解耦系统中，解耦器通常配置在反馈通道上，而不是配置在系统的前向通道上。反馈解耦方式只采用 P 规范结构，但被控对象可以是 P 规范结构或 V 规范结构。图 7-3 为双变量 V 规范对象的反馈解耦系统方框图。

如果对输出量 Y_1 和 Y_2 实现解耦，则

$$Y_1 G_{v21}(s) - Y_1 G_{f21}(s) G_{c12}(s) = 0 \tag{7-13}$$

$$Y_2 G_{v12}(s) - Y_2 G_{f12}(s) G_{c11}(s) = 0 \tag{7-14}$$

于是得反馈解耦器的传递函数为

$$G_{f21}(s) = G_{v21}(s)/G_{c12}(s) \tag{7-15}$$

$$G_{f12}(s) = G_{v12}(s)/G_{c11}(s) \tag{7-16}$$

因此，系统的输出分别为

$$Y_1 = \frac{G_{v11}(s) F_1 + R_1 G_{v11}(s) G_{c11}(s)}{1 + G_{v11}(s) G_{c11}(s)} \tag{7-17}$$

$$Y_1 = \frac{G_{v22}(s) F_2 + R_2 G_{v22}(s) G_{c12}(s)}{1 + G_{v22}(s) G_{c12}(s)} \tag{7-18}$$

由此可见，反馈解耦可以实现完全解耦。解耦以后的系统完全相当于断开一切耦合关系，即断开 $G_{v12}(s)$、$G_{v21}(s)$、$G_{f12}(s)$ 和 $G_{f21}(s)$ 以后，与原耦合系统等效的具有两个独立控制通道的系统。

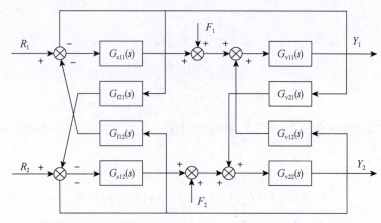

图 7-3 双变量 V 规范对象的反馈解耦系统方框图

▶▶▶ 7.1.3 对角矩阵解耦法 ▶▶ ▶

对角矩阵解耦法要求被控对象特性矩阵与解耦环节矩阵的乘积等于对角矩阵。现以图 7-4 所示的双变量解耦系统为例，说明对角矩阵解耦的设计过程。

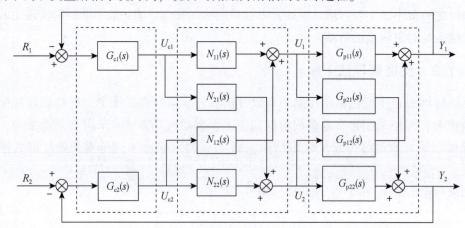

图 7-4 双变量解耦系统方框图

根据对角矩阵解耦设计要求可得

$$\begin{bmatrix} G_{p11}(s) & G_{p12}(s) \\ G_{p21}(s) & G_{p22}(s) \end{bmatrix} \begin{bmatrix} N_{11}(s) & N_{12}(s) \\ N_{21}(s) & N_{22}(s) \end{bmatrix} = \begin{bmatrix} G_{p11}(s) & 0 \\ 0 & G_{p22}(s) \end{bmatrix} \tag{7-19}$$

因此，被控对象的输出与输入变量之间应满足如下矩阵方程：

$$\begin{bmatrix} Y_1 \\ Y_2 \end{bmatrix} = \begin{bmatrix} G_{p11}(s) & 0 \\ 0 & G_{p22}(s) \end{bmatrix} \begin{bmatrix} U_{c1} \\ U_{c2} \end{bmatrix} \tag{7-20}$$

假设对象传递矩阵 $G_p(s)$ 为非奇异矩阵，即

$$\begin{bmatrix} G_{p11}(s) & G_{p12}(s) \\ G_{p21}(s) & G_{p22}(s) \end{bmatrix} \neq 0 \tag{7-21}$$

于是得到解耦器的数学模型为

$$\begin{bmatrix} N_{11}(s) & N_{12}(s) \\ N_{21}(s) & N_{22}(s) \end{bmatrix} = \begin{bmatrix} G_{p11}(s) & G_{p12}(s) \\ G_{p21}(s) & G_{p22}(s) \end{bmatrix}^{-1} \begin{bmatrix} G_{p11}(s) & 0 \\ 0 & G_{p22}(s) \end{bmatrix}$$

$$= \frac{1}{G_{p11}(s)G_{p22}(s) - G_{p12}(s)G_{p21}(s)} \begin{bmatrix} G_{p22}(s) & -G_{p12}(s) \\ -G_{p21}(s) & G_{p11}(s) \end{bmatrix} \begin{bmatrix} G_{p11}(s) & 0 \\ 0 & G_{p22}(s) \end{bmatrix}$$

$$= \begin{bmatrix} \dfrac{G_{p11}(s)G_{p22}(s)}{G_{p11}(s)G_{p22}(s) - G_{p12}(s)G_{p21}(s)} & \dfrac{-G_{p22}(s)G_{p12}(s)}{G_{p11}(s)G_{p22}(s) - G_{p12}(s)G_{p21}(s)} \\ \dfrac{-G_{p11}(s)G_{p21}(s)}{G_{p11}(s)G_{p22}(s) - G_{p12}(s)G_{p21}(s)} & \dfrac{G_{p11}(s)G_{p22}(s)}{G_{p11}(s)G_{p22}(s) - G_{p12}(s)G_{p21}(s)} \end{bmatrix}$$

$$\tag{7-22}$$

下面验证 U_{c1} 与 Y_2 之间已解除耦合关系，即控制变量 U_{c1} 对被控变量 Y_2 没有影响。由图 7-4 可知，在 U_{c1} 作用下，被控变量 Y_2 为

$$Y_2 = \left[N_{11}(s)G_{p21}(s) + N_{11}(s)G_{p22}(s) \right] U_{c1} \tag{7-23}$$

将式(7-22)中的 $N_{11}(s)$ 和 $N_{21}(s)$ 代入式(7-23)，则有 $Y_2 = 0$。

同理可证，U_{c2} 与 Y_1 之间也已解除耦合关系，即控制变量 U_{c2} 对被控变量 Y_1 没有影响。图 7-5 是利用对角矩阵解耦得到的两个彼此独立的等效控制系统方框图。

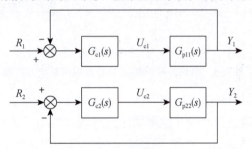

图 7-5　对角矩阵解耦后的等效控制系统方框图

▶▶▶ 7.1.4　单位矩阵解耦法 ▶▶ ▶

单位矩阵解耦法是对角矩阵解耦法的一种特殊情况。它要求被控对象特性矩阵与解耦环节矩阵的乘积等于单位矩阵，即

$$\begin{bmatrix} G_{p11}(s) & G_{p12}(s) \\ G_{p21}(s) & G_{p22}(s) \end{bmatrix} \begin{bmatrix} N_{11}(s) & N_{12}(s) \\ N_{21}(s) & N_{22}(s) \end{bmatrix} = \begin{bmatrix} 1 & 0 \\ 0 & 1 \end{bmatrix} \tag{7-24}$$

因此，系统的输入-输出方程满足如下关系：

$$\begin{bmatrix} Y_1 \\ Y_2 \end{bmatrix} = \begin{bmatrix} 1 & 0 \\ 0 & 1 \end{bmatrix} \begin{bmatrix} U_{c1} \\ U_{c2} \end{bmatrix} \tag{7-25}$$

于是得到解耦器的数学模型为

$$\begin{bmatrix} N_{11}(s) & N_{12}(s) \\ N_{21}(s) & N_{22}(s) \end{bmatrix} = \begin{bmatrix} G_{p11}(s) & G_{p12}(s) \\ G_{p21}(s) & G_{p22}(s) \end{bmatrix}^{-1}$$

$$= \frac{1}{G_{p11}(s)G_{p22}(s) - G_{p12}(s)G_{p21}(s)} \begin{bmatrix} G_{p22}(s) & -G_{p12}(s) \\ -G_{p21}(s) & G_{p11}(s) \end{bmatrix}$$

$$= \begin{bmatrix} \dfrac{G_{p22}(s)}{G_{p11}(s)G_{p22}(s) - G_{p12}(s)G_{p21}(s)} & \dfrac{-G_{p12}(s)}{G_{p11}(s)G_{p22}(s) - G_{p12}(s)G_{p21}(s)} \\ \dfrac{-G_{p21}(s)}{G_{p11}(s)G_{p22}(s) - G_{p12}(s)G_{p21}(s)} & \dfrac{G_{p11}(s)}{G_{p11}(s)G_{p22}(s) - G_{p12}(s)G_{p21}(s)} \end{bmatrix}$$

$$(7-26)$$

同理，可以证明 U_{c1} 对 Y_2 的影响等于 0，U_{c2} 对 Y_1 的影响等于 0，即 U_{c1} 与 Y_2 之间、U_{c2} 与 Y_1 之间的耦合关系已被解除。图 7-6 是利用单位矩阵解耦得到的两个彼此独立的等效控制系统方框图。

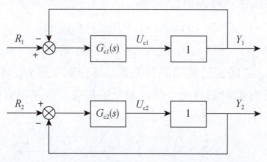

图 7-6　单位矩阵解耦后的等效控制系统方框图

综上所述，采用不同的解耦方法都能达到解耦的目的，但是采用单位矩阵解耦法的优点更突出。对角矩阵解耦法和前馈补偿解耦法的解耦效果和系统控制质量是相同的，这两种方法都是设法解除交叉通道，并使其等效成两个独立的单回路系统。而单位矩阵解耦法，除了能获得优良的解耦效果，还能提高控制质量、减少动态偏差、加快响应速度、缩短调节时间。值得注意的是，本节介绍的几种解耦方法，一般都要涉及解耦器或控制器与被控对象之间零点-极点抵消问题，这在某些情况下可能会引起系统不稳定，或者解耦环节在物理上不可实现。因此，如果遇到的这类问题比较严重，建议采用其他解耦方法，如非零点-极点抵消解耦法等。

必须指出，多变量解耦有动态解耦和静态解耦之分。动态解耦的补偿是时间补偿，而静态解耦的补偿是幅值补偿。由于动态解耦要比静态解耦复杂得多，所以一般只在要求比较高、解耦器又能实现的条件下使用动态解耦。当被控对象各通道的时间常数非常接近时，采用静态解耦一般能满足要求。由于静态解耦的结构简单、易于实现、解耦效果较佳，故静态解耦在很多场合得到了广泛的应用。

此外，在多变量系统的解耦设计过程中，还要考虑解耦系统的实现问题。事实上，求出了解耦器的数学模型并不等于实现了解耦。解耦系统的实现问题主要包括：解耦系统的稳定性、部分解耦及解耦器的简化等。有关解耦系统的实现问题可查阅其他文献了解。

7.2 大滞后补偿控制系统

▶▶▶ 7.2.1 大滞后过程概述 ▶▶▶ ▶

在工业生产过程中，被控过程除了具有容量滞后，还存在不同程度的纯滞后。例如，在图 7-7 所示的换热器出口物料温度控制流程中，被控变量是出口的热物料温度，而控制量是蒸汽流量。当调整蒸汽流量后，由于蒸汽通过管道输送需要时间，所以对出口的热物料温度的影响必然会产生滞后。此外，如化学反应、管道混合、皮带传送、轧辊传输、多个容器串联及用分析仪表测量流体的成分等，都存在不同程度的纯滞后。一般来说，在大多数被控过程的动态特性中，既包含纯滞后时间 τ，又包含时间常数 T，通常用 τ/T 的比值来衡量被控过程纯滞后的严重程度。若 $\tau/T \leqslant 0.3$，则称为一般滞后过程；若 $\tau/T > 0.3$，则称为大滞后过程。大滞后过程被公认为是较难控制的过程。其难以控制的主要原因分析如下。

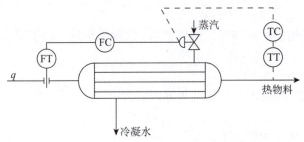

图 7-7 换热器出口物料温度控制流程

（1）由测量信号提供不及时而产生的纯滞后，会导致控制器发出的控制作用不及时，影响控制质量。

（2）由控制介质的传输而产生的纯滞后，会导致执行器的调节动作不能及时影响控制效果。

（3）纯滞后的存在使系统的开环相频特性的相角滞后随频率的增大而增大，从而使开环频率特性的中频段与点(-1，j0)的距离减小，结果导致闭环系统的稳定裕度下降。若要保证其稳定裕度不变，只能减小控制器的放大系数，导致控制质量的下降。

克服大滞后的不利影响，保证控制质量，一直是科学工作者研究的课题。目前已有的一些解决方案有微分先行控制、中间反馈控制、史密斯（Smith）预估控制和内模控制等。限于篇幅，这里只讨论 Smith 预估控制和内模控制的有关内容。

▶▶▶ 7.2.2 Smith 预估器 ▶▶▶ ▶

为了改善大滞后补偿控制系统的控制质量，1957 年，史密斯提出了一种以模型为基础的预估器补偿控制方法。其设计思想是，预先估计出过程在基本扰动作用下的动态响应，然后由预估器进行补偿，试图使被延迟了 τ 的被控变量超前反馈到控制器，使控制器提前动作，从而大大降低超调量，并加速调节过程。采用 Smith 预估器的控制系统方框图如图 7-8 所示。

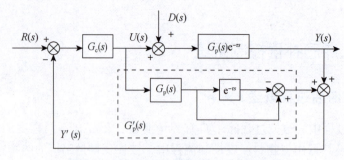

图 7-8　采用 Smith 预估器的控制方框图

如果不采用 Smith 预估器，则控制器输出 $U(s)$ 到系统输出 $Y(s)$ 之间的传递函数为

$$\frac{Y(s)}{U(s)} = G_p(s)\ e^{-\tau s} \tag{7-27}$$

控制器的输出需要经过时间 τ 才起作用。

如果采用 Smith 预估器，则反馈信号 $Y'(s)$ 与 $U(s)$ 之间的传递函数为

$$\frac{Y'(s)}{U(s)} = G_p(s)\ e^{-\tau s} + G'_p(s) \tag{7-28}$$

为了使控制器的输出信号与反馈信号 $Y'(s)$ 之间无延迟，必须要求

$$\frac{Y'(s)}{U(s)} = G_p(s)\ e^{-\tau s} + G'_p(s) = G_p(s) \tag{7-29}$$

由式(7-29)可求得 Smith 预估器的传递函数为

$$G'_p(s) = G_p(s)(1 - e^{-\tau s}) \tag{7-30}$$

整个系统的闭环传递函数如下。

控制通道：

$$\frac{Y(s)}{R(s)} = \frac{G_c(s)G_p(s)\ e^{-\tau s}}{1 + G_c(s)G_p(s)\ e^{-\tau s} + G_c(s)G_p(s)(1 - e^{-\tau s})} = \frac{G_c(s)G_p(s)\ e^{-\tau s}}{1 + G_c(s)G_p(s)} \tag{7-31}$$

干扰通道：

$$\frac{Y(s)}{D(s)} = \frac{G_p(s)\ e^{-\tau s}[\,1 + G_c(s)G_p(s)(1 - e^{-\tau s})\,]}{1 + G_c(s)G_p(s)\ e^{-\tau s} + G_c(s)G_p(s)(1 - e^{-\tau s})}$$

$$= \frac{G_p(s)\ e^{-\tau s} + G_c(s)G_p^2(s)e^{-\tau s} - G_c(s)G_p^2(s)e^{-2\tau s}}{1 + G_c(s)G_p(s)} \tag{7-32}$$

　　令整个系统的闭环传递函数的分母等于 0，则该方程为系统的闭环特征方程，即由式(7-31)、式(7-32)得系统的闭环特征方程 $1 + G_c(s)G_p(s) = 0$。显然，该方程中已不再包含纯滞后环节 $e^{-\tau s}$。因此，采用 Smith 预估器补偿控制方法可以消除纯滞后环节对控制系统品质的影响。当然，闭环传递函数分子上的纯滞后环节 $e^{-\tau s}$ 表明被控量的响应比设定值要滞后 τ 时间。

▶▶|7.2.3　改进的 Smith 预估器 ▶▶▶

　　必须指出，Smith 预估器补偿控制方法主要适用于给定信号变化引起系统输出变化的场合。这种方法最大的弱点是对过程模型的误差十分敏感。如果模型的纯滞后时间 τ 与实际值相差较大，则系统的控制质量就会大大降低。对于如何改进 Smith 预估器的性能，研究人员提出了许多改进方案。

1. 增益自适应补偿控制

1977 年，贾尔斯（Giles）和巴特利（Bartley）提出了增益自适应补偿控制方案，其系统方框图如图 7-9 所示。

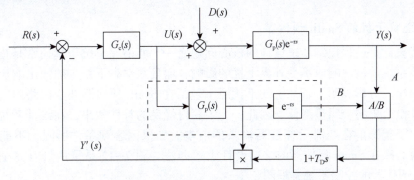

图 7-9　增益自适应补偿控制系统方框图

增益自适应补偿控制方法是在 Smith 预估器的基础上外加了一个除法器、一个比例微分环节和一个乘法器。除法器实现将过程的输出值 A 除以预估器的输出值 B。比例微分环节中的 $T_D = \tau$，它将过程的输出与预估器的输出之比提前送入乘法器。乘法器将预估器的输出乘以比例微分环节的输出，然后将结果送到控制器。上述 3 个环节的作用是根据预估器和过程输出信号之间的比值提供一个自动校正预估器的增益信号。

在理想条件下，预估器准确地复现了过程的输出，除法器的输出值为 1，其等效方框图如图 7-10 所示。很明显，过程的纯滞后环节已被有效地排除在闭环控制回路之外。

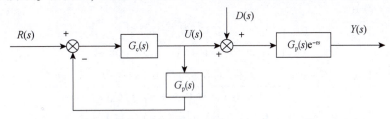

图 7-10　理想条件下的增益自适应补偿控制系统的等效方框图

在非理想条件下，预估器的输出和过程的输出一般是不完全相同的。此时，增益自适应补偿控制系统变成一个较为复杂的控制系统，其等效方框图如图 7-11 所示。图中，增益的大小取决于预估器和过程的输出值。

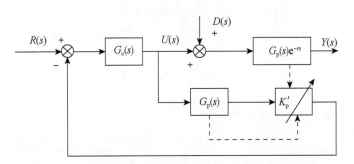

图 7-11　带可变反馈增益的预估器补偿系统的等效方框图

为了与 Smith 预估器补偿控制方法进行比较，贾尔斯和巴特利对二阶纯滞后环节做了大量的数字仿真和模拟试验。试验结果表明：在负载扰动作用时，增益自适应补偿控制方法优于 Smith 预估控制方法；而在设定值变化时，Smith 预估控制方法优于增益自适应补偿控制方法。

2. 完全抗干扰的 Smith 预估器

抗干扰设计是过程控制系统设计的核心问题之一。所谓完全抗干扰通常是指，要求不但在稳态下系统的输出响应不受外界干扰的影响，而且在动态下系统的输出响应也不受外界干扰的影响。分析表明，若系统的干扰源不包括在 Smith 预估器补偿回路内，则对纯滞后环节的补偿效果将会明显降低。因此，为了获得优良的补偿效果，在设计系统时，应该尽量让主要干扰源落在纯滞后补偿器输入的前端。如果因客观条件所限，不能实现这一点，那么就必须在 Smith 预估器的结构设计上想办法。图 7-12 是采用具有完全抗干扰性能的 Smith 预估器的控制系统方框图。

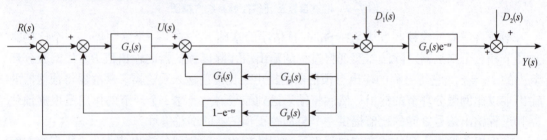

图 7-12　采用具有完全抗干扰性能的 Smith 预估器的控制系统方框图

由图 7-12 可知：

$$\frac{Y(s)}{R(s)} = \frac{G_c(s)G_p(s)e^{-\tau s}}{1 + G_c(s)G_p(s) + G_f(s)G_p(s)} \tag{7-33}$$

$$\frac{Y(s)}{D_1(s)} = \frac{G_p(s)e^{-\tau s}[1 + G_f(s)G_p(s) + G_c(s)G_p(s)(1 - e^{-\tau s})]}{1 + G_c(s)G_p(s) + G_f(s)G_p(s)} \tag{7-34}$$

$$\frac{Y(s)}{D_2(s)} = \frac{1 + G_f(s)G_p(s) + G_c(s)G_p(s)(1 - e^{-\tau s})}{1 + G_c(s)G_p(s) + G_f(s)G_p(s)} \tag{7-35}$$

若仅考虑干扰 $D_1(s)$，则系统的输出为

$$Y(s) = \frac{G_p(s)e^{-\tau s}[1 + G_f(s)G_p(s) + G_c(s)G_p(s)(1 - e^{-\tau s})]D_1(s)}{1 + G_c(s)G_p(s) + G_f(s)G_p(s)} \tag{7-36}$$

要实现对 $D_1(s)$ 的完全抗干扰设计，必须满足条件

$$1 + G_f(s)G_p(s) + G_c(s)G_p(s)(1 - e^{-\tau s}) = 0 \tag{7-37}$$

由此可得

$$G_f(s) = -\frac{1 + G_c(s)G_p(s)(1 - e^{-\tau s})}{G_p(s)} \tag{7-38}$$

若仅考虑干扰 $D_2(s)$，则系统的输出为

$$Y(s) = \frac{[1 + G_f(s)G_p(s) + G_c(s)G_p(s)(1 - e^{-\tau s})]D_2(s)}{1 + G_c(s)G_p(s) + G_f(s)G_p(s)} \tag{7-39}$$

要实现对 $D_2(s)$ 的完全抗干扰设计，同样必须满足式(7-37)，从而得到式(7-38)。

将式(7-38)分别代入式(7-33)、式(7-34)、式(7-35)得

$$\begin{cases} \dfrac{Y(s)}{R(s)} = \dfrac{G_c(s)\,G_p(s)\,\mathrm{e}^{-\tau s}}{G_c(s)\,G_p(s)\,\mathrm{e}^{-\tau s}} = 1 \\[3mm] \dfrac{Y(s)}{D_1(s)} = 0 \\[3mm] \dfrac{Y(s)}{D_2(s)} = 0 \end{cases} \qquad (7\text{-}40)$$

由此可见，式(7-38)同时实现了对干扰 $D_1(s)$ 和 $D_2(s)$ 的完全抗干扰设计，与干扰的具体形式无关，也无须测量干扰，而且保证了系统完全无偏差。

►►►| 7.2.4 内模控制 ►►► ►

内模控制是由 C. E. Garcia 于 1982 年提出的，它在结构上与 Smith 预估控制相似。它不但与 Smith 预估控制一样能明显改善大滞后过程的控制质量，而且具有设计简单、调节性能好、鲁棒性强等优点。

内模控制系统方框图如图 7-13 所示。图中，$G_0(s)$ 为被控过程的实际动态特性，$\hat{G}_0(s)$ 为被控过程的估计模型(也称内部模型)，$G_c^*(s)$ 为内模控制器。

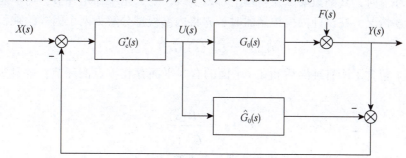

图 7-13　内模控制系统方框图

由图 7-13 可得内模控制系统的输出为

$$Y(s) = \frac{G_c^*(s)\,G_0(s)}{1 + G_c^*(s)\,[\,G_0(s) - \hat{G}_0(s)\,]}X(s) + \frac{1 - G_c^*(s)\,\hat{G}_0(s)}{1 + G_c^*(s)\,[\,G_0(s) - \hat{G}_0(s)\,]}F(s)$$

$$(7\text{-}41)$$

内模控制系统的核心问题是如何设计内模控制器。它的基本思想是，先在理想的情况下设计一个理想控制器，然后考虑实际情况，设计实用的控制器。

1. 理想内模控制器

假设模型没有误差，即 $\hat{G}_0(s) = G_0(s)$，则式(7-41)可化简为

$$Y(s) = G_c^*(s)\,G_0(s)X(s) + [\,1 - G_c^*(s)\,\hat{G}_0(s)\,]F(s) \qquad (7\text{-}42)$$

当 $X(s) = 0$ 时，有

$$Y(s) = [\,1 - G_c^*(s)\,\hat{G}_0(s)\,]F(s) \qquad (7\text{-}43)$$

假设模型"可倒"，即 $\dfrac{1}{\hat{G}_0(s)}$ 存在且能物理实现，令

$$G_c^*(s) = \frac{1}{\hat{G}_0(s)} \qquad\qquad (7-44)$$

则

$$Y(s) = 0 \qquad\qquad (7-45)$$

可见，当模型没有误差且"可倒"时，无论干扰 $F(s)$ 如何，该控制器均能克服干扰对系统的影响。

同样，当 $X(s) \neq 0$，$F(s) = 0$ 时，有

$$Y(s) = G_c^*(s) G_0(s) X(s) = \frac{1}{\hat{G}_0(s)} G_0(s) X(s) = X(s) \qquad\qquad (7-46)$$

式(7-46)表明，当模型没有误差且"可倒"时，内模控制器可确保系统的输出完全能够跟踪设定值输入的变化。

2. 实际内模控制器

在实际工作中，模型和实际过程总会存在误差；此外，模型 $\hat{G}_0(s)$ 的倒数有时还会出现物理不可实现的情况。例如，当 $\hat{G}_0(s)$ 中包含纯滞后环节或零点在 s 平面的右半平面的非最小相位环节时，其倒数要么在物理上难以实现，要么是不稳定环节，均不能使用。

针对上述情况，在设计内模控制器时，先将内部模型分解为两个因式的乘积，即令

$$\hat{G}_0(s) = \hat{G}_{0+}(s)\, \hat{G}_{0-}(s) \qquad\qquad (7-47)$$

式中，$\hat{G}_{0+}(s)$ 包含了所有纯滞后和在 s 平面的右半平面存在零点的环节，并且规定静态增益为1。令

$$G_c^*(s) = \frac{D(s)}{\hat{G}_{0-}(s)} \qquad\qquad (7-48)$$

式中，$D(s)$ 是静态增益为1的低通滤波器，其典型结构为

$$D(s) = \frac{1}{(Ts + 1)^p} \qquad\qquad (7-49)$$

式中，T 为所希望的闭环时间常数；p 为一正整数。通过选择 p 的大小，可使 $G_c^*(s)$ 的分母阶次大于或等于分子的阶次，从而保证 $G_c^*(s)$ 既稳定又可物理实现。需要指出的是，式(7-48)所示的控制器是基于零、极点相消的原理设计的，当 $\hat{G}_0(s)$ 为不稳定过程(在 s 平面的右半平面有极点)时，不能采用这种设计方法。

假设模型没有误差，将式(7-47)、式(7-48)代入式(7-42)，可得

$$Y(s) = \hat{G}_{0+}(s) D(s) X(s) + [1 - D(s)\, \hat{G}_{0+}(s)] F(s) \qquad\qquad (7-50)$$

设定值变化[设 $F(s) = 0$]时的闭环传递函数为

$$\frac{Y(s)}{X(s)} = \hat{G}_{0+}(s) D(s) = \hat{G}_{0+}(s) \frac{1}{(Ts + 1)^p} \qquad\qquad (7-51)$$

上式表明，滤波器 $D(s)$ 与闭环性能有密切的关系。滤波器中的时间常数 T 是可调参数。时间常数越小，则输出对设定值的跟踪滞后也越小。但当模型存在误差时，由式 (7-51)可知，时间常数越小，输出对模型误差就越敏感，系统的鲁棒性会变差。因此，对具体系统而言，滤波器时间常数的取值应在兼顾动态性能和系统鲁棒性之间进行折中选择。

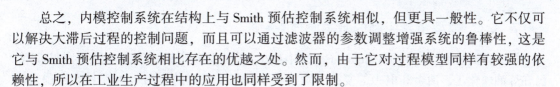

　　总之，内模控制系统在结构上与 Smith 预估控制系统相似，但更具一般性。它不仅可以解决大滞后过程的控制问题，而且可以通过滤波器的参数调整增强系统的鲁棒性，这是它与 Smith 预估控制系统相比存在的优越之处。然而，由于它对过程模型同样有较强的依赖性，所以在工业生产过程中的应用也同样受到了限制。

3. 内模控制与反馈控制的关系

　　对图 7-13 所示的内模控制系统方框图做等效变换，可得图 7-14。

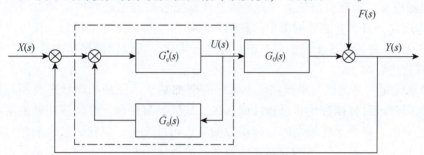

图 7-14　内模控制系统的等效方框图

　　若将图 7-14 中点划线框的传递函数等效为 $G_c(s)$ ，则

$$G_c(s) = \frac{G_c^*(s)}{1 - G_c^*(s)\hat{G}_0(s)} \tag{7-52}$$

将式(7-48)代入式(7-52)，可得

$$G_c(s) = \frac{\dfrac{D(s)}{\hat{G}_{0-}(s)}}{1 - \dfrac{D(s)}{\hat{G}_{0-}(s)}\hat{G}_0(s)} \tag{7-53}$$

当 $s=0$, $D(0)=1$, 且 $\hat{G}_{0-}(s)=\hat{G}_0(s)$ 时，有

$$G_c(s)\big|_{s=0} = \infty \tag{7-54}$$

　　式(7-54)的意义是控制器 $G_c(s)$ 的零频增益为无穷大。由控制理论可知，零频增益为无穷大的反馈控制器可以消除由外界阶跃干扰引起的余差。这表明内模控制器 $G_c^*(s)$ 本身没有积分功能，但它的控制结构保证了整个内模控制可以消除稳态误差。有关内模控制的更详细内容，限于篇幅，此处不再叙述。有兴趣的读者，请参阅有关文献。

7.3　预测控制系统

　　预测控制适用于控制不易建立精确数字模型且比较复杂的工业生产过程，所以它一经出现就受到国内、外工程界的重视，并已在石油、化工、电力、冶金、机械等工业领域的控制系统中得到了成功的应用。

　　本节将介绍预测控制的基本原理及几种典型的预测控制算法，具体包括动态矩阵控制（Dynamic Matric Control，DMC）、模型算法控制（Model Algorithm Control，MAC）等。

▶▶▶ 7.3.1 模型预测控制的基本原理 ▶▶▶ ▶

模型预测控制（Model Predictive Control，MPC）是一种基于模型的滚动优化控制策略，已在炼油、化工、冶金和电力等复杂工业过程中得到了广泛的应用。MPC 具有控制效果好、鲁棒性强等优点，可有效地克服过程的不确定性、非线性和关联性。

MPC 具有下列 3 个基本要素。

（1）预测模型。预测模型是指一类能够显式地拟合被控系统特性的动态模型。无论采用何种表达形式，只要它能根据历史信息和未来输入预测系统未来行为，就可以作为预测模型。由于 MPC 是基于预测模型对系统行为进行优化，所以预测模型的精度对 MPC 系统的性能具有直接影响。

（2）滚动优化。滚动优化是指在每个采样周期都基于系统的当前状态及预测模型，按照给定的有限时域目标函数优化过程性能，找出最优控制序列，并将该序列的第一个元素施加给被控对象。每个采样周期的目标函数的形式相对统一，但它们包含的绝对时间区域是不同的，是滚动向前的。预测控制算法与通常的最优控制算法不同，不是采用一个不变的全局优化目标，而是采用滚动式的有限时域优化策略。这意味着优化过程不是一次离线进行的，而是在线反复进行优化计算、滚动实施，从而使由模型失配、时变、干扰等引起的不确定性能能及时得到弥补，提高了系统的控制效果。

（3）反馈校正。反馈校正用于补偿模型预测误差和其他干扰。由于实际系统中存在非线性、不确定性等因素的影响，在预测控制算法中，基于不变模型的预测输出不可能与系统的实际输出完全一致，而在滚动优化过程中，又要求模型输出与实际系统的输出保持一致，为此，MPC 采用过程实际输出与模型输出之间的误差进行反馈校正来弥补这一缺陷。这样的滚动优化可有效克服系统中的不确定性，提高系统的控制精度和鲁棒性。

MPC 系统的方框图如图 7-15 所示。其中，y 是系统当前输出，y_t 是根据设定值和 y 求得的参考轨迹，y_m 是预测模型的直接输出，y_p 是经反馈校正后的预测输出，虚线部分将 y_m 与 y_p 之间的偏差 e 反馈给预测器以便进行反馈校正。图 7-15 中各部分的作用如下。

"参考轨迹"是根据 y 和设定值生成的一条光滑轨迹，对改善闭环系统的动态特性及鲁棒性起重要作用。

"滚动优化"在每个采样周期求解有限时域优化问题，并将求出的最优控制序列中对应当前时刻的部分应用于被控对象。

"预测模型"和"预测器"基于模型和系统信息求出预测值 y_m，并根据过去的预测偏差信息，对其进行反馈校正，得到校正后的预测输出 y_p。

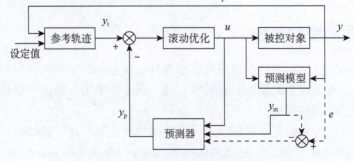

图 7-15 MPC 系统的方框图

▶▶▏7.3.2　预测模型 ▶▶▶▶

对于一个渐近稳定的被控过程，可以通过试验的方法测定其阶跃响应曲线或矩形脉冲响应曲线，并分别以 $\hat{h}(t)$ 和 $\hat{g}(t)$ 表示。

1. 阶跃响应预测模型

图 7-16 为渐近稳定过程的实测单位阶跃响应曲线。现将曲线从时刻 $t = 0$（初始时刻）到 $t = t_N$（曲线趋向稳定的时刻）分成 N 段。若采用等间隔采样，采样周期为 $T = t_N/N$，则每个采样时刻为 $j_T(j = 0, 1, 2, \cdots, N)$，其对应值 N 称为截断步长（亦称模型时域长度），令 $\hat{h}_s$ 为响应曲线的稳态值。定义有限个信息 $\hat{h}_j (j = 0, 1, 2, \cdots, N)$ 的集合为预测模型。假定预测步长为 P，且 $P \leqslant N$，预测模型的输出为 y_{pm}，则可根据离散卷积公式，计算出由 k 时刻起到 $(k + P)$ 时刻的输出 $y_{pm}(k + i)$，即

$$y_{pm}(k + i) = \hat{h}_s u(k - N + i - 1) + \sum_{j=1}^{N} \hat{h}_j \Delta u(k - j + i)$$

$$= \hat{h}_s u(k - N + i - 1) + \sum_{j=1}^{N} \hat{h}_j \Delta u(k - j + i) \Big|_{i<j} + \sum_{j=1}^{N} \hat{h}_j \Delta u(k - j + i) \Big|_{i \geqslant j}$$

$$(i = 1, 2, \cdots, P) \tag{7-55}$$

式中，$\Delta u(k - j + i) = u(k - j + i) - u(k - j + i - 1)$。

式(7-55)中的第一、二项相加的结果就是 k 时刻以前输入序列对输出量 y_{pm} 作用的预测，第三项则是 k 时刻及其以后输入序列对输出量的作用，也就是对输出量受当前及其以后输入序列影响的预测。

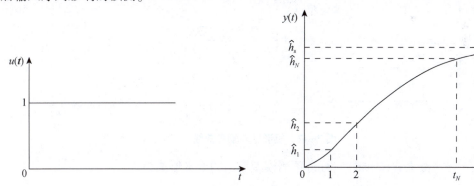

图 7-16　渐近稳定过程的实测单位阶跃响应曲线

为简单起见，可将式(7-55)用向量形式表示为

$$\boldsymbol{Y}_m(k + 1) = \hat{h}_s \boldsymbol{U}(k) + \boldsymbol{A}_1 \Delta \boldsymbol{U}_1(k) + \boldsymbol{A}_2 \Delta \boldsymbol{U}_2(k + 1) \tag{7-56}$$

式中，

$$\boldsymbol{Y}_m(k + 1) = [y_{pm}(k + 1), y_{pm}(k + 2), \cdots, y_{pm}(k + P)]^T$$

$$\boldsymbol{U}(k) = [u(k - N), u(k - N + 1), \cdots, u(k - N + P - 1)]^T$$

$$\Delta \boldsymbol{U}_1(k) = [\Delta u(k - N + 1), \Delta u(k - N + 2), \cdots, \Delta u(k - 1)]^T$$

$$\Delta \boldsymbol{U}_2(k + 1) = [\Delta u(k), \Delta u(k + 1), \cdots, \Delta u(k + P - 1)]^T$$

$$A_1 = \begin{pmatrix} \hat{h}_N & \hat{h}_{N-1} & \cdots & \hat{h}_{N-P+1} & & \hat{h}_2 \\ & \hat{h}_N & \cdots & \hat{h}_{N-P+2} & & \hat{h}_3 \\ & & \ddots & & & \vdots \\ 0 & & & \hat{h}_N & \cdots & \hat{h}_{P+1} \end{pmatrix}_{P \times (N-1)}$$

$$A_2 = \begin{pmatrix} \hat{h}_1 & & & 0 \\ \hat{h}_2 & \hat{h}_1 & & \\ \vdots & \vdots & \ddots & \\ \hat{h}_P & \hat{h}_{P-1} & \cdots & \hat{h}_1 \end{pmatrix}_{P \times P}$$

式(7-56)中的矩阵 A_1 和 A_2 完全由过程的阶跃响应参数决定，反映了过程的动态特性，故称为动态矩阵。动态矩阵控制的名称即来源于此。

2. 矩形脉冲响应预测模型

如果由试验得到的是图7-17所示的矩形脉冲响应曲线 $\hat{g}(t)$，则可得由 k 时刻起到 $(k+P)$ 时刻的模型输出为

$$y_m(k+i) = \sum_{j=1}^{N} \hat{g}_j u(k+i-1), \ i = 1, \ 2, \ \cdots, \ P \tag{7-57}$$

由 $(k-1)$ 时刻起到 $(k+P-1)$ 时刻的预测模型的输出为

$$y_m(k+i-1) = \sum_{j=1}^{N} \hat{g}_j u(k-j+i-1), \ i = 1, \ 2, \ \cdots, \ P \tag{7-58}$$

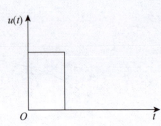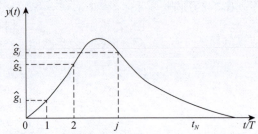

图7-17　矩形脉冲响应曲线

用式(7-57)减去式(7-58)，可得预测模型输出的增量形式为

$$\Delta y_m(k+i) = \sum_{j=1}^{N} \hat{g}_j \Delta u(k+i-j) \tag{7-59}$$

$$\Delta y_m(k+i) = y_m(k+i) - y_m(k+i-1)$$

$$\Delta u(k+i-j) = u(k+i-j) - u(k+i-j-1)$$

同样，式(7-57)也可用向量形式表示为

$$Y_m(k+1) = G_1 U_1(k) + G_2 U_2(k+1) \tag{7-60}$$

式中，

$$Y_m(k+1) = [y_m(k+1), \ y_m(k+2), \ \cdots, \ y_m(k+P)]^T$$

$$U_1(k) = [u(k-N+1), \ u(k-N+2), \ \cdots, \ u(k-1)]^T$$

$$U_2(k+1) = [u(k), \ u(k+1), \ \cdots, \ u(k+P-1)]^T$$

$$G_1 = \begin{pmatrix} \hat{g}_N & \hat{g}_{N-1} & \cdots & \hat{g}_{N-P+1} & & \hat{g}_2 \\ & \hat{g}_N & \cdots & \hat{g}_{N-P+2} & & \hat{g}_3 \\ & & \ddots & \vdots & & \vdots \\ 0 & & & \hat{g}_N & \cdots & \hat{g}_{P+1} \end{pmatrix}_{P \times (N-1)}$$

$$G_2 = \begin{pmatrix} \hat{g}_1 & & & 0 \\ \hat{g}_2 & \hat{g}_1 & & \\ \vdots & \vdots & \ddots & \\ \hat{g}_P & \hat{g}_{P-1} & \cdots & \hat{g}_1 \end{pmatrix}_{P \times P}$$

式(7-56)和式(7-60)分别是根据阶跃响应和矩形脉冲响应得到的在 k 时刻的预测模型。它们完全依赖过程的内部特性，而与过程在 k 时刻的实际输出无关，因而称它们为开环预测模型。

考虑到实际过程中存在各种随机干扰及时变或非线性等因素，使预测模型的输出不可能与实际过程的未来输出完全符合，因此需要对上述开环预测模型进行校正。在预测控制中通常采用反馈校正的方法，其具体做法是，将第 k 步的实际过程的输出测量值与预测模型的输出值之差乘以加权系数后再加到模型的预测输出 $\boldsymbol{Y}_m(k+1)$ 上，即可得到所谓的闭环预测模型，记为 $\boldsymbol{Y}_p(k+1)$，即

$$\boldsymbol{Y}_p(k+1) = \boldsymbol{Y}_m(k+1) + \boldsymbol{H}_0[y(k) - y_m(k)] \tag{7-61}$$

式中，$\boldsymbol{Y}_p(k+1) = [y_p(k+1),\ y_p(k+2),\ \cdots,\ y_p(k+P)]^T$；$\boldsymbol{H}_0 = [1,\ 1,\ \cdots,\ 1]^T$ 为加权系数向量；$y(k)$ 为 k 时刻实际过程的输出测量值；$y_m(k)$ 为 k 时刻预测模型的输出值。

由式(7-61)可见，由于每个预测时刻的预测模型都引入了当时实际过程的输出和预测模型的输出的偏差，预测模型不断得到校正，这样就可以有效克服模型的不精确性和系统中存在的不确定性所造成的不利影响。因此，反馈校正就成为预测控制的重要特点之一。

▶▶▶ 7.3.3　典型预测控制算法 ◀◀◀

1. 动态矩阵控制

DMC 采用了增量算法，是基于系统阶跃响应的算法，在控制中包含了数字积分环节，对消除系统静差非常有效，这是 DMC 的显著优越之处。一般来说，DMC 对于弱非线性系统，可先对工作点进行线性化处理，然后按照线性系统的方法进行控制。DMC 通常适用于渐近稳定的线性对象，面对不稳定装置的时候，一般可先用常规 PID 控制使其稳定，然后使用 DMC。DMC 系统方框图如图 7-18 所示。

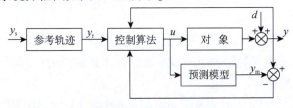

图 7-18　DMC 系统方框图

1) 预测模型

DMC 算法利用先验信息，建立基于阶跃响应的模型，该模型没有结构限制，较易建立，有很强的功能性，并且校正算法简单，避免了对模型复杂的辨识过程，比较易于在控制器中实现，在阶跃响应系数的测取时，可以对被控过程在同一条件下多次测量求取平均值或加权，得到较为精确的预测模型。

设被控对象单位阶跃响应的采样数据为 a_1，a_2，$\cdots$，a_N。对于渐近稳定的系统，其阶跃响应在有限 N 个采样周期后将趋于稳态值，即 $a_N \approx a(\infty)$。因此，可用单位阶跃响应采样数据的有限集合 $(a_1$，a_2，$\cdots$，$a_\infty)$ 来描述系统的动态特性，该集合的参数便构成了 DMC 算法中的预测模型参数。系统的单位阶跃响应 $\boldsymbol{a}_T = [a_1$，a_2，$\cdots$，$a_N]$ 称为 DMC 的模型向量，N 称为建模时域长度，N 的选择应使 $a_i(i \geqslant N)$ 之差可以被忽略。因此，单位阶跃响应采样数据的有限集合 $(a_1$，a_2，$\cdots$，a_N，a_{N+1}，$\cdots$，$a_\infty)$ 可近似为 $(a_1$，a_2，$\cdots$，$a_N \cdots$，a_N，$\cdots$，$a_N)$，即 $a_N \approx a_\infty$，N 的选择应使在 N 个采样周期后，系统的输出保持在终值 a_∞ 的 $\pm 5\%$ 误差带内。这里用动态系数 a_i 上面加有 "$*$" 来表示实测值或参数估计值。

在 k 时刻加一控制增量 $\Delta u(k)$，在未来 N 个时刻的模型输出预测值的向量形式为

$$Y_m(k+1) = Y_0(k+1) + A\Delta U(k) \tag{7-62}$$

式中，

$$Y_m(k+1) = \left[y_m\left(k+\frac{1}{k}\right), \ y_m\left(k+\frac{2}{k}\right), \ \cdots, \ y_m\left(k+\frac{P}{k}\right) \right]^T$$

$$Y_0(k+1) = \left[y_0\left(k+\frac{1}{k}\right), \ y_0\left(k+\frac{2}{k}\right), \ \cdots, \ y_0\left(k+\frac{P}{k}\right) \right]^T$$

$$\Delta U(k) = [\Delta u(k), \ \Delta u(k+1), \ \cdots, \ \Delta u(k+M-1)]^T$$

$$y_m\left(k+\frac{1}{k}\right) = y_0\left(k+\frac{1}{k}\right) + a_1^* \Delta u(k+1)$$

$$y_m\left(k+\frac{2}{k}\right) = y_0\left(k+\frac{2}{k}\right) + a_2^* \Delta u(k) + a_1^* \Delta u(k+1)$$

$$\vdots$$

$$y_m\left(k+\frac{P}{k}\right) = y_0\left(k+\frac{P}{k}\right) + a_P^* \Delta u(k) + a_{P-1}^* \Delta u(k+1) + \cdots + a_{P+M-1}^* \Delta u(k+M-1)$$

$$\tag{7-63}$$

动态矩阵：

$$A = \begin{bmatrix} a_1^* & & 0 \\ a_2^* & a_1^* & \\ \vdots & \vdots & \\ a_P^* & a_{P-1}^* & \cdots & a_{P-M-1}^* \end{bmatrix}$$

式 (7-62) 可化为

$$Y_m(k+1) = A\Delta U(k) + A_0 \Delta U(k-1) \tag{7-64}$$

由于模型误差和干扰等的影响，所以系统的输出预测值需在预测模型输出的基础上用实际输出误差修正，即

$$Y_p(k+1) = Y_m(k+1) + h[y(k) - y_m(k)] = A\Delta U(k) + A_0 \Delta U(k-1) + he(k)$$

$$\tag{7-65}$$

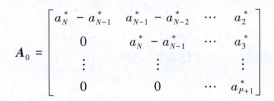

$$A_0 = \begin{bmatrix} a_N^* - a_{N-1}^* & a_{N-1}^* - a_{N-2}^* & \cdots & a_2^* \\ 0 & a_N^* - a_{N-1}^* & \cdots & a_3^* \\ \vdots & \vdots & & \vdots \\ 0 & 0 & \cdots & a_{P+1}^* \end{bmatrix}$$

2）滚动优化

DMC 的另一个重要特点是以滚动优化来确定系统的控制策略。最优控制规律表达式：

$$\begin{aligned} J_p &= [Y_p - Y_\gamma(k+1)]^T Q [Y_p(k+1) - Y_\gamma(k+1)] + \Delta U^T(k)\sigma\Delta U(k) \\ &= [A\Delta U(k) + A_0 U(k-1) + he(k) - Y_\gamma(k+1)]^T Q [A\Delta U(k) + \\ & \quad A_0 U(k-1) + he(k) - Y_\gamma(k+1)] + \Delta U^T(k)\sigma\Delta U(k) \end{aligned} \tag{7-66}$$

由 $\dfrac{\partial J_p}{\partial \Delta U(k)} = 0$，有 $\Delta U(k) = (A^T QA + \sigma)^{-1} A^T Q [Y_\gamma(k+1) - A_0 U(k-1) - he(k)]$，

其中 $Q = \mathrm{diag}(q_1, q_2, \cdots, q_P)$ 为误差加权矩阵，$\sigma = \mathrm{diag}(\sigma_1, \sigma_2, \cdots, \sigma_P)$ 为控制加权矩阵。最优化指标式（7-66）中的第一项主要用于压制过于剧烈的控制增量，以防止系统超出限制范围或发生剧烈振荡。

3）反馈校正

由于模型误差、弱非线性特性及其他在实际过程中存在的不确定因素，按预测模型得到的最优控制规律表达式不一定能导致系统紧密地跟随期望值。经过 M 个时刻后，再重复上述的开环控制算法，势必会造成较大的偏离。此外，这一开环控制算法不能顾及系统受到的干扰。为了及时纠正这些误差，必须采用闭环控制算法。在最优控制规律中，并不是将所有 M 个计算出来的控制增量付诸实践，而只是实施其中的第一个值，即现时的控制增量 $(A^T QA + \sigma)^{-1} A^T Q$ 的第一行即可。

2. 模型算法控制

MAC 是 20 世纪 70 年代后期提出的一类预测控制算法。它已在美、法等国家的许多工业过程（如电厂锅炉、化工精馏塔等）的控制中取得了显著成效，受到了过程控制界的广泛重视。

与 DMC 相同，MAC 也适用于渐进稳定的线性对象，但其设计前提不是对象的阶跃响应，而是其脉冲响应。

1）预测模型

对于线性系统，若已知其单位脉冲响应的采样值 $g_1, g_2, \cdots, g_N$，则利用离散卷积公式，可知系统的预测模型描述可近似地用一个有限项卷积表示：

$$y_M(k+1) = \sum_{j=1}^{N} g_j u(k+1-j) = G^T U \tag{7-67}$$

式中，$y_M(k+1)$ 表示系统的模型预测输出；$u(k+1-j)$ 表示系统的控制输入，其向量形式为 $U = [u(k), u(k-1), \cdots, u(k-N+1)]$；$G = [g_1, g_2, \cdots, g_N]^T$ 表示系统的模型向量，可通过系统辨识的方法得到式（7-67）。

2）参考轨迹

在 MAC 中，控制系统的期望输出是由从当前实际输出 $y(k)$ 出发向设定值 y_{sp} 光滑过渡的一条参考轨迹规定的。在 k 时刻的参考轨迹可由未来时刻的值 $y_r(k+i)$，$i = 1, 2, \cdots$ 来

描述。其表征形式如下：

$$y_r(k + i) = (1 - \alpha^i) \, y_{sp} + \alpha^i y(k) \tag{7-68}$$

式中，$y_r(k + i)$ 为参考输出；α^i 为柔化系数，且 $0 < \alpha^i < 1$。

3）滚动优化

MPC 的滚动优化问题实际上是以一定的优化准则来获取最优控制输入 $u(k)$。不失一般性，采用如下的优化准则：

$$\min J(k) = \sum_{j=1}^{P} q_i \left[y_p(k + i) - y_r(k + i) \right]^2 + \sum_{j=1}^{M} r_j u^2(k + i - 1) \tag{7-69}$$

式中，P 为优化时域；M 为控制时域，一般有 $M < P$；q_i 为输出跟踪加权系数；r_j 为输入加权系数；$y_p(k + i)$ 为预测输出。

不难发现，若要根据上述的优化准则获取最优控制输入 $u(k)$，还必须知道其预测输出 $y_p(k + i)$。因此，针对 $y_p(k + i)$ 的求取，引入了 MPC 的下一个要素——反馈校正。

4）反馈校正

以闭环预测为例，k 时刻系统的闭环预测输出可记为

$$\boldsymbol{y}_p(k) = y_M(k) + \boldsymbol{h}e(k) \tag{7-70}$$

式中，$\boldsymbol{y}_p(k) = \left[y_p(k + 1), \cdots, y_p(k + P) \right]^T$；$\boldsymbol{h} = \left[h_1, h_2, \cdots, h_P \right]^T$，$\boldsymbol{h}$ 为反馈系数矩阵；

$$e(k) = y(k) - y_M(k) = y(k) - \sum_{j=1}^{N} g_j u(k - j) \tag{7-71}$$

5）最优控制率

由前面的分析可知，根据预测模型、参考轨迹、闭环预测即可求解出性能指标下的无约束 MAC 最优控制率：

$$u_1(k) = (\boldsymbol{G}_1^T \boldsymbol{Q} \boldsymbol{G}_1 + \boldsymbol{R})^{-1} \boldsymbol{G}_1^T \boldsymbol{Q} \left[y_r(k) - \boldsymbol{G}_2 u_2(k) - \boldsymbol{h}e(k) \right] \tag{7-72}$$

式中，$\boldsymbol{Q} = \mathrm{diag}(q_1, q_2, \cdots, q_P)$；$\boldsymbol{R} = \mathrm{diag}(r_1, r_2, \cdots, r_M)$。

最优即时控制量为

$$u(k) = \boldsymbol{d}^T \left[y_r(k) - \boldsymbol{G}_2 u_2(k) - \boldsymbol{h}e(k) \right] \tag{7-73}$$

其中，

$$\boldsymbol{d}^T = \left[1, 0, \cdots, 0 \right] (\boldsymbol{G}_1^T \boldsymbol{Q} \boldsymbol{G}_1 + \boldsymbol{R})^{-1} \boldsymbol{G}_1^T \boldsymbol{Q} \tag{7-74}$$

通过分析 MAC 算法的过程可以大致了解 MPC 的实现过程，但在具体设计时，还有一些设计细节需要注意，如控制时域、预测时域长度的选择，权重矩阵系数的调节等。

7.4 自适应控制系统

自适应控制是一门研究不确定性系统控制问题的学科。它是"工程控制论"基本学科中的一个分支学科。自适应就是在处理和分析过程中，根据处理数据的数据特征自动调整处理方法、处理顺序、处理参数、边界条件或约束条件，使其与所处理数据的统计分布特征、结构特征相适应，以取得最佳的处理效果的过程。直观地说，自适应控制器应当是这样一种控制器，它能修正自己的特性以适应对象和干扰的动态特性的变化。

自适应控制和常规的反馈控制和最优控制一样，也是一种基于数学模型的控制方法，

所不同的是，自适应控制所依据的关于模型和干扰的先验知识比较少，需要在系统的运行过程中去不断提取有关模型的信息，使模型逐步完善。具体地说，可以依据对象的输入、输出数据，不断地辨识模型参数，这个过程称为系统的在线辨识。随着生产过程的不断进行，通过在线辨识，模型会变得越来越准确，越来越接近实际。既然模型在不断地改进，显然，基于这种模型综合出来的控制作用也将随之不断地改进。在这个意义下，控制系统具有一定的适应能力。例如，当系统在设计阶段时，由于对象特性的初始信息比较缺乏，所以系统在刚开始投入运行时可能性能不理想，但是只要经过一段时间的运行，通过在线辨识和控制以后，系统逐渐适应，最终将自身调整到一个满意的工作状态。再如，某些控制对象，其特性可能在运行过程中要发生较大的变化，但通过在线辨识和改变控制器参数，系统也能逐渐适应。

常规的反馈控制系统对于系统内部特性的变化和外部干扰的影响都具有一定的抑制能力，但是由于控制器参数是固定的，当系统内部特性发生变化或外部干扰的变化幅度很大时，系统的性能常常会大幅下降，甚至不稳定。因此，对那些对象特性或干扰特性变化范围很大，同时要求经常保持高性能指标的系统，采取自适应控制是合适的。但是同时应当指出，自适应控制比常规反馈控制要复杂得多，成本也高得多，因此只是在采用常规反馈控制达不到所期望的性能时，才会考虑采用自适应控制。

自20世纪50年代末期由美国麻省理工学院提出第一个自适应控制系统以来，先后出现过许多不同形式的自适应控制系统。发展到现阶段，无论是从理论研究还是从实际应用角度来看，比较成熟的自适应控制系统有两类：模型参考自适应控制系统和自校正控制系统。本节主要介绍模型参考自适应控制系统的基础知识。自校正控制系统请参阅其他相关文献了解。

模型参考自适应控制系统的原理方框图如图 7-19 所示，参考模型代表被控对象对某种给定信号的理想响应特性。理想情况下，通过自适应调节机制调节控制器，使被控对象的实际输出 y_p 与参考模型的输出 y_m 之间的偏差尽量小。

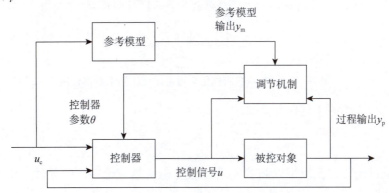

图 7-19　模型参考自适应控制系统的原理方框图

本节从一个简单系统入手，介绍一阶系统的模型参考自适应控制，以及自适应律的推导过程和控制系统的结构。

1. 一阶系统的模型参考自适应控制

假定我们要控制的对象是一个一阶线性时不变系统，它的传递函数为

$$p(s) = \frac{Y_p(s)}{U(s)} = \frac{k_p}{s + a_p} \tag{7-75}$$

式中，$Y_p(s)$ 和 $U(s)$ 分别为对象输出和控制的拉普拉斯变换；传递函数 $p(s)$ 中的 k_p 和 a_p 为未知参数。

我们选择一个参考模型，它是一个稳定的单输入单输出线性时不变系统，其传递函数为

$$M(s) = \frac{Y_m(s)}{R_m(s)} = \frac{k_m}{s + a_m} \tag{7-76}$$

式中，$k_m > 0$ 和 $a_m > 0$，可由设计者按希望的输出响应来任意选取。

控制的目标就是设计控制信号 $u(t)$ 使对象输出 $y_p(t)$ 能渐近跟踪参考模型的输出 $y_m(t)$，而且在整个控制过程中，所有系统中的信号应当都是有界的。

2. 自适应律的推导

对象和模型的时域描述如下：

$$\dot{y}_p = - a_p\, y_p(t) + k_p u(t) \tag{7-77}$$

$$\dot{y}_m = - a_m\, y_m(t) + k_m r(t) \tag{7-78}$$

一阶系统的模型参考自适应控制系统方框图如图 7-20 所示。图中虚线所框的部分是一个闭环可调系统，它由被控对象、前馈可调参数 $c_0(t)$ 和反馈可调参数 $d_0(t)$ 组成。控制信号 $u(t)$ 由参考输入 $r(t)$ 和对象的输出信号 $y_p(t)$ 的线性组合构成，即有

$$u(t) = c_0(t)r(t) + d_0(t)\, y_p(t) \tag{7-79}$$

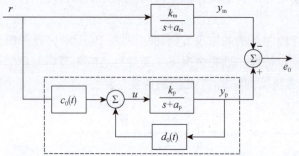

图 7-20　一阶系统的模型参考自适应控制系统方框图

当 $c_0(t)$、$d_0(t)$ 等于其标称参数 c_0^*、d_0^* 时，

$$c_0^* = \frac{k_m}{k_p}, \quad d_0^* = \frac{a_p - a_m}{k_p} \tag{7-80}$$

则闭环可调系统的传递函数可以和参考模型的传递函数完全匹配。显然，由式(7-77)和式(7-79)可得

$$\dot{y}_p(t) = - a_p\, y_p(t) + k_p[\,c_0(t)r(t) + d_0(t)\, y_p(t)\,] \tag{7-81}$$
$$= - [\,a_p - k_p\, d_0(t)\,]\, y_p(t) + k_p\, c_0(t)r(t)$$

当 $c_0(t) = c_0^*$、$d_0(t) = d_0^*$ 时，上式可简化为

$$\dot{y}_p(t) = - a_m\, y_p(t) + k_m r(t) \tag{7-82}$$

正好与参考模型的方程式(7-78)一样。

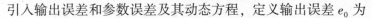

引入输出误差和参数误差及其动态方程，定义输出误差 e_0 为

$$e_0 = y_p - y_m \tag{7-83}$$

定义参数误差为

$$\varphi = \begin{bmatrix} \varphi_r(t) \\ \varphi_y(t) \end{bmatrix} = \begin{bmatrix} c_0(t) - c_0^* \\ d_0(t) - d_0^* \end{bmatrix} \tag{7-84}$$

将式（7-81）与式（7-78）相减，得

$$\begin{aligned}
\dot{e}_0 &= - a_m(y_p - y_m) + (a_m - a_p + k_p d_0)y_p + k_p c_0 r - k_m r \\
&= - a_m e_0 + k_p \big[(c_0 - c_0^*)r + (d_0 - d_0^*)y_p \big] \\
&= - a_m e_0 + k_p (\varphi_r r + \varphi_y y_p)
\end{aligned} \tag{7-85}$$

为简单起见，以下 s 既代表拉普拉斯变换复变量，也可理解为微分算子。这样，式 (7-85) 可写成以下比较紧凑的形式：

$$\begin{aligned}
e_0 &= \frac{k_p}{s + a_m}(\varphi_r r + \varphi_y y_p) = \frac{k_p}{k_m} M(\varphi_r r + \varphi_y y_p) \\
&= \frac{1}{c_0^*} M(\varphi_r r + \varphi_y y_p)
\end{aligned} \tag{7-86}$$

注意：此处的 $M(\varphi_r r + \varphi_y y_p)$ 代表对时域信号 $\varphi_r r + \varphi_y y_p$ 按传递函数 $M(\cdot)$ 的算子关系进行运算。

式（7-86）是严格正实误差方程，因为 $M(s)$ 为严格正实函数。因此，我们可以考虑采用以下形式的可调参数的自适应律：

$$\begin{cases} \dot{c}_0 = - g e_0 r \\ \dot{d}_0 = - g e_0 y_p, \quad g > 0 \end{cases} \tag{7-87}$$

这里有两点要求：$k_p / k_m > 0$，$k_m > 0$ 一般由设计者选定，因此需要知道对象 k_p 的符号；M 是严格正实的，也就是说，参考模型的类别应受到限制，它只能选择严格正实的传递函数。

值得注意的是，这里的信号 y_p 不是外部输入的，它本身就是 e_0 的函数，也是可调系统的函数。这与模型参考辨识的情况有所不同，不过对于稳定性的证明仍采用同一种思路。

首先假定 r 是有界的，所以 y_m 也是有界的，自适应控制系统的误差方程可用以下微分方程描述：

$$\begin{cases} \dot{e}_0 = - a_m e_0 + k_p(\varphi_r r + \varphi_y e_0 + \varphi_y y_m) \\ \dot{\varphi}_r = - g e_0 r \\ \dot{\varphi}_y = - g e_0^2 - g e_0 y_m \end{cases} \tag{7-88}$$

其中最后一个方程利用了 $y_p = e_0 + y_m$ 的关系。在式（7-88）中，方程的右边包括了状态 $(e_0, \varphi_r, \varphi_y)$ 和外部输入信号 (r, y_m)。选用以下函数为 Lyapunov 函数：

$$V(e_0, \varphi_r, \varphi_y) = \frac{e_0^2}{2} + \frac{k_p}{2g}(\varphi_r^2 + \varphi_y^2) \tag{7-89}$$

沿式（7-88）的轨迹对式（7-89）取时间导数，有

$$\dot{V} = -a_m e_0{}^2 + k_p \varphi_r e_0 r + k_p \varphi_y e_0{}^2 + k_p \varphi_y e_0 y_m - k_p \varphi_r e_0 r - k_p \varphi_y e_0{}^2 - k_p \varphi_y e_0 y_m \qquad (7\text{-}90)$$
$$= -a_m e_0{}^2 \leqslant 0$$

因此，自适应控制系统在 Lyapunov 稳定的意义下是稳定的。也就是说，对于任意初始条件，e_0、φ_r 和 φ_y 都是有界的。根据式(7-88)可知，$\dot{e}_0$ 也是有界的。既然 V 是单调递减函数，而且有下界，即

$$\int_0^\infty \dot{V} \mathrm{d}t = -a_m \int_0^\infty e_0{}^2 \mathrm{d}t = V(\infty) - V(0) < \infty$$

因此，$e_0 \in L_2$，L_2 表示 2 范数(欧几里得范数)，是向量各元素的平方和的平方根。既然 $e_0 \in L_2 \cap L_\infty$，而且 $\dot{e}_0 \in L_\infty$，那么当 $t \to \infty$ 时，有 $e_0(t) \to \infty$，其中 L_∞ 表示无穷范数(向量中最大元素绝对值之和)。上述算法称为直接控制算法，因为这种自适应控制算法直接用来改进控制器的参数 c_0 和 d_0。

3. 自适应控制系统的结构

自适应控制系统有参数调节和信号调节两种，下面仅给出自适应控制系统(信号调节)的方框图，如图 7-21 所示。其中，虚线所框出的部分为自适应律的计算机实现。c_0^*、d_0^* 为自适应控制器的标称参数。也就是说，在正常情况下，由前馈增益 c_0^*、反馈增益 d_0^* 和对象 $\dfrac{k_p}{s+a_p}$ 所组成的反馈控制系统，其传递函数恰好与参考模型的传递函数相匹配。如果对象的参数 k_p 或 a_p 发生了变化，则误差 $e(t) \neq 0$ 通过自适应律的信号调整，误差 $e(t) = 0$，可调系统与参考模型的输出将再度达到一致。图中 γ_1、γ_2 为信号调节参数。

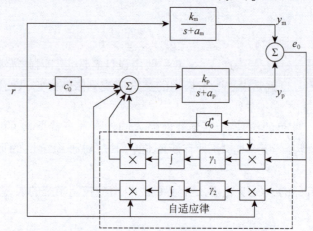

图 7-21 自适应控制系统(信号调节)的方框图

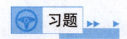 习题 ▶▶ ▶

7-1 已知 3×3 系统各通道静态增益矩阵 $\boldsymbol{K}$ 为

$$\boldsymbol{K} = \begin{pmatrix} 0.58 & -0.36 & -0.36 \\ 0.73 & 0.61 & 0 \\ 1 & 1 & 1 \end{pmatrix}$$

试求相对增益矩阵 $\boldsymbol{\lambda}$，选择最好的控制回路，并分析该过程是否需要解耦。

7-2　试着分析大滞后过程对系统控制质量的不利影响。

7-3　简述预测控制的基本原理。

第 8 章
过程控制 MATLAB 仿真

 本章学习要点 ▶▶ ▶

　　本章借助 MATLAB 仿真软件，就本书前面章节介绍的过程控制系统建模及 PID 控制、串级控制、补偿控制、解耦控制、预测控制等过程控制方法进行仿真与分析。学完本章后，应能达到以下要求。

　　(1)更深入理解过程控制理论及方法。

　　(2)掌握几类典型的工业过程对象仿真方法。

　　(3)掌握各种试验建模的实现方法。

 ## 8.1　基于 MATLAB 的系统建模　　　　▶　　▶ ▶

　　对一个工业过程对象施以控制，首先要了解被控对象的特性，之后才能"因材施控"。而建立被控对象的数学模型是描述对象特性的有效手段。

　　常用的系统建模方法有机理建模和试验建模。机理建模是根据生产过程的变化机理，由理论推导得出各种平衡方程，从而求得反应对象机理的数学模型。试验建模则是根据对工业过程的输入和输出实测数据的数学处理，求出关于对象输入和输出的数学模型。相比而言，机理建模需要对生产过程的机理进行了解，侧重理论推导；试验建模则只需过程的输入、输出数据，侧重对数据的处理，计算工作量大。

　　基于此，本章利用 MATLAB 强大的数值计算和仿真能力，对几类典型的工业过程对象进行仿真，并解决试验建模中的数学计算问题，以期使读者深入了解工业过程对象的特性，掌握各种试验建模的实现方法。

▶▶▶ 8.1.1　典型工业过程的阶跃响应仿真 ▶▶ ▶

　　工业生产过程实际上是非常复杂的，但为便于控制，人们对其数学模型的要求往往是简单、实用。为此，在实际的过程控制系统中，常假定被控对象的传递函数模型为下列几种典型形式。

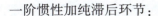

一阶惯性加纯滞后环节：

$$G(s) = \frac{Ke^{-\tau s}}{Ts + 1} \qquad (8-1)$$

二阶惯性加纯滞后环节：

$$G(s) = \frac{Ke^{-\tau s}}{(T_1 s + 1)(T_2 s + 1)} \qquad (8-2)$$

纯积分环节：

$$G(s) = \frac{K}{T_1 s} e^{-\tau s} \qquad (8-3)$$

带纯积分的惯性环节：

$$G(s) = \frac{K}{T_1 s (Ts + 1)} e^{-\tau s} \qquad (8-4)$$

在上述4类典型的数学模型中，前两者属于有自衡能力的对象，后两者中均含有纯积分环节，属于无自衡能力的对象。

以下利用 MATLAB 的控制工具箱对这 4 类典型过程对象进行阶跃响应仿真，以说明各类对象的特性及其中模型参数的意义。

1. 一阶惯性加纯滞后环节的阶跃响应仿真

所有具有自衡能力的单容对象均可用一阶惯性加纯滞后环节表示。其他具有自衡能力的高阶对象通过模型降阶处理，也可以简化为一阶惯性加纯滞后环节。

式(8-1)是这类环节的传递函数形式，其中，K 为对象的稳态增益，T 为对象的惯性时间常数，τ 为对象的纯滞后时间。以下通过 MATLAB 仿真说明该类环节的动静态特性及其参数的物理意义。

设某过程对象可简化为如下一阶惯性加纯滞后环节：

$$G(s) = \frac{8e^{-5s}}{10s + 1} \qquad (8-5)$$

则可利用 MATLAB 控制工具箱中的传递函数建模函数 tf( ) 构建该对象，用控制工具箱中的 step( ) 函数求解对象的阶跃响应。

下列代码分别就式(8-5)所述系统、系统稳态增益 K 由 8 变为 4、系统惯性时间常数 T 由 10 变为 20、系统纯滞后时间 τ 由 5 变为 10 等情况下的单位阶跃响应分别进行仿真。

```
%一阶惯性加纯滞后环节的单位阶跃响应
k=8; T=10; tau=5;
G1=tf(k,[T 1],'inputdelay',tau);          %构建一阶惯性加纯滞后传递函数模型 G1
[y,t]=step (G1);                          %求 G1 的单位阶跃响应
figure(l)
plot (t,y)
xlabel ('Time (sec)')
ylabel ('Amplitude')
title('k=8,T=4, {\tau}=0. 5')
%找出阶跃响应曲线上 0.632 倍过程稳态值所在点,以确定惯性时间常数 T
```

```
yi=k*(l-exp(-1);                    % 0.632 倍过程稳态值
[d,i]=min (abs (yi-y));
yT=y(i);
tT=t(i);
line ([0tT tT]',[yT yT 0]','LineStyle','--')
text (l,yT+0. 3,'0. 632y ({\infty})')
text (tau,0. 3,'(\tau}')
text (tT,0. 3,'{\tau}+T')
%稳态增益 k 不同时的单位阶跃响应差异
k=4; T=10; tau=5;
G2=tf(k,[T 1 ],'inputdelay',tau);
figure (2)
step(Gl,'-',G2, '-')
legend ('k=8','k=4',4)
%惯性时间常数 T 不同时的单位阶跃响应差异
k=8; T=20; tau=5;
G2=tf(k,[T 1],'inputdelay',tau);
figure (3)
step(G1,'-',G2,'--')
legend ('T=10', 'T=2'T,4)
%纯滞后时间 tau 不同时的单位阶跃响应差异
k=8; T=10; tau=10;
G2=tf(k,[T l], 'inputdelay',tau);
figure (4)
step(G1,'-',G2,'--')
legend ('{\tau}=5','{\tau}=10',4)
```

上述仿真程序的运行结果如图 8-1~图 8-4 所示。

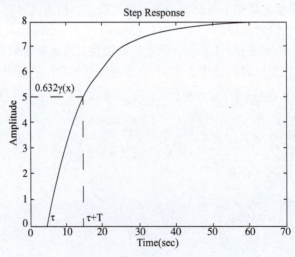

图 8-1 一阶惯性加纯滞后环节的单位阶跃响应

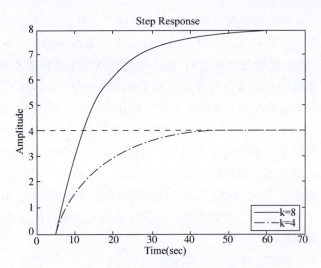

图 8-2　稳态增益 *K* 不同时的单位阶跃响应差异

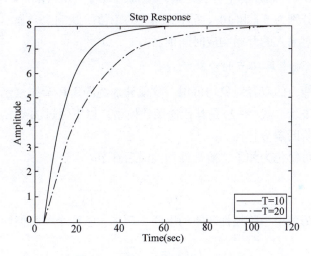

图 8-3　惯性时间常数 *T* 不同时的单位阶跃响应差异

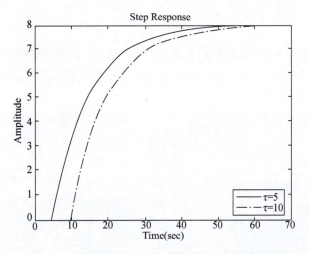

图 8-4　纯滞后时间 *τ* 不同时的单位阶跃响应差异

图 8-1 为式(8-5)所示系统的单位阶跃响应曲线。从该曲线可以看出，一阶惯性加纯滞后环节是具有自衡能力的环节。在单位阶跃输入下，系统经过渡过程，可达到平衡态，并且幅值跃升了 8，说明其稳态增益为 8。稳态增益是系统输出对输入的放大程度。

图 8-2 给出了系统稳态增益分别为 8 和 4 时的阶跃响应情况。从图 8-2 可见，在相同的激励下，随着稳态增益的减小，系统输出稳态值相应减小，表明系统输出对输入的放大程度减弱。

惯性时间常数 T 决定了系统响应的快慢。按照一阶惯性环节的特点，对于阶跃输入，经惯性时间 T，系统输出即达到其稳态值的 0.632 倍。图 8-1 中的虚线标明了惯性时间常数 T 的获取方法。图 8-3 为式(8-5)所示系统在惯性时间常数分别为 10 和 20 时的阶跃响应情况。从图 8-3 中可以看出，随着惯性时间常数的增大，系统的惯性增大，动作响应变慢，到达稳态的时间加长。

由式(8-5)可知，系统有纯滞后，其纯滞后时间 $\tau = 5$，反映在图 8-1 中为系统的阶跃响应曲线从时间为 5 s 开始才有上升，之前系统输出一直为 0。图 8-4 显示了式(8-5)所示系统在纯滞后时间分别为 5 s 和 10 s 两种情况下的单位阶跃响应。显然，随着纯滞后时间的增大，系统输出对输入的开始响应时间推后。

2. 二阶惯性加纯滞后环节的阶跃响应仿真

所有具有自衡能力的双容对象均可用二阶惯性加纯滞后环节来表示，亦可用两个一阶惯性环节的串联来表示。式(8-2)是其传递函数模型。以下通过 MATLAB 仿真说明二阶惯性加纯滞后环节的阶跃响应特性。

设某过程对象可简化为如下二阶惯性加纯滞后环节：

$$G(s) = \frac{3\mathrm{e}^{-5s}}{(10s+1)(3s+1)} \tag{8-6}$$

该模型可分解为两个一阶惯性环节的串联，例如，这两个一阶惯性环节分别为

$$G_1(s) = \frac{2}{10s+1} \tag{8-7}$$

$$G_2(s) = \frac{1.5\mathrm{e}^{-5s}}{3s+1} \tag{8-8}$$

以下代码采用将式(8-7)和式(8-8)所示的两个一阶惯性环节串联的方式构建式(8-6)所示的二阶惯性加纯滞后环节，利用 MATLAB 控制工具箱中的建模和仿真函数，求取该二阶系统的阶跃响应。

```
kl=2;Tl=10;
Gl=tf(kl, [Tl, 1]);                      % 第一个一阶惯性环节
k2=1.5; T2=3; tau=5;
G2=tf(k2, [T2, 1], 'inputdelay', tau);    % 第二个一阶惯性环节
G=G1*G2;                                  % 两个一阶惯性环节串联,得二阶惯性加纯滞后环节
step (G,'-',Gl, '--',G2,':')              % 一阶惯性环节和二阶惯性加纯滞后环节的阶跃响应
grid on
legend ('G=G1*G2','G1=2/(10s+1)','G2= 1.5 exp (-5s)/(3s+1)',4)
```

运行上述仿真程序,可得二阶惯性加纯滞后环节[式(8-6)]的阶跃响应,如图8-5所示。为比较一阶惯性和二阶惯性加纯滞后环节特性的不同,图8-5中同时给出了两个一阶惯性环节[式(8-7)和式(8-8)]的阶跃响应曲线。

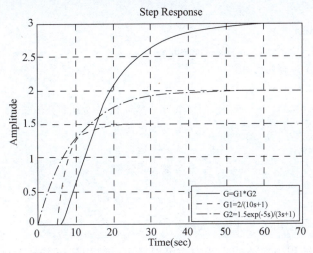

图8-5　二阶惯性加纯滞后环节的阶跃响应

相比一阶惯性环节,二阶惯性加纯滞后环节的阶跃响应不是单纯的指数增长,而是呈现明显的S形特征。仔细观察图8-5所示阶跃响应的起步阶段,不难发现这种区别。究其原因,对于第二个一阶惯性环节G2的输出(也即该二阶惯性加纯滞后环节的输出),由于其前面又串联了一个一阶惯性环节G1,而G1是有惯性的,所以相当于"拖了G2的后腿",使整个二阶系统在阶跃响应初期的变化速度变慢,于是出现S形变化。

此外,两个一阶惯性环节串联所得的二阶惯性加纯滞后环节,仍然是具有自衡能力的系统。该系统的稳态增益是两个一阶惯性环节稳态增益的乘积。图8-5所示的仿真结果也验证了这一点。

3. 纯积分环节的阶跃响应仿真

纯积分环节,顾名思义是对输入积分的环节。积分实则为对输入的累加,所以如果输入一直存在,那么积分环节的输出将持续变化,直至输入为0。因此,纯积分环节是无自衡能力的环节。纯积分环节的传递函数由式(8-3)表示,其中T_I为积分时间,τ为纯滞后时间。

设某过程对象可简化为如下的纯积分环节:

$$G(s) = \frac{1}{2s} e^{-0.5s} \tag{8-9}$$

以下代码给出了该对象对阶跃输入和方波输入的响应分析。

```
%纯积分环节的阶跃响应
Ta=2;tau=0.5;
gl=tf(l,[Ta 0],'inputdelay',tau);          %积分时间 Ta=2 的纯积分环节
Ta=4;tau=0.5;
```

```
g2=tf(l,[Ta 0],'inputdelay',tau);        % 积分时间 Ta= 4 的纯积分环节
figure (1)
step (gl,'-',g2,'--')
grid on
legend ('Ta=2','Ta=4')
title ('G(s)=ke ^ {-(\tau)s}/T_{a}s ,k=l,tau=0. 5')
% 纯积分环节对方波输入的响应
Ta=2;
g3=tf(l,[Ta 0]);                         % 积分时间 Ta=2 的纯积分环节
t=0:0. 1:10;                             % 仿真时间
u=zeros(1,length (t));                   % 环节输入
u (sin (t)>0)=1;                         % 构造方波输入
figure (2)
lsim(g3,u,t)
title ('纯积分环节 G(s)=1/2s 对方波输入的响应')
```

从图 8-6 所示纯积分环节的阶跃响应可以看出，纯积分环节是无自衡能力的环节，只要输入保持，积分环节的输出就会随时间的增长一直累加下去。累加的速度与积分时间有关：积分时间越大，累加速度越慢，表现在图 8-6 中为 Ta=4 时的纯积分环节的阶跃响应曲线斜率比 Ta=2 时的要小。

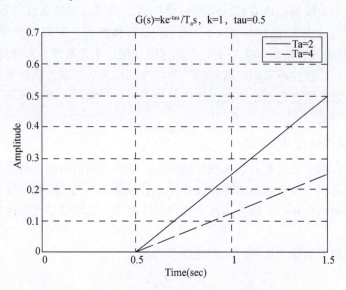

图 8-6   纯积分环节的阶跃响应

如图 8-7 所示，纯积分环节对方波输入的响应则更为明确地说明积分是对输入的累加，即输入持续期间，积分环节的输出不断增大；一旦输入为 0，输出就不再增长，而是保持原状态不变。

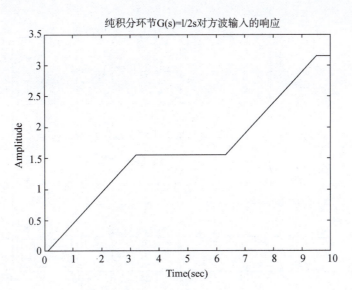

图 8-7 纯积分环节对方波输入的响应

4. 带纯积分的惯性环节的阶跃响应仿真

在惯性环节的前面或后面串联一个纯积分环节，即构成带纯积分的惯性环节。与纯积分环节相同，它也是一个无自衡能力的环节。在动态响应上，带纯积分的惯性环节和纯积分环节相似，只是在应对输入变化的初始阶段，带纯积分的惯性环节较之纯积分环节略为缓慢而已。这主要是因为与之串联的惯性环节在"拖后腿"。

下面给出带纯积分的惯性环节的阶跃响应仿真实例，以说明其动态特性。

设某过程对象可简化为如下带纯积分的惯性环节：

$$G(s) = \frac{3}{s(2s+1)}e^{-0.5s} \qquad (8-10)$$

以下代码给出了该环节在不同惯性时间常数下的阶跃响应。

```
k=3;T=2;tau=0. 5;
gl=tf(k,conv([l 0],[T 1]), 'inputdelay ',tau);    % 惯性时间常数 T=2 的积分+惯性环节
k=3;T=4;tau=0. 5;
g2=tf(k,conv([l 0],[T 1]),'inputdelay',tau);      % 惯性时间常数 T=4 的积分+惯性环节
figure(l)
step(gl,'-',g2,'--')
grid on
legend ('T=2','T=4',4)
title ('G(s)=ke^{-{\tau}s}/s (Ts+1), k=3,tau=0. 5')
```

上述仿真程序的运行结果如图 8-8 所示。从图中不难看出，带纯积分的惯性环节与纯积分环节相似，均属无自衡环节。但由于惯性环节的存在，其对阶跃输入的响应初期表现为缓慢增长，而在响应后期，由于惯性环节的自衡特性，整个环节的输出几乎都是纯积分环节的贡献，故其阶跃响应表现出与纯积分环节的阶跃响应相同的动态特征。

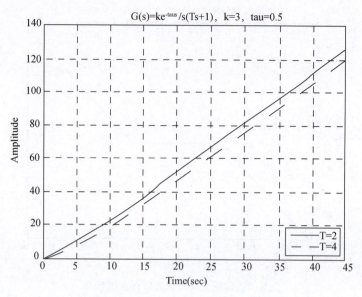

图 8-8　带纯积分的惯性环节的阶跃响应

▶▶▶ 8.1.2　一阶系统作图法建模及仿真 ▶▶▶

一阶系统作图法建模，首先要假定被控对象为一阶惯性加纯滞后形式：

$$G(s) = \frac{Ke^{-\tau s}}{Ts + 1} \tag{8-11}$$

式中，K 为对象的稳态增益；T 为对象的惯性时间常数；τ 为对象的纯滞后时间。作图法的目的是根据被控对象的阶跃响应曲线，通过作图的方式确定式（8-11）中的 3 个参数 K、T 和 τ。

现利用作图法对某液位对象建立一阶惯性加纯滞后的数学模型。设该对象在阶跃干扰量 $\Delta u = 20\%$ 时的响应试验数据如表 8-1 所示。

表 8-1　某液位对象在阶跃干扰量 $\Delta u = 20\%$ 时的响应试验数据

t/s	0	10	20	40	60	80	100	140	180	250	300	400	500	600
h/cm	0	0	0.2	0.8	2.0	3.6	5.4	8.8	11.8	14.4	16.6	18.4	19.2	19.6

1. 仿真步骤

（1）根据输出稳态值和阶跃输入的变化幅值求得对象的稳态增益：

$$K = \frac{y(\infty) - y(0)}{\Delta u} = \frac{19.6 - 0}{0.2} = 98$$

（2）根据表 8-1 中的试验数据，利用 MATLAB 对该组数据做平滑处理，之后画出该液位对象的阶跃响应曲线，如图 8-9 所示。

（3）根据作图法，在曲线拐点处作切线，与横坐标轴交点的坐标值为 40，与曲线稳态值渐近线交点的横坐标值为 260，故 $\tau = 40$ s，$T = (260 - 40)$ s $= 220$ s。

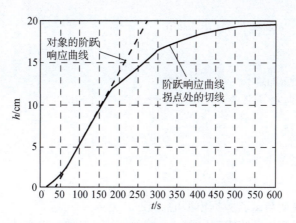

图8-9　用作图法确定 T、τ 参数

（4）由步骤（1）、（3）结果可得，该液位对象的数学模型为

$$G(s) = \frac{98}{220s + 1}e^{-40s} \qquad (8-12)$$

以下给出作图法求取一阶惯性加纯滞后环节模型参数的 MATLAB 程序，程序中还通过阶跃响应仿真比较了作图法所得模型与实际系统模型的差异。

```
t=[0 10 20 40 60 80 100 140 180 250 300 400 500 600];
h=[0 0 0.2 0.8 2.0 3.6 5.4 8.8 11.8 14.4 16.6 18.4 19.2 19.6];
figure(l)
plot (t,h)
grid on;
xlabel ('t (s)')
ylabel ('h (cm)')
% 作图法建立的系统模型与试验数据模型比较
K=98;
T=220;
tau=40;
G=tf(K,[T 1],'inputdelay',tau);
[yG,tG]=step (G,linspace (t(l),t (end),20));
u=0. 2;
hG=u*yG;
figure (2)
plot(t,h,'-',tG,hG,'--')
legend ('试验数据模型''作图法模型')
grid on
xlabel ('t (s)')
ylabel (*h (cm)')
% 作图法中作图差异对建模结果的影响
Kl=98;
Tl=160;
taul=50;
Gl=tf(Kl,[Tl l],'inputdelay',taul);
```

```
[yG1,tG1]=step (G1,linspace (t (1),t (end),20));
hGl=u*yGl;
figure(3)
plot (t,h, '-',tG,hG,':',tGl,hG 1 ,'--')
legend ('试验数据模型', '作图法模型 T=220', '作图法模型 T=160')
grid on
xlabel ('t (s)')
ylabel ('h (cm)')
```

2. 仿真分析

1）作图法所得模型与试验数据模型的比较

根据作图法得到液位系统模型［式(8-12)］，运用 MATLAB 控制工具箱中的 step( )函数，可求得相应的阶跃响应曲线，如图8-10所示。

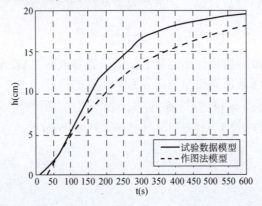

图 8-10　作图法建立的系统模型与试验数据模型的对比

由图8-10可以看出，用作图法得到的模型与实际系统模型还是有一定差距的。这种差距包括对模型结构(如系统阶次)估计的偏差，也有作图法本身不精确、手工操作随意性大等方面的偏差。

2）作图法选取不同拐点和切线时所得结果的比较

对表8-1中的试验数据，同样采用作图法求取其一阶系统模型，若选取的拐点不同，相应绘制的切线也不同，则显然可得到另一组参数 T 和 τ，如图8-11所示。

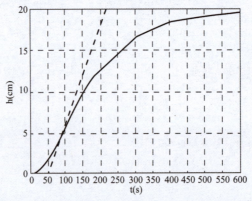

图 8-11　作图法选取另一组拐点和切线时的情况

从图中可以得出，$\tau = 50$ s，$T = (210 - 50)$ s $= 160$ s，则对应的系统数学模型变为

$$G(s) = \frac{98}{160s + 1} e^{-50s} \tag{8-13}$$

相应的阶跃响应曲线也将发生变化，如图 8-12 所示。

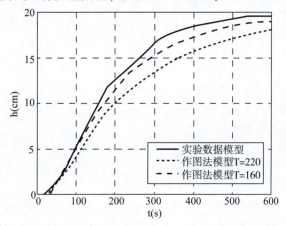

由上述仿真分析可知，作图法虽然简单，但其操作起来随意性大，也不够精确，所以只能做到对模型参数的大致估计。

▶▶▶ 8.1.3　一阶系统两点法建模及仿真 ▶▶▶

相比作图法的随意性，两点法通过求解方程组来获取一阶系统中的两个参数 T 和 τ，因而较为准确。两点法的具体做法是，首先依据一阶系统阶跃响应满足指数增长的规律列写出系统输出关于时间的函数 $y(t)$，接着在阶跃响应曲线上找出任意两点，并将这两点对应的坐标 (t_1, y_1) 和 (t_2, y_2) 代入系统输出函数 $y(t)$，从而构成一个关于 T 和 τ 的二元一次方程组，最后通过方程组求解出一阶系统的参数 T 和 τ。

一般为计算方便，在阶跃响应曲线上选取两个特殊点 $y^*(t_1) = 0.39$ 和 $y^*(t_2) = 0.63$（其中 y^* 为系统输出 y 的无量纲值，即标幺值），则可解方程组得：

$$\begin{cases} T = 2(t_2 - t_1) \\ \tau = 2t_1 - t_2 \end{cases} \tag{8-14}$$

以下通过仿真实例说明两点法求取一阶系统参数的过程及其参数估计的正确性。仿真所用数据仍来自表 8-1 所述的某液位对象。仿真程序如下。

```
t=[0 10 20 40 60 80 100 140 180 250 300 400 500 600];
h=[0 0 0.2 0.8 2.0 3.6 5.4 8.8 11.8 14.4 16.6 18.4 19.2 19.6];
delta_u=20/100;
%求系统稳态增益 k
k= (h(end)-h(1))/delta_u
%将系统输出转换为无量纲形式
y=h/h(end);
%用插值法求系统输出到达 0.39 和 0.63 两点处的时间 t1 和 t2
%因插值函数 interp1()的输入样本数据不允许有重复,故此处舍去系统输出无变化时间段 t_tau=10;
```

```
%输出无变化的时间
tw=t (2:end)-t_tau;
yw=y (2:end);
hl=0. 39; tl=interpl (yw,tw,hl)+t_tau;
h2=0. 63; t2=interpl (yw,tw,h2)+t_tau;
%由t1和t2确定系统的惯性时间常数T和纯滞后时间tao
T=2*(t2-tl)
tao=2*tl-t2
%比较两点法结果与实际系统在阶跃响应上的差异
%两点法确立的一阶惯性加纯滞后模型G
G=tf (k, [T, 1 ],'inputdelay',tao);
[yG,tG]=step (G,linspace (t(l),t (end),50));
yG=yG* delta_u;
plot(t,h,'-',tG,yG, '--')
legend ('实际系统', '两点法所求近似系统',4)
```

运行程序可得 $K = 98$，$T = 136.7077$，$\tau = 58.0462$，即由两点法求得的一阶系统模型为

$$G(s) = \frac{98}{136.7s + 1}e^{-58s} \tag{8-15}$$

图 8-13 与图 8-12 对比可知，两点法较作图法可得到更为准确的一阶系统模型。

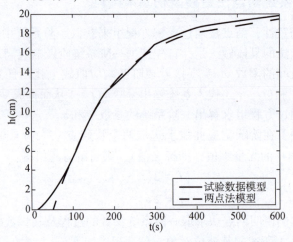

图 8-13　两点法建立的系统模型与试验数据模型的对比

▶▶▶ 8.1.4　二阶系统两点法建模及仿真 ▶▶▶

一旦系统稳定且其阶次定为二阶，就可用式(8-2)所述二阶惯性加纯滞后环节表示。公式中的模型参数 K、T_1、T_2 和 τ 可由环节的阶跃响应曲线求取。其中，纯滞后时间 τ 可依据阶跃响应初期无变化时间段直接读出，余下的惯性时间常数 T_1 和 T_2 则通过两点法计算出。

两点法依据的是式(8-2)截去纯滞后且无量纲的形式：

$$G(s) = \frac{1}{(T_1s + 1)(T_2s + 1)} \tag{8-16}$$

该式等同于

$$G(s) = \frac{1}{T_1 T_2 s^2 + (T_1 + T_2)s + 1} \tag{8-17}$$

若获取阶跃响应曲线上的点 $(t_1, y^*(t_1))$ 和 $(t_2, y^*(t_2))$，则可通过解方程组确定 T_1 和 T_2。一般为求解方便，$y^*(t_1)$ 和 $y^*(t_2)$ 可取 0.4 和 0.8，此时可按式(8-18)和式(8-19)求出 T_1 和 T_2。

$$T_1 + T_2 \approx \frac{1}{2.16}(t_1 + t_2) \tag{8-18}$$

$$\frac{T_1 T_2}{(T_1 + T_2)^2} \approx \left(1.74\frac{t_1}{t_2} - 0.55\right) \tag{8-19}$$

上述两点法用 MATLAB 程序实现如下，并可通过 MATLAB 仿真验证两点法求得的二阶系统参数的正确性。

```
t=[0 10 20 40 60 80 100 140 180 250 300 400 500 600];
h=[0 0 0.2 0.8 2.0 3.6 5.4 8.8 11.8 14.4 16.6 18.4 19.2 19.6];
delta_u=20/100;
%求系统稳态增益 k
k= (h (end)-h (1))/delta_u;
%将系统输出转换为无量纲形式
y=h/h (end);
%用插值法求系统输出到达 0.4 和 0.8 这两点处的时间 t1 和 t2
%因插值函数 inerp1()的输入样本数据不允许有重复,故此处舍去系统输出无变化时间段 t_tau=10;
%输出无变化的时间
tw=t (2:end)-t_tau;
yw=y (2:end);
hl=0.4; tl=interpl (yw,tw,hl)+t_tau;
h2=0.8; t2=interpl (yw,tw,h2)+t_tau;
% 由 tl 和 t2 确定系统的惯性时间常数 Tl 和 T2
T12=(tl+t2)/2.16               % T1+T2
TlT2=(1.74*tl/t2-0.55)* T12^2  % T1*T2
%比较两点法所得二阶系统与实际系统在阶跃响应上的差异
% 两点法确立的二阶惯性加纯滞后模型 G
G=tf(k,[TlT2 T12 1],'inputdelay',t_tau);
[yG,tG]=step (G, linspace (t(l),t (end),50));
yG=yG*delta_u;                  % 输入 delta_u 时的二阶系统输出
%前述两点法所得一阶系统模型 G1 及其阶跃响应
Gl=tf(k,[136.7 1], 'linspace',58);
[yG l,tG 1 ]=step (G1 ,linspace (t(l),t (end),50));
yGl=yGl*delta_u; % 输入 delta_u 时的一阶系统输出
plot (t,h, '-',tG,yG,'--',tG l,yGl,':')
legend ('实际系统', '两点法所求二阶系统', '两点法所求一阶系统'4)
xlabel ('t (s)')
ylabel ('h (cm)')
```

程序的运行结果：

```
T12=T1+T2 =188.7948
T1T2=T1*T2 = 8.9971e+003
```

即两点法建立的液位对象的二阶系统模型为

$$G(s) = \frac{1}{8\,997.1\,s^2 + 188.8s + 1} \tag{8-20}$$

程序运行同时给出图 8-14 所示的两点法所求一阶、二阶系统和实际系统的阶跃响应。由该图可知，两点法所求二阶系统与实际系统基本接近；对于表 8-1 所述液位对象，用二阶惯性加纯滞后环节表示该对象比用一阶惯性加纯滞后环节表示该对象在滞后部分更为精确。

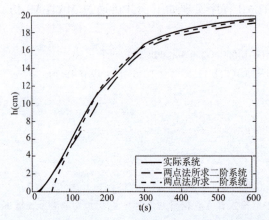

图 8-14　两点法所得一阶、二阶系统和实际系统的阶跃响应

 ## 8.2　基于 MATLAB 的 PID 控制仿真

PID 控制以其简单实用的特点在过程控制领域获得了最为广泛的应用。本节旨在通过 MATLAB 仿真探讨 PID 控制中 P（比例）、I（积分）、D（微分）及其组合形式的功能及特点，以便读者进一步理解和掌握 PID 控制规律，并据此开展 PID 参数的工程整定。

▶▶▶8.2.1　P、I、D 及其组合控制的仿真 ▶▶▶

对于典型过程控制系统，记其中的控制器为 $G_c(s)$，执行机构和被控过程的串联环节为 $G_p(s)$，测量变送仪表为 $H(s)$，则该过程控制系统的方框图可重绘为图 8-15 所示。

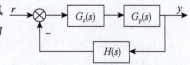

图 8-15　过程控制系统的方框图

现假设其中 $G_p(s) = \dfrac{1}{(2s+1)(0.5s+1)}$，$H(s) = \dfrac{1}{0.05s+1}$，编写 MATLAB 程序，对 $G_c(s)$ 分别为 P、PI、PD 和 PID 等形式下系统的阶跃响应进行仿真。

常规的 PID 控制规律为

$$u(t) = K_P \left[e(t) + \frac{1}{T_I} \int_0^t e(t)\,\mathrm{d}t + T_D \frac{\mathrm{d}e(t)}{\mathrm{d}t} \right] \tag{8-21}$$

则 P、PI、PD 和 PID 形式下，控制器的传递函数分别为

$$C_{cP}(s) = K_P \tag{8-22}$$

$$C_{cPI}(s) = K_P + \frac{1}{T_I s} = \frac{K_P T_I s + 1}{T_I s} \tag{8-23}$$

$$C_{cPD}(s) = K_P + T_D s \tag{8-24}$$

$$C_{cPID}(s) = K_P + \frac{1}{T_I s} + \frac{1}{T_D s} = \frac{T_D T_I s^2 + K_P T_I s + 1}{T_I s} \tag{8-25}$$

1. P 控制仿真

以下根据式(8-22)对纯 P 控制下图 8-15 所示过程控制系统的阶跃响应进行 MATLAB 仿真。为分析比例系数 K_P 对系统动态响应的影响，程序中分别设定 K_P 为 0.7、1.7 和 2.7。仿真程序如下。

```
Gp=tf(4,conv([2 1],[0.5 1]));          % 被控过程
H=tf(l,[0.05 1]);                       % 反馈环节
t=0:0.1:10;                             % 仿真时长
plot (t,ones (1, length (t)),':', 'LineWidth',2)  % 绘制单位阶跃输入
hold on
linestyle= {'-', '--', '-'};           % 线型
kp=[0.7 1.7 2.7];
for i=l: length (kp)
    Gloop=feedback (kp (i)*Gp,H);
    [y,t]=step(Gloop,t);
    plot (t,y,linestyle{i});
end
legend('单位阶跃输入', 'kp=0.7', 'kp=1.7','kp=2.7',4)
xlabel ('t')
ylabel ('y')
```

程序运行结果，即纯比例作用下系统的阶跃响应如图 8-16 所示。

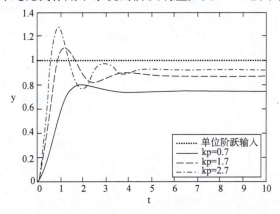

图 8-16 纯比例作用下系统的阶跃响应

由图 8-16 可知：纯 P 控制是有差控制；随着比例作用的增大（比例系数 K_P 的增大），系统的稳态误差减小，响应速度加快，但超调量变大。

2. PI 控制仿真

以下根据式（8-23）对 PI 控制下图 8-15 所示过程控制系统的阶跃响应进行 MATLAB 仿真。为分析积分时间 T_I 对系统动态响应的影响，程序中分别设定 T_I 为 0.5、1 和 2。仿真程序如下。

```
Gp=tf(4,conv([2 1],[0.5 1]));          %被控过程
H=tf(l,[0.05 1]);                      %反馈环节
t=0:0.1:10;                            %仿真时长
plot (t,ones (1,length (t)), ':',LineWidth',2)   %绘制单位阶跃输入
hold on
linestyle={'-', '--', '-'};            % 线型
kp=0.7;
Ti=[0.5 1 2];
for i=l: length (Ti)
    Gpi=tf([kp*Ti(i),l],[Ti(i)0]);
    Gloop=feedback (Gpi*Gp,H);
    [y,t]=step (Gloop,t);
    plot(t,y,linestyle{i});            %绘制 PI 控制下系统的阶跃响应
end
Gloop=feedback (kp*Gp,H);
[y,t]=step (Gloop,t);
plot (t,y, ':');                       %绘制纯比例作用下系统的阶跃响应
legend ('单位阶跃输入', 'PI,Ti=0.5','PI,Ti=1', 'PI,Ti=2','P,kp=0.7',4)
xlabel ('t')
ylabel ('y')
```

程序运行结果，即比例积分作用下系统的阶跃响应如图 8-17 所示。

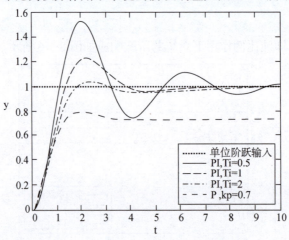

图 8-17　比例积分作用下系统的阶跃响应

由图 8-17 可知，在纯比例作用下引入积分，消除了余差，即积分控制是无差控制；

随着积分作用的增强（积分时间 T_I 减小），系统响应速度加快，超调量大，振荡加剧。

3. PD 控制仿真

以下根据式（8-24）对 PD 控制下图 8-15 所示过程控制系统的阶跃响应进行 MATLAB 仿真。为分析微分时间 T_D 对系统动态响应的影响，程序中分别设定 T_D 为 0.3 和 0.4。仿真程序如下。

```
Gp=tf(4,conv ([2 1],[0. 5 1]));          % 被控过程
H=tf(l,[0. 05 1]);                       % 反馈环节
t=0:0. 1:10;                             % 仿真时长
plot (t,ones (1,length (t)),':','LineWidth',2)  % 绘制单位阶跃输入
hold on
linestyle='-', '--'};                    % 线型
kp=1. 7;
Td=[0. 3 0. 4];
for i=l: length (Td)
Gpd=tf([Td(i)kp],l);
Gloop= feedback (Gpd*Gp,H);
[y,t]=step (Gloop,t);
plot (t,y,linestyle{i});                 % 绘制 PD 控制下系统的阶跃响应
end
Gloop= feedback (kp*Gp,H);
[y,t]=step (Gloop,t);
plot (t,y,':');                          % 绘制纯比例作用下系统的阶跃响应
legend('单位阶跃输入','PD,Td=0. 3', 'PD,Td=0. 4', 'P,kp=1. 7',4)
xlabel ('t')
ylabel ('y')
```

程序运行结果，即比例微分作用下系统的阶跃响应如图 8-18 所示。

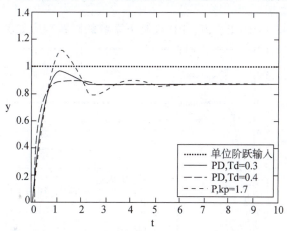

图 8-18　比例微分作用下系统的阶跃响应

由图 8-18 可知，在纯比例作用下引入微分不能消除余差；微分作用越强（微分时间 T_D 越大），系统响应速度越快，系统越稳定。

4. PID 控制仿真

以下根据式(8-25)对 PID 控制下图 8-15 所示过程控制系统的阶跃响应进行 MATLAB 仿真。程序中分别设定 $K_P = 1.5$，$T_I = 2$，$T_D = 0.4$。仿真程序如下。

```
Gp=tf(4,conv ([2 1],[0.5 1]));          % 被控过程
H=tf(l,[0.05 1]);                       % 反馈环节
t=0:0.1:I0;                              % 仿真时长
plot (t,ones (1,length (t)),': ', 'LineWidth',2)   % 绘制单位阶跃输入
`hold on
linestyle= {'-', '--', '-', ': '}       % 线型
kp=1.5;
Ti=2;
Td=0.4;
G_p=kp;
G_pi=tf([kp*Ti l],[Ti 0]);
G_pd=tf([Td kp],l);
G_pid=tf([Td*Ti kp*Ti l],[Ti 0]);
Gc=[G_pid, G_p, G_pi, G_pd];
for i=l: length (Gc)
Gloop=feedback (Gc (i)*Gp,H);
[y,t]=step (Gloop,t);
plot(t,y,linestyle{i});                 % 绘制 PID 控制下系统的阶跃响应
end
Gloop=feedback (kp*Gp,H);
legend ('单位阶跃输入','PID kp=1.5 Ti=2 Td=0.4','P', 'PI', 'PD',4)
xlabel ('t')
ylabel('y')
```

程序运行结果，即 PID、P、PI、PD 控制下系统的阶跃响应如图 8-19 所示。

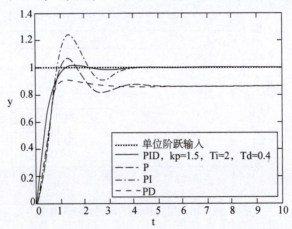

图 8-19　PID、P、PI、PD 控制下系统的阶跃响应

由图 8-19 可知，与纯 P、PD 控制相比，PID 控制由于引入了积分，所以消除了余差；与 PI 控制相比，PID 控制由于引入了微分，所以具有更为稳定的控制效果。因此，PID 控制在参数整定合适的情况下能综合达到超调量、上升时间、调节时间、余差等多项性能指标的要求，是非常理想的。

▶▶▶ 8.2.2 抗积分饱和控制方法及其仿真 ▶▶▶ ▶

在控制器中引入积分可消除系统余差，但积分的引入可能会带来控制器输出的饱和。积分饱和常发生在设定值的大幅增减、系统输出长期偏离设定值而得不到修正等情况下。为此，在 PI（或 PID）控制器的应用中常需考虑抗积分饱和的问题。常用的抗积分饱和方法有积分分离法、遇限削弱积分法及限制 PI（或 PID）控制器输出在规定范围内等方法。本小节给出积分分离法的 MATLAB 实现及相应的控制效果仿真。

积分分离法依据 PI（或 PID）控制器的控制偏差大小决定积分作用的投入与否，即人为设定一个偏差限值 ε，当 $e \leqslant \varepsilon$ 时，投入积分作用；当 $e > \varepsilon$ 时，撤掉积分作用，以避免过大偏差的累积造成积分饱和。积分分离法的离散形式可表示为

$$u(k) = k_{\mathrm{p}} e(k) + \beta k_i \sum_{i=1}^{k} e(i) T_{\mathrm{s}} + k_{\mathrm{d}} \frac{e(k) - e(k-1)}{T_{\mathrm{s}}} \tag{8-26}$$

式中，T_{s} 为采样时间；β 为积分项的开关系数，β 的取值定义为

$$\beta = \begin{cases} 1 & |e(k)| \leqslant \varepsilon \\ 0 & |e(k)| > \varepsilon \end{cases} \tag{8-27}$$

设某被控过程为一阶惯性加纯滞后环节：

$$G(s) = \frac{\mathrm{e}^{-80s}}{60s + 1} \tag{8-28}$$

为应用式 (8-26) 所述的积分分离法控制该对象，对象模型需首先进行离散化。设离散化所用采样时间 $T_{\mathrm{s}} = 20$ s，则对象的滞后时间为 4 个采样周期。

采用 MATLAB 控制工具箱中的连续系统离散化函数 c2d( ) 可得离散化后的对象模型为

$$y(k) = -\,\mathrm{den}(2) y(k-1) + \mathrm{num}(2) u(k-5)$$

设仿真中输入幅值为 40 的阶跃信号，控制器采用 PID 形式，并且要求控制器输出限幅在 [-100，100] 区间，仿真时长为 200 s，积分分离法的算法实现可由下述 MATLAB 程序给出。

```
ts=20;% 采样时间
% 被控对象及其离散化模型
sys=tf(l,[60 1],'inputdelay',80);
dsys=c2d (sys,ts,'zoh');
[num,den]=tfdata (dsys, 'v');

Ttotal=200;                        % 仿真时间
rin=40*ones(l,Ttotal);             % 阶跃输入
u=zeros(l,Ttotal);                 % 控制器输出
yout=zeros (1 ,Ttotal);            % 系统输出
```

```
e=zeros(l,Ttotal);                      % 控制误差
ei=0;                                   % 误差的累积

for k=6:Ttotal
    time (k)=k*ts;
    % 系统输出
    yout (k)=-den(2) *yout (k-1)+num (2) *u (k-5);
    % 误差及误差的累积
    e (k)=rin (k)-yout (k);
    ei=ei+e (k)*ts;
    % 积分分离
    if abs (e (k))<=10
        beta=1. 0;
    elseif abs (e (k))>10 & abs (e (k))<=20
        beta=0. 9;
    elseif abs (e (k))>20 & abs (e (k))<=30
        beta=0. 6;
    elseif abs (e (k))>30 & abs (e (k))<=40
        beta=0. 3;
    else
        beta=0;
    end
    kp=0. 8;
    ki=0. 005;
    kd=3. 0;
    u (k)=kp*e (k)+kd*(e (k)-e (k-1))/ts+beta*ki*ei;

    if u(k)>=100
        u(k)=100;
    end
    if u(k)<=-100
        u(k)=-100;
    end
end

figured(1)
plot(l:Ttotal, rin,':',l:Ttotal, yout,'-')
xlabel ('t')
ylabel ('rin,yout')
figure(2)
plot (1:Ttotal,u)
xlabel ('t')
ylabel ('u')
```

程序的运行结果，即积分分离法的控制效果如图 8-20 所示。为对比积分分离法与常规 PID 控制的优劣，图 8-21 给出了常规 PID 控制的控制效果。两图对比可知，积分分离法的控制效果要优于常规 PID 控制的控制效果，并且控制器的输出幅值及其波动也较常规 PID 的小。

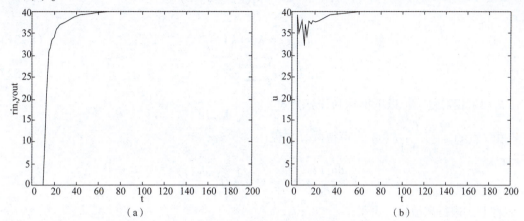

图 8-20　积分分离法的控制效果
（a）被控对象的阶跃响应；（b）控制器的输出

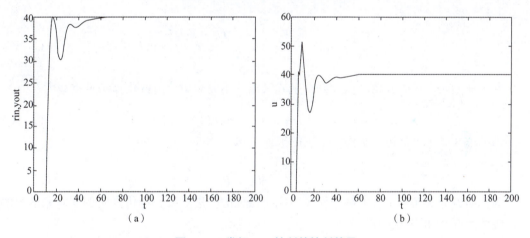

图 8-21　常规 PID 控制的控制效果
（a）被控对象的阶跃响应；（b）控制器的输出

▶▶│8.2.3　改进的微分控制方法及其仿真 ▶▶▶

在控制器中引入微分可改善系统的动态性能，但微分对高频干扰、设定值突变等引起输出突变的因素很敏感，故需对 PID 控制中的微分项加以改进。常用的微分项改进算法有不完全微分、微分先行等。本小节主要讨论不完全微分的实现算法及其 MATLAB 仿真。

不完全微分的做法是在 PID 控制器的微分项后串联一个低通滤波器，或者在 PID 控制器后串联一个低通滤波器。

对于微分项后串联低通滤波器型不完全微分算法，其控制器输出为

$$u(s) = \left(K_\text{P} + \frac{K_\text{P}}{T_\text{I}s} + \frac{K_\text{P}T_\text{D}s}{T_f s + 1} \right) E(s) = U_\text{P}(s) + U_\text{I}(s) + U_\text{D}(s) \qquad (8-29)$$

221

式中，K_P、T_I 和 T_D 分别为常规 PID 控制中的比例系数、积分时间和微分时间；T_f 为低通滤波器的滤波系数。

式(8-29)的离散化形式为

$$u(k) = u_P(k) + u_I(k) + u_D(k) \tag{8-30}$$

其中

$$u_P(k) = K_P e(k) \tag{8-31}$$

$$u_I(k) = \frac{K_P}{T_I} \sum_{i=1}^{k} e(i) \tag{8-32}$$

$u_D(k)$ 相对复杂，以下推导其计算公式。

由 $U_D(s) = \dfrac{K_P T_D s}{T_f s + 1} E(s)$，可得微分方程

$$T_f \frac{\mathrm{d}u_D(t)}{\mathrm{d}t} + u_D(t) = K_P T_D \frac{\mathrm{d}e(t)}{\mathrm{d}t} \tag{8-33}$$

将上式进行离散化，可得

$$T_f \frac{u_D(k) - u_D(k-1)}{T_s} + u_D(k) = K_P T_D \frac{e(k) - e(k-1)}{T_s} \tag{8-34}$$

上式经整理，可得

$$u_D(k) = \frac{T_f}{T_s + T_f} u_D(k-1) + K_P \frac{T_D}{T_s + T_f} e(k) - e(k-1) \tag{8-35}$$

令 $\alpha = \dfrac{T_f}{T_s + T_f}$，$K_D = K_P \dfrac{T_D}{T_s}$，则由上式得出的不完全微分离散化算法可重写为

$$u_D(k) = \alpha u_D(k-1) + K_D(1-\alpha)e(k) - e(k-1) \tag{8-36}$$

仍考虑 8.2.2 小节仿真实例中采用的被控对象：

$$G(s) = \frac{\mathrm{e}^{-80s}}{60s + 1} \tag{8-37}$$

为说明微分对频繁干扰的敏感性及不完全微分的改进效果，本仿真实例在对象输出端加入幅值为 0.01 的随机噪声。

仿真中采用的低通滤波器为

$$G_f(s) = \frac{1}{180s + 1} \tag{8-38}$$

以下 MATLAB 程序给出了采用不完全微分离散化算法[式(8-36)]对式(8-37)所述对象的阶跃响应的仿真，并对比了不完全微分和常规 PID 控制的控制效果。仿真中设采样时间为 20 ms。

```
ts=20;                          % 采样时间
% 被控对象及其离散化模型
sys=tf(l,[60 1 ],'inputdelay', 80);
dsys=c2d (sys,ts,'zoh');
[num,den]=tf(data (dsys,'v');
    Ttotal=200; % 仿真时间
```

```
rin=ones(l,Ttotal);                      % 阶跃输入
u=zeros(l,Ttotal);                       % 控制器输出
ud=zeros (l,Ttotal);                     % 不完全微分项的输出
yout=zeros (1 ,Ttotal);                  % 系统输出
D=0. 01*rand(l,Ttotal);                  % 幅值为 0.01 的随机干扰
e=zeros(l,Ttotal);                       % 控制误差
ei=0;                                    % 误差的累积

for k=6:Ttotal
    time (k)=k*ts;
    % 系统输出
    yout (k)=-den(2)*yout (k-1)+num(2)*u (k-5);
    yout (k)=yout (k)+D(k);              % 加随机干扰后的输出
    % 误差及误差的累积
    e(k)=rin (k)-yout (k); ei=ei+e (k)*ts;
    % 不完全微分 PID
    kp=0. 3;                             % 比例常数
    ti=0. 005;                           % 积分时间
    td=140;                              % 微分时间
    tf=180;                              % 滤波系数
    KD=kp*td/ts;                         % 不完全微分中引入的系数
    alpha=tf/(tf+ts);                    % 不完全微分中引入的系数
    ud (k)=KD*(1-alpha)*e (k)-e (k-1)+alpha*ud (k-1);
    u (k)=kp*e (k)+ti*ei+ud (k);
    % %如果用不完全微分法,则注释下面一句
    % u (k)=kp*e (k)+ti*ei+kp*td* (e (k)-e (k-1))/ts;        % 常规 PID 控制
    if u(k)>=100
        u(k)=100;
    end
    if u(k)<=-100
        u(k)=-100;
    end
end
figure(1)
plot (1:Ttotal, rin,':',l:Ttotal, yout,'-')
xlabel ('t')
ylabel ('rin,yout')
axis([0 200 -0. 2 1. 2])
figure(2)
plot (1:Ttotal,u)
xlabel ('t')
ylabel ('u')
axis([0 200 -0. 2 1. 3])
```

上述不完全微分仿真程序的运行结果，即不完全微分控制系统的阶跃响应如图 8-22 所示。为便于对比，图 8-23 给出了同样的 PID 参数下常规 PID 控制的控制效果。不难看出，在应对高频干扰时，不完全微分 PID 控制的控制效果要显著优于常规 PID 控制的控制效果。

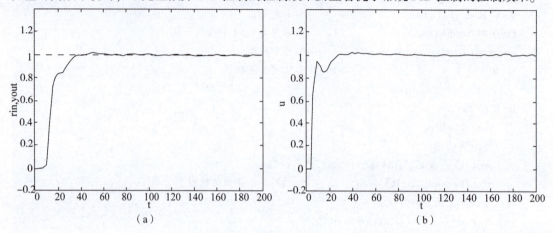

图 8-22　不完全微分控制系统的阶跃响应
(a)被控制对象的阶跃响应；(b)被控器的输出

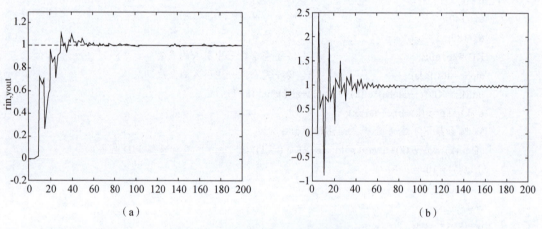

图 8-23　常规 PID 控制系统阶跃响应
(a)被控制对象的阶跃响应；(b)被控器的输出

8.3　基于 MATLAB 的串级控制仿真

　　相较于单回路控制，串级控制在主回路内增加了一个副回路，从而对包含在副回路中的二次干扰有很强的抑制作用，同时可显著减小副回路的时间常数，提高系统的工作频率。

　　本节将给出串级控制系统的 Simulink 仿真实例，借此说明串级控制的结构形式及其较单回路控制的优势所在。

　　设某工业过程由如下主、副被控对象串联而成：

$$G_{p1}(s) = \frac{1}{(30s+1)(3s+1)} , \ G_{p2}(s) = \frac{1}{(10s+1)(s+1)^2} \tag{8-39}$$

以下利用 MATLAB 中的 Simulink 工具分别建立对该被控对象进行单回路控制和串级控制的模型，并通过模型仿真说明串级控制在抑制二次干扰上较单回路控制的优势。

1. 单回路控制

首先建立单回路 PID 控制系统，其 Simulink 仿真模型如图 8-24 所示。

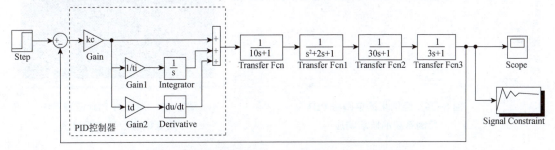

图 8-24 单回路 PID 控制系统的 Simulink 仿真模型

该仿真模型中 PID 控制器的参数 kc、ti、td 由模块 Signal Constraint 优化而得。

Simulink 内置的 Signal Constraint 模块是通过限定系统的响应时间、超调量及振动幅值等性能指标的范围来优化控制器参数的。对于目前较高版本的 MATLAB，Signal Constraint 模块位于 Simulink 的 Simulink Design Optimization 模块库中。双击该模块，可弹出模块参数设置对话框。选择其中"Goals"菜单的子菜单"Desired Response"，可弹出图 8-25 所示的期望响应设置对话框。在该对话框中可设置期望的稳定时间、上升时间、超调量等。选择模块参数设置对话框中的"Optimization"菜单，可在其中的"Optimi-

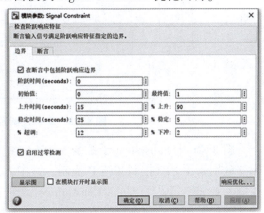

图 8-25 期望响应设置对话框

zation Options"子菜单中设置优化的开始和结束时间；在其中的"TunedParameters"子菜单中可添加并设置所需优化的变量。

对于本例中的单回路控制系统，需设置的优化时间为 0~150 s；需优化的参数为 PID 控制器中的 kc、ti、td；优化需达到的约束参数是，上升时间 = 15 s，调整时间 = 25 s，超调量 = 12%。

优化开始前，首先设置 kc、ti、td 的初值，可任意设置，如可设 kc = 5，ti = 10，td = 10。

上述系统模型搭建及模型参数设置完毕，即可进行 Simulink 仿真。经优化计算后，该仿真模型的阶跃响应如图 8-26 所示。同时，优化计算出的 PID 参数为：kc = 5.309 9，td = 4.367 6，ti = 61.898 0。

需要说明的是，采用 Signal Constraint 模块计算的优化结果并不唯一。这是因为达到相同的控制目标所需的 PID 参数有多种组合，并非唯一。

为更清楚地显示单回路 PID 控制的控制效果，图 8-27 给出了单回路 PID 控制系统阶跃响应的示波器显示。

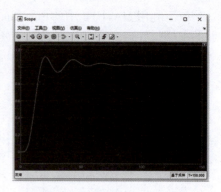

图 8-26　经优化的单回路 PID
控制系统的阶跃响应

图 8-27　单回路 PID 控制系统
阶跃响应的示波器显示

2. 串级控制

对式(8-39)所示被控对象采用串级控制，其系统 Simulink 仿真模型如图 8-28 所示。

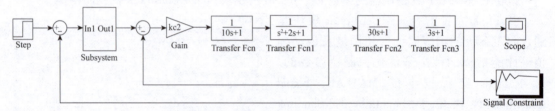

图 8-28　串级控制系统 Simulink 仿真模型

图 8-28 中 Subsystem 子系统为图 8-24 中的 PID 控制器。该串级控制系统的主、副控制器分别采用 PID 控制和纯 P 控制。其中，主控制器的控制参数 kc、ti、td 和副控制器的控制参数 kc2 仍采用 Signal Constraint 模块进行优化设计。此串级控制系统的优化性能指标较之前的单回路控制系统略有提高，即上升时间和调整时间分别降为 10 s 和 20 s，超调量降为 10%，阶跃响应的优化终止时间仍为 100 s。

经仿真优化计算，可得该串级控制系统的主、副控制器参数分别为：kc = 7.517 5，td = 1.171 4，ti = 61.790 3，kc2 = 5.941 0。在该组控制参数作用下，系统的阶跃响应如图 8-29 所示，显然该阶跃响应满足之前给出的控制指标限制。

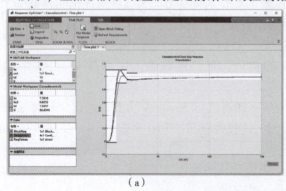

（a）

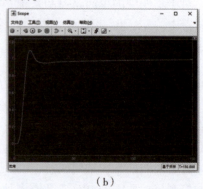

（b）

图 8-29　串级控制系统的阶跃响应
（a）Signal Constraint 窗口的优化结果；（b）示波器中系统的阶跃响应

3. 单回路控制和串级控制的抗二次干扰能力分析

由理论分析可知，串级控制的抗二次干扰能力要远远优于单回路控制。

以下仿真在单回路控制系统和串级控制系统仿真模型中均加入幅值为 1 的方波干扰，分别如图 8-30 和图 8-31 所示，其中方波的起始时间和终止时间分别是 70 s 和 80 s。

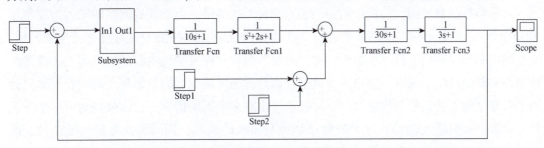

图 8-30　单回路控制系统中加入方波型二次干扰的 Simulink 仿真模型

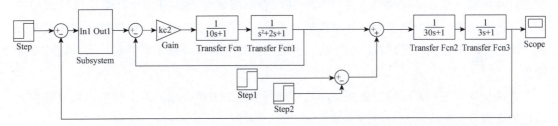

图 8-31　串级控制系统中加入方波型二次干扰的 Simulink 仿真模型

单回路和串级控制系统对二次干扰的响应如图 8-32 所示。经比较不难发现，对引入副回路的二次干扰，串级控制能很好地加以抑制，而单回路控制系统对二次干扰的抑制能力则明显要差些。

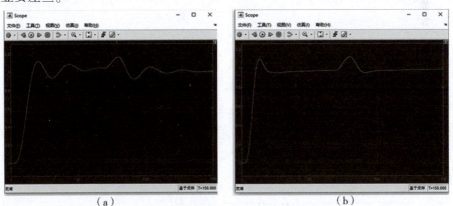

图 8-32　单回路和串级控制系统对二次干扰的响应
(a)单回路控制系统对二次干扰的响应；(b)串级控制系统对二次干扰的响应

 8.4　基于 MATLAB 的补偿控制仿真

在常规的 PID 控制难以获得理想控制效果的情况下，有时可考虑在系统中增加"补偿控制器"。本节采用前馈补偿和 Smith 预估控制方法，分别进行 MALTAB 仿真，以说明这些补偿控制的实现方法及其对常规 PID 控制的改进。

▶▶▶ 8.4.1　前馈控制仿真 ▶▶▶ ▶

与反馈控制器不同，前馈控制器的输入来自干扰信号，而反馈控制器的输入为控制偏差。因此，一旦有干扰，前馈控制器就会立即作出反应，以补偿干扰对被控变量的影响。而反馈控制器要等到干扰已经影响到被控变量，造成被控变量偏离设定值之后，才能依据控制偏差作出反应。从这一点来说，前馈控制是优于反馈控制的。但每个前馈控制器只针对某一单个的干扰信号起作用，一旦被控系统中有多个干扰信号，就需分别对每一个干扰信号设置一个前馈控制器，这无疑要增加控制系统的成本，同时提高系统的复杂性。此外，前馈控制对干扰抑制的效果取决于其对过程通道和干扰通道特性的了解程度，一旦模型估计有误差，或者系统特性发生变化，前馈控制将无法完全补偿干扰对系统输出的影响，而只能依靠反馈控制来克服前馈控制的不足。因此，总体来说，前馈加反馈的控制方式，综合了前馈控制和反馈控制的优势，实现了优势互补，增强了系统对外界干扰的克服能力。

前馈加反馈控制系统的方框图和相关原理可参见本书第 6 章。本节就前馈加反馈控制系统的实现及其抗干扰能力进行 MATLAB 仿真。

设某工业过程的过程通道和干扰通道的传递函数分别为

$$G_p(s) = \frac{1}{10s + 1} e^{-s}, \ G_d(s) = \frac{1}{2s + 1} e^{-2s} \tag{8-40}$$

在已知过程通道和干扰通道数学模型的情况下，要实现对被控变量的完全补偿，前馈控制器可设计为

$$G_{ff}(s) = - G_d(s)/G_p(s) = -\frac{10s + 1}{2s + 1} e^{-s} \tag{8-41}$$

反馈控制器则选用 PI 控制。

图 8-33 为前馈加反馈控制系统的 Simulink 仿真模型。其中的 PID Controller 模块复制于 Simulink 的扩展模块库 Simulink Extras 中的 Additional Linear 组（MATLAB 7.0 版本），或者 Simulink 基本模块库中的 Continuous 组（MATLAB 2010 版）。需要说明的是，PID Controller 模块中的 PID 控制规律为

$$G_c(s) = P + I/s + Ds \tag{8-42}$$

即该模块中的积分系数在分子部分，该系数大则积分作用强。该系数与常规的 PID 控制规律[如式(8-21)]中的积分时间(在分母部分)是有区别的。读者在使用 PID Controller 模块时需加以注意。

本仿真实例中取 PID Controller 模块中的比例系数 $P = 1.6$，积分系数 $I = 0.6$。

图 8-33 所示的模型考虑了两种干扰形式，分别为：仿真时间内 30～35 s 期间的方波干扰(幅值为 0.5)和存在于整个仿真时间内的白噪声干扰(幅值为 0.1)。

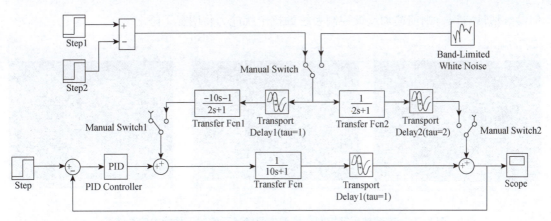

图 8-33　前馈加反馈控制系统的 Simulink 仿真模型

图 8-34 反映了该被控过程在单回路控制下无干扰、有方波干扰或白噪声干扰等情况下的单位阶跃响应。不难看出，单回路控制对干扰有一定的抑制作用，但抑制效果不甚理想。

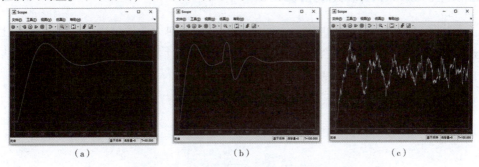

（a）　　　　　　　　　（b）　　　　　　　　　（c）

图 8-34　反馈控制的抗干扰能力仿真结果
（a）无干扰情况；（b）方波干扰情况；（c）白噪声干扰情况

图 8-35 给出了在反馈控制基础上加入前馈控制后系统在方波干扰和白噪声干扰影响下的单位阶跃响应。显然，增加前馈控制后，无论是对方波干扰还是白噪声干扰，系统的抗干扰能力都有显著改善。

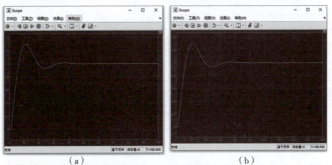

（a）　　　　　　　　　（b）

图 8-35　前馈加反馈控制的抗干扰能力仿真结果
（a）方波干扰情况；（b）白噪声干扰情况

前馈控制能对干扰进行完全补偿的前提是对被控系统的充分了解，一旦模型失配，控制效果将大打折扣。图 8-36 给出了在干扰通道或过程通道有模型失配情况时，前馈加反馈控制系统的单位阶跃响应。由图可知，无论是干扰通道还是过程通道，如果对其中的任何参数估计有误，则前馈加反馈控制系统的抗干扰能力将明显下降。

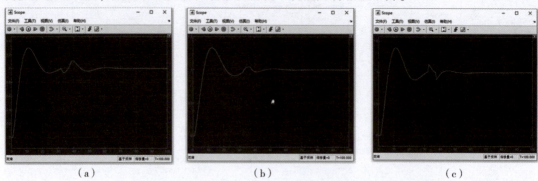

（a）　　　　　　　　　　（b）　　　　　　　　　　（c）

图8-36　前馈加反馈控制在模型失配情况下的抗干扰能力仿真结果
（a）$G_d(s)$的时间常数错成3；（b）$G_p(s)$的时间常数错成12；（c）$G_{ff}(s)$的滞后估计错成1.5

▶▶▶ 8.4.2　Smith 预估控制仿真 ▶▶▶ ▶

工业生产过程中常存在大的滞后，而常规 PID 控制对大滞后过程的控制效果欠佳。本小节通过两个 Simulink 仿真实例说明大滞后对控制系统性能的影响，以及 Smith 预估法对大滞后过程进行补偿控制的实现方法及其控制效果。

1. 大滞后对控制系统性能的影响

设被控过程为一阶惯性加纯滞后环节：

$$G(s) = \frac{2}{4s + 1} \, e^{-\tau s} \qquad\qquad (8\text{-}43)$$

以下建立 Simulink 仿真模型，对该过程进行 PID 控制，如图 8-37 所示。图中分别考虑过程纯滞后时间 $\tau = 0$、$\tau = 2$ 及 $\tau = 4$ 这 3 种情况。

对该模型进行仿真，可得示波器输出，如图 8-38 所示。由图可知，随着过程纯滞后时间的增大，控制系统的稳态性能随之恶化，甚至有可能不稳定。

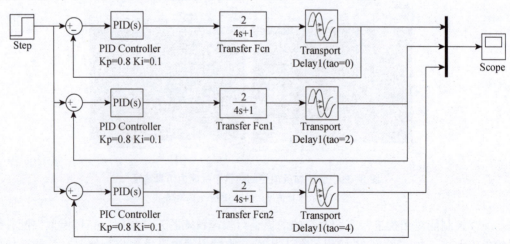

图 8-37　大滞后对控制系统性能影响的 Simulink 仿真模型

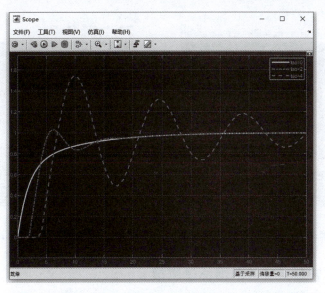

图 8-38　大滞后对控制系统性能影响的 Simulink 仿真结果

2. Smith 预估控制

在对大滞后过程进行控制时，常规 PID 控制中的反馈信号是经过了大滞后的系统输出的，所以控制总是不及时，控制系统难以稳定。针对反馈信号滞后问题，Smith 预估控制设法"预估"过程的无滞后输出，以期得到与无滞后系统同样的控制性能。

以下根据该结构建立 Smith 预估控制系统的 Simulink 仿真模型，如图 8-39 所示。为比较 Smith 预估控制与常规 PID 控制的优劣，模型中将这两种控制方法均进行了建模并仿真。

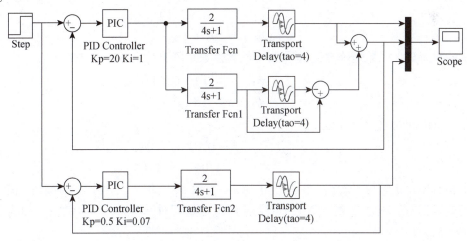

图 8-39　Smith 预估控制系统的 Simulink 仿真模型

由图 8-40 和图 8-41 可知，在模型估计准确的情况下，Smith 预估控制能获得比常规 PID 控制更好的控制效果，系统也稳定得多。但 Smith 预估控制对预估模型的准确性要求极高，一旦模型失配，Smith 预估控制的效果将急剧恶化。这一点在使用 Smith 预估控制时需格外注意。

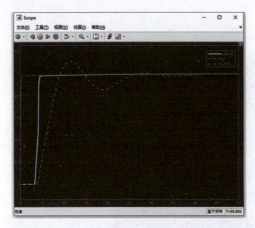 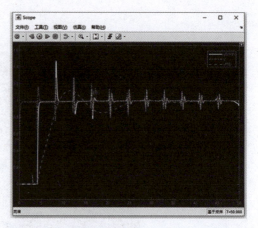

图 8-40　模型准确时 Smith 预估补偿控制效果　　　图 8-41　模型失配时 Smith 预估补偿控制效果

▶▶▶ 8.4.3　多变量系统的前馈补偿解耦 ▶▶▶

生产过程中往往不止一个控制回路，而当多个控制回路同时工作时，回路间有时会存在关联耦合。为此需要分析回路间的关联程度，若关联较为严重，则应设法减小或消除耦合。本小节通过一个 2 输入 2 输出系统的仿真实例，说明相对增益法在多回路关联分析中的应用，并介绍前馈补偿法在解耦控制中的应用。

1. 多回路的关联分析

设某 2 输入 2 输出系统可用如下传递函数矩阵建模：

$$
\begin{bmatrix} Y_1 \\ Y_2 \end{bmatrix} = \begin{bmatrix} \dfrac{1}{3s+1} & \dfrac{0.5}{2s+1} \\ \dfrac{5}{12s+1} & \dfrac{0.1}{9s+1} \end{bmatrix} \begin{bmatrix} U_1 \\ U_2 \end{bmatrix} \tag{8-44}
$$

则系统的静态放大系数矩阵 $\boldsymbol{K}$，也即第一放大系数矩阵 $\boldsymbol{P}$ 为

$$
\boldsymbol{P} = \boldsymbol{K} = \begin{bmatrix} k_{11} & k_{12} \\ k_{21} & k_{22} \end{bmatrix} \begin{bmatrix} 1 & 0.5 \\ 5 & 0.1 \end{bmatrix} \tag{8-45}
$$

该系统的相对增益矩阵为

$$
\boldsymbol{\Lambda} = \boldsymbol{P} \cdot (\boldsymbol{P}^{-1})^{\mathrm{T}} = \begin{bmatrix} -0.04 & 1.04 \\ 1.04 & -0.04 \end{bmatrix} \tag{8-46}
$$

由相对增益矩阵可以看出，原系统中用 U_1 控制 Y_1、用 U_2 控制 Y_2 的配置是错误的；正确的变量配对应该是 U_2 控制 Y_1，U_1 控制 Y_2。变量配对调换后，系统的输入和输出关系由式（8-44）变为

$$
\begin{bmatrix} Y_1 \\ Y_2 \end{bmatrix} = \begin{bmatrix} \dfrac{0.5}{2s+1} & \dfrac{1}{3s+1} \\ \dfrac{0.1}{9s+1} & \dfrac{5}{12s+1} \end{bmatrix} \begin{bmatrix} U_1 \\ U_2 \end{bmatrix} \tag{8-47}
$$

需要说明的是，式（8-47）中的 U_1 和 U_2 分别是式（8-44）中的 U_2 和 U_1。

由式（8-47）可知，在进行变量配对调换后，新系统的相对增益矩阵为

$$\boldsymbol{\varLambda} = \boldsymbol{P} \cdot (\boldsymbol{P}^{-1})^{\mathrm{T}} = \begin{bmatrix} 1.04 & -0.04 \\ -0.04 & 1.04 \end{bmatrix} \tag{8-48}$$

由式(8-48)可知，在进行正确的变量配对后，U_1 对 Y_1、U_2 对 Y_2 的控制能力接近 1（相对增益为 1.04），而 U_1 对 Y_2、U_2 对 Y_1 的控制能力则接近 0（相对增益为-0.04）。因此，若只考虑静态特性，系统的两回路间几乎是无耦合的。但若还考虑系统的动态特性，则由于负耦合的存在，系统易出现正反馈，所以应对系统进行解耦设计。

2. 前馈补偿解耦控制

前馈补偿解耦是在回路中常规控制器的输出端再添加补偿控制器，以抵消其对其他回路的耦合。本仿真实例中，前馈补偿解耦控制器 $N_{21}(s)$ 和 $N_{12}(s)$ 分别设计为

$$N_{21}(s) = -\frac{G_{\mathrm{p}21}(s)}{G_{\mathrm{p}22}(s)} = -\frac{12s+1}{50(9s+1)} \tag{8-49}$$

$$N_{12}(s) = -\frac{G_{\mathrm{p}12}(s)}{G_{\mathrm{p}11}(s)} = -\frac{4s+2}{3s+1} \tag{8-50}$$

将耦合系统模型[式(8-47)]及前馈补偿解耦控制器[式(8-49)、式(8-50)]应用到前馈补偿解耦控制系统中，采用 Simulink 建模，可得图 8-42 所示的仿真模型。

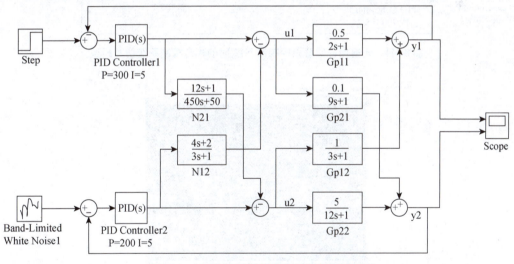

图 8-42 前馈补偿解耦控制系统仿真模型

在图 8-42 所示的模型中，回路 1 和回路 2 的输入分别是零时刻起的单位阶跃信号、幅值为 0.2 的白噪声信号；PID Controller1 中的 $P = 300$，$I = 5$；PID Controller2 中的 $P = 200$，$I = 5$；仿真时间设置为 1 s。仿真结果由示波器给出，如图 8-43 所示。

由图 8-43 可知，各回路独立工作，输出跟随各自的输入信号而变，这说明前馈补偿解耦控制器的设计是有效的。

若去掉前馈补偿解耦控制器 N12，也即将图 8-42 所示的仿真模型修改为图 8-44 所示的仿真模型，

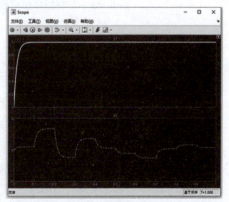

图 8-43 前馈补偿解耦控制仿真结果

233

则仿真结束后示波器的输出，即无前馈补偿解耦控制器 N12 时回路 2 对回路 1 的关联情况如图 8-45 所示。对比图 8-43 和图 8-45 中的 y1 曲线不难得出结论：如果不加前馈补偿解耦控制器 N12，则回路 2 将对回路 1 产生影响，即两者存在关联。

若要考察回路 1 对回路 2 的关联情况，可将图 8-42 所示的仿真模型中的阶跃输入和白噪声输入对调，同时去掉前馈补偿解耦控制器 N21。

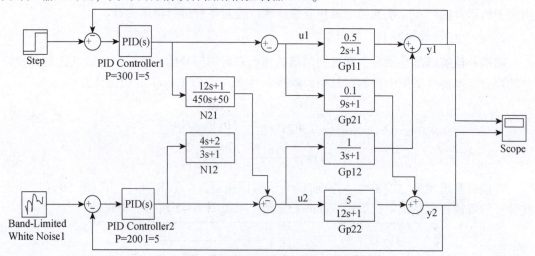

图 8-44　无前馈补偿解耦控制器 N12 时的耦合控制系统仿真模型

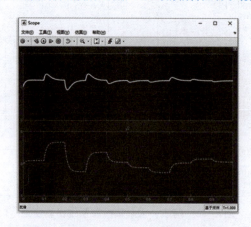

图 8-45　无前馈补偿解耦控制器 N12 时回路 2 对回路 1 的关联情况

8.5　基于 MATLAB 的预测控制仿真

预测控制利用被控对象的预测模型估计控制作用施加后被控变量的未来值，从而指导控制变量的优化，并且这种优化过程是反复再现进行的。因此，从指导思想来说，预测控制是优于传统的 PID 控制的，它非常适用于控制那些不易建立精确数学模型且较复杂的工业过程。第 7 章中介绍了预测控制的基本原理及几种典型的预测控制算法，如动态矩阵控制（DMC）和模型算法控制（MAC）。本节就 MAC 算法进行 MATLAB 仿真分析。

动态矩阵控制是一种基于被控对象阶跃响应的预测控制算法。以下通过一个仿真实例介绍该算法的实现方法及其控制效果。

考虑一个常见二阶系统，其传递函数为

$$G(s) = \frac{1}{s^2 + 0.86s + 1.05} \tag{8-51}$$

若对其采用 DMC 算法进行控制，则可用 Simulink 构造图 8-46 所示的仿真模型。

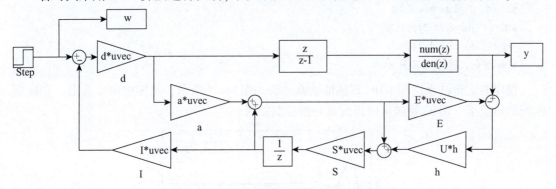

图 8-46　DMC 算法的 Simulink 仿真模型

下列程序对图 8-46 所示 Simulink 仿真模型中的各向量及矩阵进行赋值，并运行该仿真模型。

```
num=1;
den=[1 0.86 1.05];
G=tf (num,den);                    %连续系统
Ts=0.2;                            %采样时间 Ts
G=c2d(G,Ts);                       %被控对象离散化
[num,den,]=tfdata (G, 'V');
N=60;                              %建模时域 N
[a]=step(G,1*Ts:Ts:N*Ts);         %计算模型向量 a
M=2;                               %控制时域
P=15;                              %优化时域
for j=1:M
    for i=1:P-j+1
        A(i+j-1,j)=a (i,1);        %动态矩阵 A
    end
end
Q=1*eye (P);                       %误差加权矩阵 Q
R=1*eye (M);                       %控制加权矩阵 R
C=[1,zeros (1 ,M-1)];             %取首元素向量 C 1*M
E=[1,zeros (1 ,N-1)];             %取首元素向量 E 1*N
d=C*(A'*Q*A+R)^(-1)*A'*Q;          %控制向量 d=[d1 d2 ... dp]
h=1*ones(1,N);                     %校正向量 h(N 维列向量)
I=[eye (P,P),zeros (P,N-P)];       %Yp0=I*Yno
S=[[zeros (N-1,1)eye (N-1)];[zeros (1 ,N-1), 1 ]];   %N*N 移位矩阵 S
% 运行 Simulink 文件
```

```
sim('DMCsimulink');
% 图形显示
subplot (2,1,1);
plot (y,'LineWidth',2);
hold on;
plot (w, ':r', 'LineWidth',2);
xlabel ('\fontsize{12}时间');
ylabel ('\fontsize{12}输出');
legend('输出值'、'设定值');
```

程序的运行结果，即 DMC 算法的仿真曲线如图 8-47 所示，从图中可以看出，在模型匹配的情况下，DMC 算法可以得到良好的控制效果。

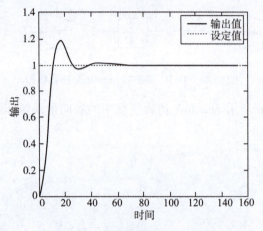

图 8-47　DMC 算法的仿真曲线

习题

8-1　试参照本章积分分离法仿真代码编写 MATLAB 程序，实现遇限削弱积分法。

8-2　本章中不完全微分的仿真实例是将不完全微分项放在微分环节。试问：若将不完全微分项放在 PID 控制之后，仿真程序应如何修改？

8-3　试在本章串级控制仿真实例中增加对系统抗一次干扰能力的测试。

8-4　试采用对角矩阵解耦法解决本章多变量前馈补偿解耦控制仿真实例中的系统耦合问题。

8-5　试编写 MATLAB 程序实现模型算法控制。

附　录

 附录A

表 A-1　铂热电阻(分度号 **Pt100**)分度表($R_0 = 100\ \Omega$，$\alpha = 0.003\ 850$)

温度/℃	0	10	20	30	40	50	60	70	80	90
	电阻值/Ω									
-200	18.49	—								
-100	60.25	56.19	52.11	48.00	43.37	39.71	35.53	31.32	27.02	22.80
-0	100.00	96.06	92.16	88.22	84.27	80.31	76.32	72.33	68.33	64.30
0	100.00	103.90	107.79	111.67	115.54	119.40	123.24	127.07	130.89	134.70
100	138.50	142.29	146.06	149.82	153.58	157.31	161.04	164.76	168.46	172.16
200	175.84	179.51	183.17	186.32	190.45	194.07	197.69	201.29	204.88	208.45
300	212.02	215.57	219.12	222.65	226.17	229.67	233.17	236.65	240.13	243.59
400	247.04	250.48	253.90	257.32	260.72	264.11	267.49	270.86	274.22	277.56
500	280.90	284.22	287.53	290.83	294.11	297.39	300.65	303.91	307.15	310.38
600	313.59	316.80	319.99	323.18	326.35	329.51	332.66	335.79	338.92	342.03
700	345.13	348.22	351.30	354.37	357.42	360.47	363.50	366.52	369.53	372.52
800	375.51	378.48	381.45	384.40	387.34	390.26	—	—	—	—

表 A-2　铜热电阻(分度号 **Cu50**)分度表($R_0 = 50\ \Omega$，$\alpha = 0.004\ 280$)

温度/℃	0	10	20	30	40	50	60	70	80	90
	电阻值/Ω									
-0	50.00	47.85	45.70	43.55	41.40	39.24	—	—	—	—
0	50.00	52.14	54.28	56.42	58.56	60.70	62.84	64.98	67.12	69.26
100	71.40	73.54	75.68	77.83	79.98	82.13	—	—	—	—

表 A-3　铜热电阻(分度号 Cu100)分度表($R_0 = 100\ \Omega$, $\alpha = 0.004\ 280$)

温度/℃	0	10	20	30	40	50	60	70	80	90
	电阻值/Ω									
−0	100.00	95.70	91.40	87.10	82.80	78.49	—	—	—	—
0	100.00	104.28	108.56	112.84	117.12	121.40	125.68	129.96	134.34	138.52
100	142.80	147.08	151.36	155.66	159.96	164.27	—	—	—	—

附录 B

表 B-1　铂铑$_{10}$-铂热电偶(分度号 S)分度表(自由端温度为 0 ℃)

工作端温度/℃	0	10	20	30	40	50	60	70	80	90
	热电动势/mV									
0	0.000	0.055	0.113	0.173	0.235	0.299	0.365	0.432	0.502	0.573
100	0.645	0.719	0.795	0.872	0.950	1.029	1.109	1.190	1.273	1.356
200	1.440	1.525	1.611	1.698	1.785	1.873	1.962	2.051	2.141	2.232
300	2.323	2.414	2.506	2.599	2.692	2.786	2.880	2.974	3.069	3.164
400	3.260	3.356	3.452	3.549	3.645	3.743	3.840	3.938	4.036	4.135
500	4.234	4.333	4.432	4.532	4.632	4.732	4.832	4.933	5.034	5.136
600	5.237	5.339	5.442	5.544	5.648	5.751	5.855	5.960	6.064	6.169
700	6.274	6.380	6.486	6.592	6.699	6.805	6.913	7.020	7.128	7.236
800	7.345	7.454	7.563	7.672	7.782	7.892	8.003	8.114	8.225	8.336
900	8.448	8.560	8.673	8.786	8.899	9.012	9.126	9.240	9.355	9.470
1 000	9.585	9.700	9.816	9.932	10.048	10.165	10.282	10.400	10.517	10.635
1 100	10.754	10.872	10.991	11.110	11.229	11.348	11.467	11.587	11.707	11.827
1 200	11.947	12.067	12.188	12.308	12,429	12.550	12.671	12.792	12.913	13.034
1 300	13.155	13.276	13.397	13.519	13.640	13.761	13.883	14.004	14.125	14.247
1 400	14.368	14.489	14.610	14.731	14,852	14.973	15.094	15.215	15.336	15.456
1 500	15.576	15.697	15.817	15.937	16.057	16.176	16.296	16.415	16.534	16.653
1 600	16.771									

表 B-2　铂铑₃₀-铂铑₆热电偶(分度号 B)分度表(自由端温度为 0 ℃)

工作端温度/ ℃	0	10	20	30	40	50	60	70	80	90
	热电动势/mV									
0	0.000	−0.002	−0.003	−0.002	0.000	0.002	0.006	0.011	0.017	0.025
100	0.033	0.043	0.053	0.065	0.078	0.092	0.107	0.123	0.140	0.159
200	0.178	0.199	0.220	0.243	0.266	0.291	0.317	0.344	0.372	0.401
300	0.431	0.462	0.494	0.527	0.561	0.596	0.632	0.699	0.707	0.746
400	0.786	0.827	0.870	0.913	0.957	1.002	1.048	1.095	1.143	1.192
500	1.241	1.292	1.344	1.397	1.450	1.505	1.560	1.617	1.674	1.732
600	1.791	1.851	1.912	1.974	2.036	2.100	2.164	2.230	2.296	2.363
700	2.430	2.499	2.569	2.639	2.710	2.782	2.855	2.928	3.003	3.078
800	3.154	3.231	3.308	3.387	3.466	3.546	3.626	3.708	3.790	3.873
900	3.957	4.041	4.126	4.212	4.298	4.386	4.474	4.562	4.652	4.742
1 000	4.833	4.924	5.016	5.109	5.202	5.297	5.391	5.487	5.583	5.680
1 100	5.777	5.875	5.973	6.073	6.172	6.273	6.374	6.475	6.577	6.680
1 200	6.783	6.887	6.991	7.069	7.202	7.308	7.414	7.521	7.628	7.736
1 300	7.845	7.953	8.063	8.172	8.283	8.393	8.504	8.616	8.727	8.839
1 400	8.952	9.065	9.178	9.291	9.405	9.519	9.634	9.748	9.863	9.979
1 500	10.094	10.210	10.325	10.441	10.558	10.674	10.790	10.907	11.024	11.141
1 600	11.257	11.374	11.491	11.608	11.725	11.842	11.959	12.076	12.193	12.310
1 700	12.426	12.543	12.659	12.776	12.892	13.008	13.124	13.239	13.354	13.470
1 800	13.585									

表 B-3　镍铬-镍硅(镍铝)热电偶(分度号 K)分度表(自由端温度为 0 ℃)

工作端温度/ ℃	0	10	20	30	40	50	60	70	80	90
	热电动势/mV									
−0	−0.000	−0.392	−0.777	−1.156	−1.527	1.889	2.243	2.586	2.920	3.242
+0	0.000	0.397	0.798	1.203	1.611	2.022	2.463	2.850	3.266	3.681
100	4.095	4.508	4.919	5.327	5.733	6.137	6.539	6.939	7.338	7.737
200	8.137	8.537	8.938	9.341	9.745	10.151	10.560	10.969	11.381	11.793
300	12.207	12.623	13.039	13.456	13.874	14.292	14.712	15.132	15.552	15.974
400	16.395	16.818	17.241	17.664	18.088	18.513	18.938	19.363	19.788	20.214
500	20.640	21.066	21.493	21.919	22.346	22.772	23.198	23.624	24.050	24.476
600	24.902	25.327	25.751	26.176	26.599	27.022	27.445	27.867	28.288	28.709
700	29.128	29.547	29.965	30.383	30.799	31.214	31.629	32.042	32.455	32.866

续表

工作端温度/ ℃	0	10	20	30	40	50	60	70	80	90
	热电动势/mV									
800	33.277	33.686	34.095	34.502	34.909	35.314	35.718	36.121	36.524	36.925
900	37.325	37.724	38.122	38.519	38.915	39.310	39.703	40.096	40.488	40.897
1 000	41.269	41.657	42.045	42.432	42.817	43.202	43.585	43.968	44.349	44.729
1 100	45.108	45.486	45.863	46.238	46.612	46.985	47.356	47.726	48.095	48.462
1 200	48.828	49.192	49.555	49.916	50.276	50.633	50.990	51.344	51.697	52.049
1 300	52.398									

表 B-4　铜-康铜热电偶(分度号 T)分度表(自由端温度为 0 ℃)

工作端温度/ ℃	0	10	20	30	40	50	60	70	80	90
	热电动势/mV									
−200	−5.603	−5.753	−5.889	−6.007	−6.105	−6.181	−6.232	−6.258		
−100	−3.378	−3.656	−3.923	−4.177	−4.419	−4.648	−4.865	−5.069	−5.261	−5.439
−0	0.000	−0.383	−0.757	−1.121	−1.475	−1.819	−2.152	−2.475	−2.788	−3.089
0	0.000	0.391	0.789	1.196	1.611	2.035	2.467	2.908	3.357	3.813
100	4.277	4.749	5.227	5.712	6.204	6.702	7.207	7.718	8.235	8.757
200	9.286	9.320	10.360	10.905	11.456	12.011	12.572	13.137	13.707	14.281
300	14.860	15.443	16.030	16.621	17.217	17.816	18.420	19.027	19.638	20.252
400	20.869									

 附录 C

管道仪表图（Piping and Instrument Diagram，P&ID），有时也称为带控制点工艺流程图。在设计 P&ID 时，需要采用标准的设计符号，设计符号用于表示在工艺流程图中的检测和控制系统。设计符号分为文字符号和图形符号两类。

1. 文字符号

文字符号是用英文字母表示的仪表位号。仪表位号由仪表功能标志字母和仪表回路的顺序流水号组成。例如，PIC-101 中的 PIC 表示该仪表具有压力指示和控制功能，101 是该仪表的控制回路编号。在 P&ID 中，通常，图形符号中的分子部分表示该仪表具有的功能，分母部分表示该仪表的控制回路编号。为了简化，有时也将仪表回路的顺序流水号标注在功能字母中，例如，P_1T 等同于 PT-1。字母的功能标志如表 C-1 所示。

表 C-1　字母的功能标志

英文字母	首位字母		后续字母		
	被测、被控或引发变量	修饰词	读出功能	输出功能	修饰词
A	分析	—	报警	—	(供选用)
B	烧嘴、火焰	—	(供选用)	(供选用)	—
C	电导率	—	—	控制	—
D	密度	差	—	—	—
E	电压(电动势)	—	检测元件	—	—
F	流量	比率(比值)	—	—	—
G	位置或长度(尺寸)	—	玻璃、视镜、观测	—	—
H	手动	—	—	—	高
I	电流	—	指示	—	—
J	功率	扫描	—	—	—
K	时间、时间程序	变化速率	—	手-自动操作器	—
L	物位	—	指示灯	—	低
M	水分、湿度	瞬动	—	—	中
N	(供选用)	—	(供选用)	(供选用)	(供选用)
O	(供选用)	—	节流孔	—	—
P	压力、真空	—	连续、测试点	—	—
Q	数量	积分、累计	—	—	—
R	核辐射	—	记录 DCS 趋势记录	—	—
S	速度、频率	安全	—	开关、联锁	—
T	温度	—	—	变送、传送	—
U	多变量	—	多功能	多功能	多功能
V	黏度	—	—	阀、风门、百叶窗	—
W	重力、力	—	套管	—	—
X	未分类	X 轴	未分类	未分类	未分类
Y	事件、状态	Y 轴	—	继电器、计算器等	—
Z	位置、尺寸	Z 轴	—	驱动器、执行元件	—

　　例如，PSV 表示压力安全阀，P 表示被测变量是压力，S 表示具有安全功能，V 表示调节阀门；TT 表示温度变送器，第一个字母 T 表示被测变量是温度，第二个字母 T 表示变送器；TS 表示温度开关，第一个字母 T 表示温度，S 表示开关；ST 表示转速变送器，S 表示被测变量是转速，T 表示变送器。

　　后续字母 Y 表示该仪表具有继电器、计算器或转换器的功能。例如，可以是一个放大器或气动继电器等，也可以是一个乘法器或加法器，或者实现前馈控制规律的函数关系等，又可以是电信号转换成气信号的电气转换器，或者频率-电流转换器或其他的转换器。

在 P&ID 中，一个控制回路可以用组合字母表示。例如，一个温度控制回路可表示为 TIC，或者简写为 T。它表示该控制回路由 TT 温度变送器、TE 温度检测元件、TC 温度控制器、TI 温度指示仪表、TY 电气阀门定位器和 TV 气动薄膜调节阀组成。

2. 图形符号

图形符号用于表示仪表的类型、安装位置、操作人员可否监控等功能。仪表的基本图形符号如表 C-2 所示。

表 C-2　仪表的基本图形符号

类别	安装在现场，正常情况操作员不能监控	安装在主操作台，正常情况操作员可监控	安装在盘后或不与 DCS 通信	安装在辅助设备，正常情况操作员可监控
仪表	○	⊖	⊝	⊜
分散控制共用显示共用控制	⬡	⬡	⬡	⬡
计算机	⬡	⬡	⬡	⬡
可编程控制器	⬓	⬓	⬓	⬓

当后续字母是 Y 时，仪表的附加功能图形符号如表 C-3 所示。

信号转换是指信号类型的转换。例如，模拟信号转换成数字信号用 A/D 表示；电流信号转换成气信号，用 I/P 表示等。信号切换是对输入信号的选择。附加的功能图形符号通常标注在仪表基本图形符号外部的矩形框内。

当仪表具有开关、联锁(S)的输出功能，或者具有报警(A)功能时，应在仪表基本图形符号外标注开关、联锁或报警的条件。例如，高限(H)、低限(L)、高高限(HH)等。

当仪表以分析检测(A)作为检测变量时，应在仪表基本图形符号外标注被检测的介质特性。例如，用于分析含氧量的仪表，在其基本图形符号外标注 O_2；用于 pH 值检测的仪表，在其基本图形符号外标注 pH 值等。

根据规定，所有的功能标志字母均用大写。为了简化，有时也将一些修饰字母用小写字母表示。例如，TdT 等同于 TDT、TT，表示温差变送器。

表 C-3　仪表的附加功能图形符号

图形符号	功能	说明	图形符号	功能	说明
Σ	和	输入信号的代数和	$f(x)$	函数	输入信号的非线性函数
Σ/n	平均值	输入信号的均值	$f(t)$	时间函数	输入信号的时间函数
Δ	差	输入信号的代数差	≯	上限	输入信号的上限限幅

续表

图形符号	功能	说明	图形符号	功能	说明
×	乘	输入信号的乘积	∠	下限	输入信号的下限限幅
÷	除	输入信号的商	>	高选	输入信号的最大值
$\sqrt[n]{\ }$	方根	输入信号的 n 次方根	<	低选	输入信号的最小值
X^n	指数	输入信号的 n 次幂	$-k$	反比	输入信号的反比
k	比	输入信号的正比	*/ *	转换	信号的转换
s	积分	输入信号的时间积分	SW	切换	信号的切换
d/d	微分	输入信号的变化率	+ − ±	偏置	加或减一个偏置值

参 考 文 献

[1] 方康玲. 过程控制系统及其 MATLAB 实现[M]. 2 版. 北京：电子工业出版社, 2013.

[2] 方康玲. 过程控制与集散系统[M]. 武汉：华中科技大学出版社, 2008.

[3] 戴连奎. 过程控制工程[M]. 4 版. 北京：化学工业出版社, 2020.

[4] 陈夕松. 过程控制系统[M]. 3 版. 北京：科学出版社, 2014.

[5] 张井岗. 过程控制与自动化仪表[M]. 北京：北京大学出版社, 2007.

[6] 杨延西, 潘永湘, 赵跃. 过程控制与自动化仪表[M]. 3 版. 北京：机械工业出版社, 2017.

[7] 孙洪程, 李大字. 过程控制工程设计[M]. 3 版. 北京：化学工业出版社, 2020.

[8] 李国勇, 何小刚, 阎高伟. 过程控制系统[M]. 2 版. 北京：电子工业出版社, 2013.

[9] 郭一楠, 常俊林, 赵峻. 过程控制系统[M]. 北京：机械工业出版社, 2009.

[10] 苏成利, 黄越洋, 李书臣. 过程控制系统[M]. 北京：清华大学出版社, 2014.

[11] 严爱军, 张亚庭, 高学金. 过程控制系统[M]. 北京：北京工业大学出版社, 2010.

[12] 张建民, 王涛, 王忠礼. 智能控制原理及应用[M]. 北京：北京冶金工业出版社, 2003.

[13] 郭巧, 曹海璐. 一种改进的广义预测控制方法及其应用[J]. 控制理论与应用, 2001, 18(2): 310-313.

[14] 黄德先, 王京春, 金以慧. 过程控制系统[M]. 北京：清华大学出版社, 2011.

[15] 葛宝明, 林飞, 李国国. 先进控制理论及其应用[M]. 北京：机械工业出版社, 2007.

[16] 方康玲. 过程控制系统[M]. 2 版. 武汉：武汉理工大学出版社, 2007.

[17] 陈丽安, 张培铭. 集成 PLC 与 DCS 的新型过程控制系统[J]. 福州大学学报(自然科学版), 2000, 28(4): 25-28.

[18] 金晓明, 褚健, 王树青. 先进控制技术及其应用[J]. 中国自动化学会通讯：专家论坛, 2001(113): 78-81.

[19] 万学达. 信息时代的过程工业自动化[J]. 中国自动化学会通讯：专家论坛, 2001(113): 58-61.

[20] 周双印. DCS 集散型控制系统及工业控制技术的最新进展[J]. 导弹与航天运载技术, 2003(3): 40-42.

[21] 陶永华. 新型 PID 控制机器应用[M]. 北京：机械工业出版社, 2002.

[22] 俞金寿. 过程控制工程[M]. 3 版. 北京：电子工业出版社, 2007.

[23] 刘金琨. 先进 PID 控制 MATLAB 仿真[M]. 北京：电子工业出版社, 2004.

[24] 何衍庆, 俞金寿, 蒋慰孙. 工业生产过程控制[M]. 北京：化学工业出版社, 2004.

[25] 夏扬. 计算机控制技术[M]. 北京：机械工业出版社, 2004.

[26] 蔡自兴. 智能控制[M]. 2 版. 北京：电子工业出版社, 2004.

[27] 杨智. 工业自整定 PID 控制器关键设计技术综述[J]. 化工自动化及仪表，2000，27（2）：5-10.

[28] 沈永福，吴少军，邓方林. 智能 PID 控制综述[J]. 工业仪表与自动化装置，2002(6)：11-14.

[29] 南海鹏，罗兴铸，余向阳. 基于遗传算法的水轮机智能 PID 调速器研究[J]. 水力发电学报，2004，23(1)：107-112.

[30] 高宪文，赵亚平. 焦炉模糊免疫自适应 PID 控制的应用研究[J]. 控制与决策，2005，20(12)：1346-1349.

[31] 杨玲，谢玲，刘星桥. 基于单神经元 PID 的方位保持仪温控系统的仿真[J]. 火力与指挥控制，2006，31(2)：73-75.

[32] 胡俊达，胡慧，黄望军. 自适应 PID 控制技术综述[J]. 中华纸业，2005，26(2)：48-51.

[33] 关新，郭庆鼎. 龙门机床模糊神经元自适应加权 PID 控制的研究[J]. 组合机床与自动化加工技术，2006(1)：47-49.

[34] 李旭，张殿华，何立平，等. 基于模糊自适应整定 PID 的活套高度控制系统[J]. 控制与决策，2006，21(1)：97-100.

[35] 王树青. 工业过程控制工程[M]. 北京：化学工业出版社，2003.